中国水利教育协会组织编写

全国中等职业教育水利类专业规划教材

水利水电工程造价软件操作

主　编　高琴月

副主编　张　健

中国水利水电出版社
www.waterpub.com.cn

内 容 提 要

本书为全国中等职业教育水利类专业规划教材，是根据全国水利中等职业教育研究会制定的《水利水电工程造价软件操作》课程教学大纲组织编写。主要介绍使用水利水电工程造价软件编制概预算、招标标底与投标报价的操作方法与步骤。本书共分六章，包括软件管理平台、软件操作流程、费用模块、附加功能、报表管理、审计审核。每章附有思考与练习题。

本书可作为中等职业学校水利水电类专业的教材，也可作为水利水电行业职工岗位培训用书，还可供从事工程建设管理、设计、监理、施工、造价咨询等工作的工程技术人员参考使用。

图书在版编目（CIP）数据

水利水电工程造价软件操作 / 高琴月主编. -- 北京 : 中国水利水电出版社, 2010.6(2023.2重印)
全国中等职业教育水利类专业规划教材
ISBN 978-7-5084-7566-0

Ⅰ. ①水… Ⅱ. ①高… Ⅲ. ①水利工程－工程造价－应用软件－专业学校－教材②水力发电工程－工程造价－应用软件－专业学校－教材 Ⅳ. ①TV512

中国版本图书馆CIP数据核字(2010)第109689号

书　　名	全国中等职业教育水利类专业规划教材 **水利水电工程造价软件操作**
作　　者	主编　高琴月　　副主编　张健
出版发行	中国水利水电出版社 （北京市海淀区玉渊潭南路 1 号 D 座　100038） 网址：www. waterpub. com. cn E-mail：sales@mwr. gov. cn 电话：(010) 68545888（营销中心）
经　　售	北京科水图书销售有限公司 电话：(010) 68545874、63202643 全国各地新华书店和相关出版物销售网点
排　　版	中国水利水电出版社微机排版中心
印　　刷	北京市密东印刷有限公司
规　　格	184mm×260mm　16 开本　14.25 印张　338 千字
版　　次	2010 年 6 月第 1 版　2023 年 2 月第 2 次印刷
印　　数	3001—4000 册
定　　价	**39.00** 元

前　言

本书是根据教育部《关于进一步深化中等职业教育教学改革的若干意见》（教职成〔2008〕8号）及全国水利中等职业教育研究会2009年7月中职水利水电工程技术专业教材编写会议精神而组织编写的，是全国水利中等职业教育新一轮教学改革统编教材，适用于中等职业学校水利水电工程技术专业、水电工程建筑施工与监理专业。

为了推进教学改革，培养学生专业技能，本书与生产实践紧密结合。在编写过程中，本着“必须、够用、实用”的原则，贯彻素质教育和能力本位思想，紧紧围绕着中职教育的培养目标，遵循职业教育规律，从满足行业发展对高素质劳动者和技能型人才的需求出发，注重针对性、实用性，力求体现中等职业教育特色和创新精神，尽可能地反映水利水电工程造价的新理论、新方法，尽可能地反映最新科技成果在水利水电工程造价方面的应用，这些必将为学生综合职业能力的形成打下良好基础。

全书共分六章，本书由河南省郑州水利学校高琴月任主编，由张健任副主编。其中第一章、第三章中第一节、第二节由河南省水利第一工程局高利琴编写，第二章由河南省郑州水利学校张健编写，第三章中第三至第十二节由河南省郑州水利学校高琴月编写，第四章由河南省郑州水利学校周琼编写，第五章、第六章由河南省郑州水利学校李树慧编写。全书由远东科技（郑州）有限公司金存领总经理任主审。

本书在编写过程中，参考并引用了有关院校编写的教材和远东科技（郑州）有限公司的有关资料，得到了全国水利中等职业教育研究会的大力支持和帮助，在此一并表示感谢！

限于编者水平有限，书中难免存在不足之处，敬请读者批评指正。

编　者

2009年12月

目录

第一章 软件管理平台

【学习目标】

1. 了解水利水电工程造价软件的适应范围、编制依据。
2. 了解水利水电工程造价软件的使用单位。
3. 理解水利水电工程造价软件的功能特点。
4. 掌握水利水电工程造价软件的安装步骤。
5. 了解水利水电工程造价软件的计算原理。

【学习重点】

1. 水利水电工程造价软件的适应范围、编制依据。
2. 水利水电工程造价软件的功能。
3. 水利水电工程造价软件的安装步骤。

第一节 概 述

水利水电工程造价软件是水利专业人员编制水利工程造价的有效工具之一，它准确、高效、快捷，适应范围广泛，为水利专业人员编制工程造价提供了有力的帮助。

该软件的编程基础是水利部水总〔2002〕116 号颁发的《水利工程设计概（估）算编制规定》、《水利建筑工程概算定额》（含 2005 修补）、《水利建筑工程预算定额》（含 2005 修补）、《水利工程施工机械台时费定额》，以及水利部水建管〔1999〕523 号颁发的《水利水电设备安装工程预算定额》、《水利水电设备安装工程概算定额》。

一、软件适应范围

该软件的适应范围包括以下几个方面。

（一）项目法人

适用于项目法人（建设单位）招标代理机构、造价咨询机构等单位快速、准确地编制招标标底以及进行水利工程项目造价控制与审核等。

（二）设计单位

适用于设计单位快速、准确的编制水利水电工程项目概预算文件。

（三）施工单位

适用于施工单位快速、准确地编制和修改投标报价以及投标文件，并能有效地进行工程施工成本控制与管理等。

二、软件使用单位

该软件用途广泛，适应于水利行业各个单位，主要有：

（1）水行政各级主管部门。

（2）水利水电建设管理、设计、监理、施工单位。

（3）相关行业的招标代理机构和造价咨询等单位。

三、软件功能特点

（一）组合条件决定费率取值

造价软件根据水利专业概预算编制规定以及水利工程设计文件提供的相应工程项目参数（工程类别、计税施工地区、地区类别、造价编制类型等）选择，自动组合费率、变量以及特项取费费率，不同的参数组合决定一组唯一的费率、变量及特项取费费率。

（二）智能定额套用与换算

本系统定额套用简单方便，支持双击、拖放、编码录入、智能搜索定位等多种定额子目输入方式，可以将人材机、设备或者用户自定义的补充定额作为子目录入；人材机系数增减、混凝土配合比与台时成分及含量等换算过程由系统智能提示，并完整记录换算过程。

（三）单子目取费设置功能

为了满足特殊子目的取费要求，系统提供对单子目进行取费程序的设置。

（四）数据变化、同步计算

在操作过程中，不论是改变费率、工程量以及材料单价，用户不必重新“计算”，整个工程数据均会自动同步更新。

（五）全电子表格数据导入与导出功能

系统支持电子表格形式的清单项目数据导入，能将任何窗口中的数据表格以电子表格形式输出，便于数据的兼容与共享。

（六）灵活可控的自由报表

数据报表以电子表格形式输出，在取数上方便快捷，报表格式灵活可控，支持Excel的格式操作，可以满足各类报表取数与格式要求；独特的“报表集合”功能可以将相关报表一次性打印输出，也可以将“报表集合”输出到一个Excel文件中，实现科学集中管理目的。

（七）完整的“预规”文件集成

系统以模板的形式集成相关专业的概预算编制规定，不但可以通过不同工程项目参数条件决定取费费率，而且在相应的备注中提供详细的编制规定说明，同时在帮助文档里也提供完整的相关专业的编制规定及相关文件，使用户在操作的过程中不必查阅编制书目。

（八）运行稳定、灾难恢复

系统在数据安全方面提供“自动后台数据备份”与独特“快照”两大功能措施，全程保证系统安全稳定运行，工程文件不会因计算机断电、非正常关机等状况造成数据遗失。

第二节　系　统　安　装

一、运行环境

水利水电工程造价软件可以在中文Microsoft Windows 98/2000/NT/XP环境下运行。

二、最小配置

（1）CPU处理器Pentinn 586以上，推荐使用PentinnII450以上处理器。

（2）64MB内存的微机，推荐使用128MB以上内存。

（3）800×600分辨率显示器，推荐使用1024×768显示模式。

三、安装软件

软件安装的操作步骤如下。

第一步，插入光盘，双击光驱盘符，浏览光盘内容，如图 1-1 所示。

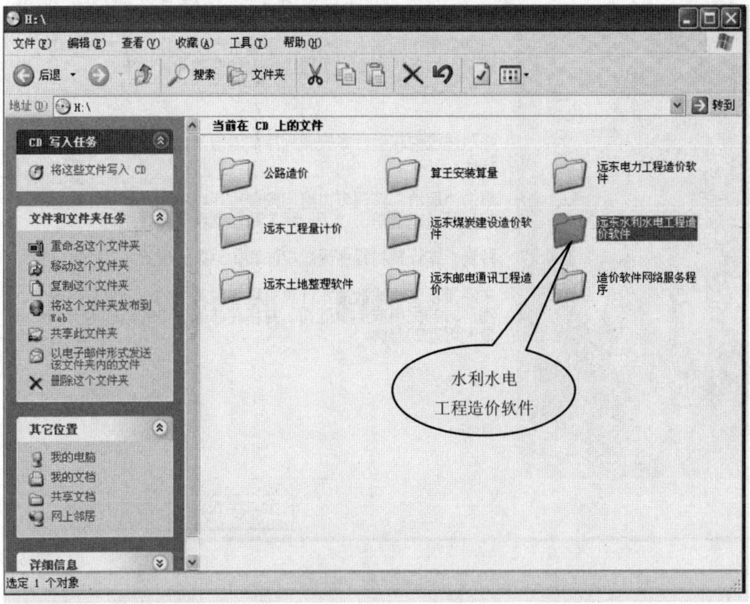

图 1-1 水利水电工程造价软件光盘内容

第二步，双击“远东水利水电工程造价软件”文件夹，进入文件夹内部，如图 1-2 所示。

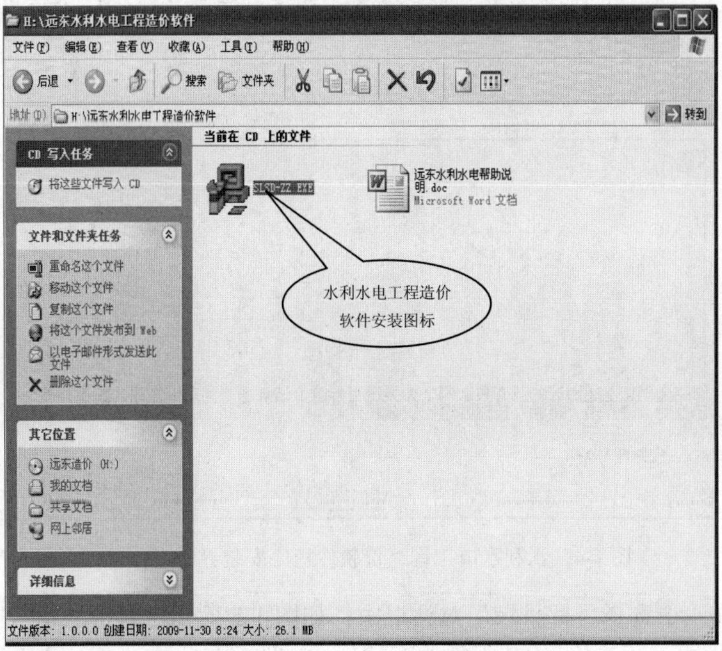

图 1-2 “远东水利水电工程造价软件”文件夹

第三步，双击图 1-2 所示软件安装图标进入安装程序，如图 1-3 所示，并点击“下一步”按钮即可进入“许可协议”对话框。

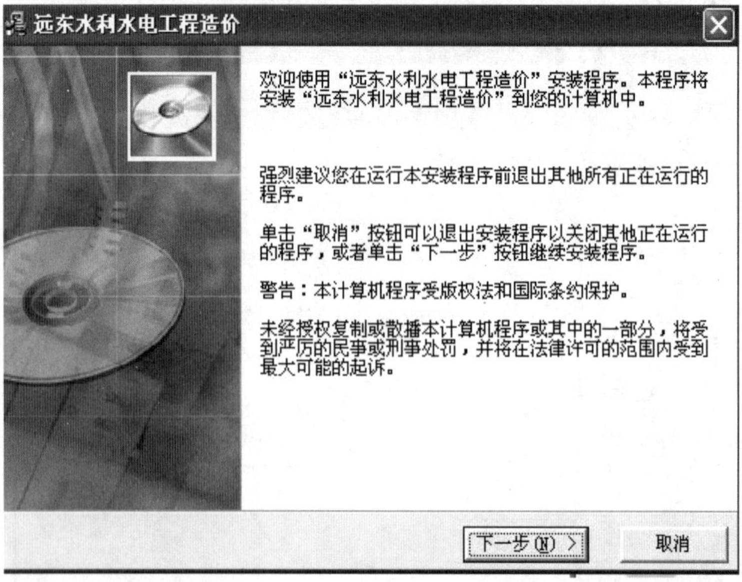

图 1-3 水利水电工程造价软件程序安装界面（一）

第四步，在“许可协议”对话框中，如图 1-4 所示，直接点击“同意”按钮即进入“请选择目标目录”对话框。

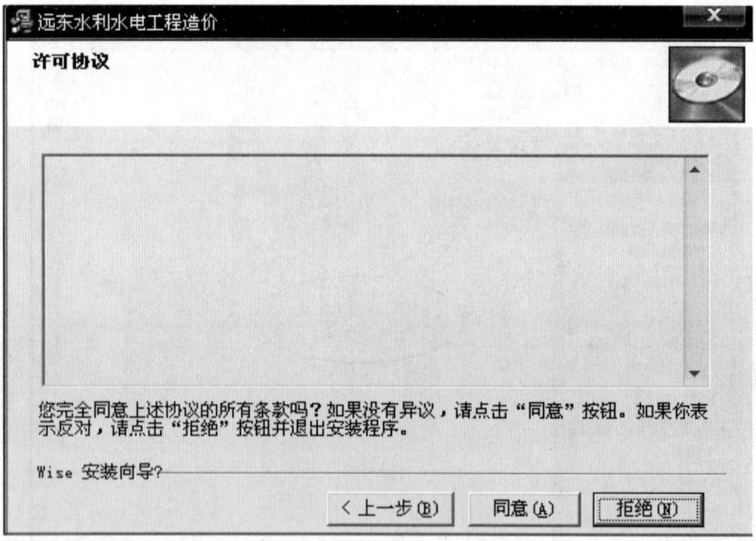

图 1-4 水利水电工程造价软件程序安装界面（二）

第五步，在“请选择目标目录”对话框中，如图 1-5 所示，默认的安装文件夹为“C:\郑州远东\水利水电工程造价”。若不需改变软件安装路径，点击“下一步”按钮即可。

如果需要改变软件程序的安装位置，则在“请选择目标目录”界面点击“浏览”按钮，则弹出如图 1-6 所示对话框，修改好安装路径后，点击“确定”→“下一步”按钮，则可以打开“选择程序管理器组”对话框。

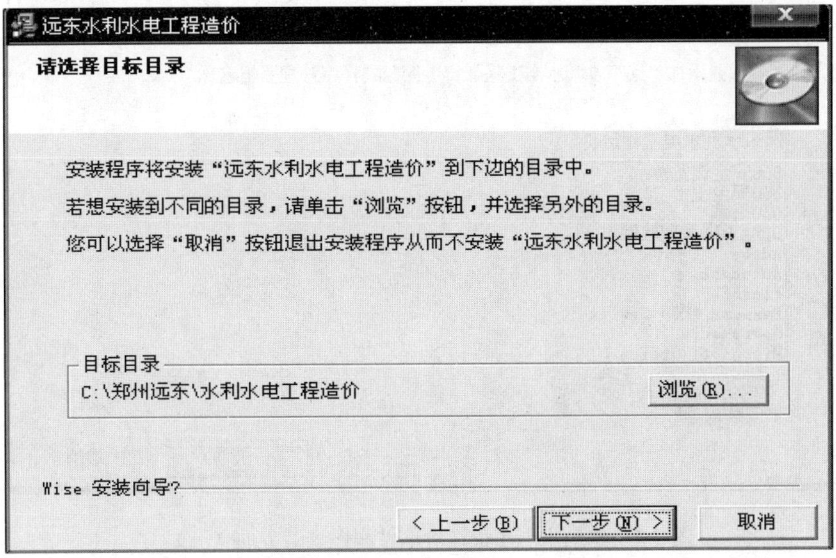

图 1-5 水利水电工程造价软件程序安装界面（三）

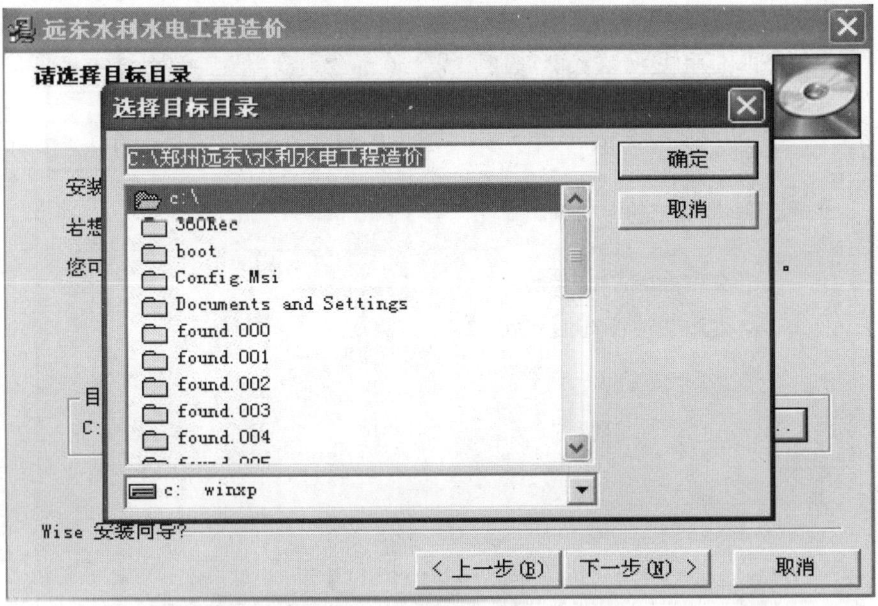

图 1-6 水利水电工程造价软件程序安装界面（四）

第六步，在“选择程序管理器组”对话框中，如图 1-7 所示，默认的程序管理器组名称为“远东水利水电工程造价”，直接点击“下一步”按钮，进入“安装选项”对话框。

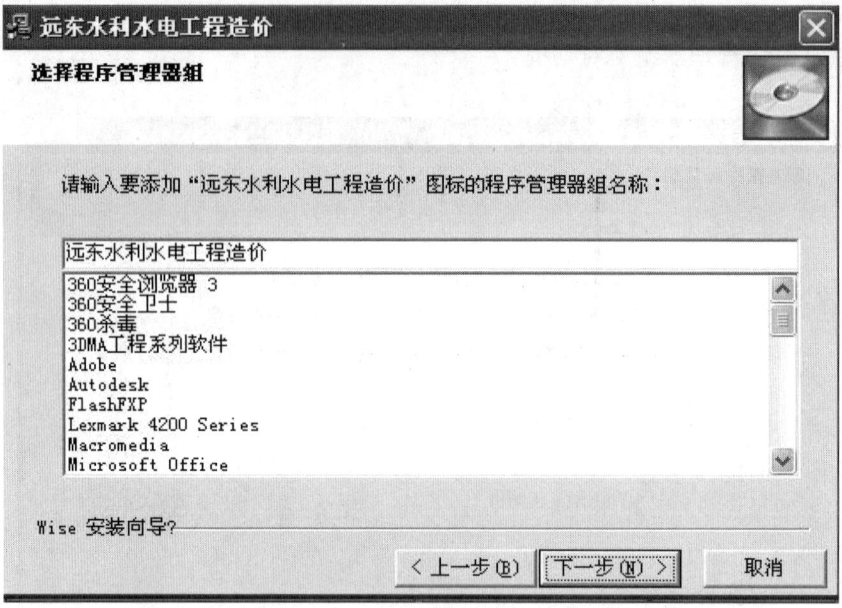

图 1-7 水利水电工程造价软件程序安装界面（五）

第七步，在“安装选项”对话框中，如图 1-8 所示，选择要执行的操作，例如选择“在桌面添加程序快捷方式”，然后点击“下一步”按钮即进入“开始安装”对话框。

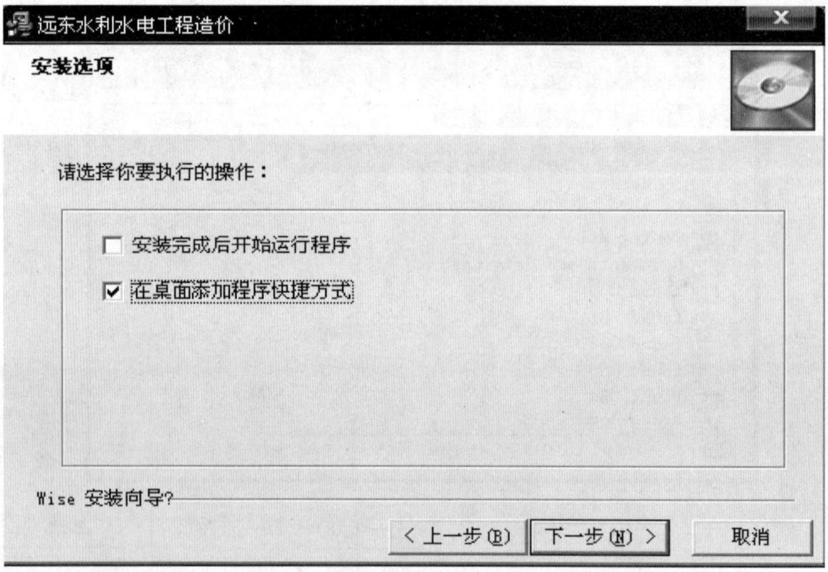

图 1-8 水利水电工程造价软件程序安装界面（六）

第八步，在“开始安装”对话框中，如图 1-9 所示，直接点击“下一步”按钮，程序即进入安装状态直到安装完成，如图 1-10 所示，点击“安装”按钮即可完成程序的安装。

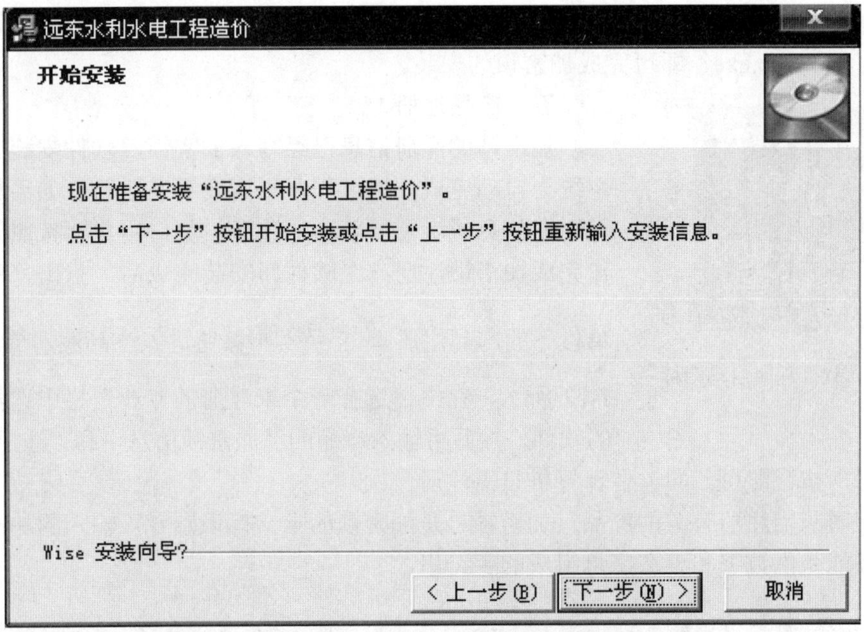

图 1-9 水利水电工程造价软件程序安装界面（七）

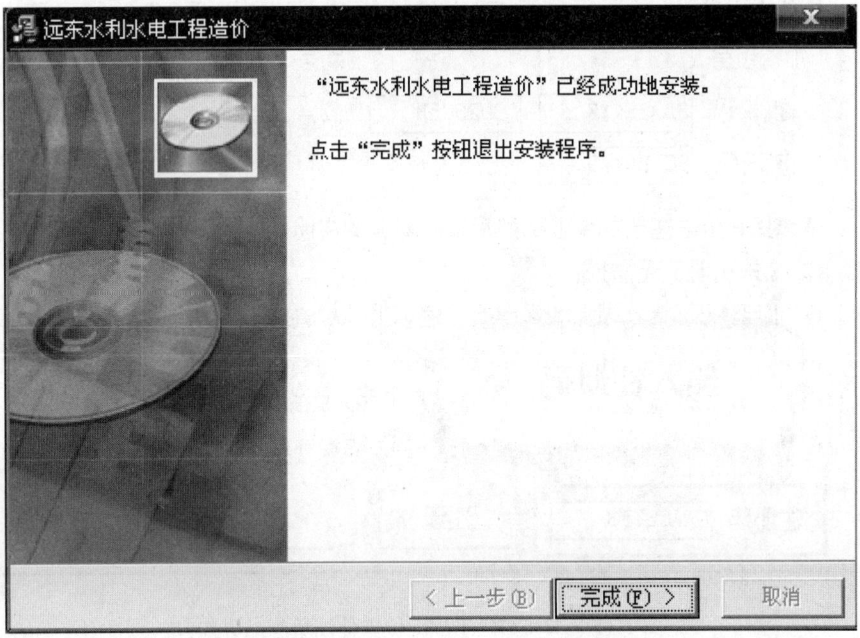

图 1-10 水利水电工程造价软件程序安装界面（八）

程序安装完成后，桌面上会自动出现程序启动图标，如图 1-11 所示。

四、安装软件加密锁

如果系统软件安装完成后提示“本次未安装加密锁驱动，请按下面的步骤安装”，那么需要在完成软件安装程序后，将 U 盘插入计算机的 USB 口，打开光盘中加密锁文件夹，运行其中的 Setup.exe，即可完成加密锁的安装。

图 1-11 软件程序启动图标

五、产品注册

加密锁的注册信息已经写入加密锁，软件安装完成后，系统会自动完成注册过程，不需要手工注册。如果加密锁中无注册信息或者需要新增加注册模块，用户要按照下面的操作完成加密锁注册：在软件新安装完成后，点击“帮助”菜单栏下的产品注册 产品注册 按钮进入产品注册界面，如图 1-12 所示，在“请选择一个未注册的专业”栏中选择您购买的软件，然后再输入产品的“加密锁信息”和“注册码”，点击“注册”按钮即可。同一台计算机只需注册一次。

注册时只需注册有关的产品。加密锁号是加密锁的唯一标识别号，输入的加密锁号和注册码只能是由数字和英文字母组成的字符串。

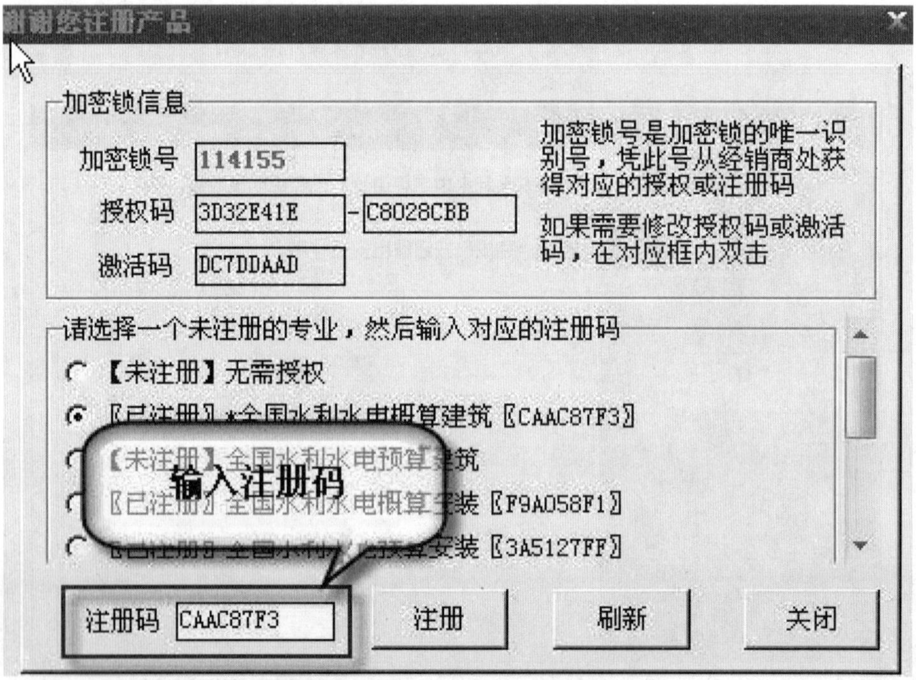

图 1-12 水利水电工程造价软件注册产品界面

第三节 计 算 原 理

一、计算次序

“远东水利水电工程造价软件管理平台”的计算，遵循从上到下、从左到右依次计算的基本规则；引用数据时，只能后面引用前面，否则会引起计算错误， 如图 1-13 所示。

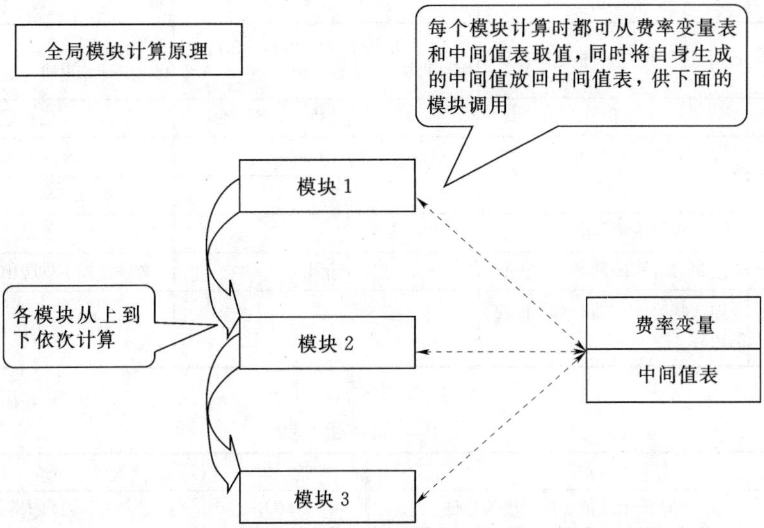

图 1-13 水利水电工程造价费用模块计算次序

二、引用号

引用号是各个费用模块之间以及报表提取数据的基础，要求各个引用号在同一工程中是唯一的。通常各模块中，当某行引用号栏上有引用号时，表明需要将当前行数据放到中间值表，下面的模块要调用，设置引用号时请注意以下原则。

（一）有意义、易记忆

引用号的设置要有意义并且便于记忆。建议用户使用费用名称拼音首字母作为引用号，例如“RGF”表示人工费、“QTF”表示其他费。

（二）唯一性

引用号要在整个工程范围内是唯一的，它包括：内置费用代号，基本信息中定义的费率，变量，各个模块中的引用号，套定额模块的缺省代号。

（三）必要性

引用号仅仅在需要的时候才定义。因为引用号的处理需要资源，同时引用号过多也不便于记忆和管理。

三、计算基础

计算基础是指自定义的表达式应用于子目取费的“计算基础”、各费用模块的“计算基础”，以及套定额模块的“工程量计算式”，统筹法工程量计算的“计算式”，工料单价分析编制价计算程序的“计算基础”。计算基础见表 1-1，内置函数见表 1-2。

四、子目取费内置变量

变量代表子目工料机的分析计算值，只能在子目取费的计算基础中引用，见表 1-3。

表 1-1 计 算 基 础

项 目	格 式	示 例	说 明
引用指定数据	用“[”和“]”框起序号	[1] 第一行的合计值，[2.1.3] 序号为 2.1.3 的合计值	只能引用小于自身序号的序号，否则可能计算出错。更不能循环引用
常量	数值	2.145	任意数值
变量	字母开头的词	RGF	
运算符	+ - * / ^ ( )		括号要成对，任意深度
内置函数	字母开头函数名( )	sin( )、cos( )	见表 1-2
自定义函数	字母开头函数名( )	~jgsl	必须在脚本程序中定义函数功能
注释	用大括号“{”和“}”框起的内容		不参与计算，说明文字

表 1-2 内 置 函 数

名 称	说 明	名 称	说 明
cos（D）	D 的余弦值，D 以度为单位	exp(D)	D 的指数
sin(D)	D 的正弦值，D 以度为单位	spr(D)	D 的平方
tan(D)	D 的正切值，D 以度为单位	int(D)	小数点舍位取整
arctan(D)	D 的反正切角度，角度以度为单位	jw(D)	小数点进位
abs(D)	D 的绝对值	qfs(D)	取 D 的负数
in(D)	D 的自然对数	qzs(D)	取 D 的正数
sqrt(D)	D 的开方	round(D)	四舍五入取整

表 1-3 内 置 变 量

代 号	说 明	代 号	说 明	代 号	说 明
RGF	市场价人工费	DRGF	定额价人工费	DGLF	定额管理费
CLF	市场价材料费	DCLF	定额价材料费	GCL	工程量
JXF	市场价机械费	DJXF	定额价机械费	QTF	其他费
ZCF	主材费	SBF	设备费	JC	价差
ZJF	市场价直接费	DZJF	定额价直接费	RGFJC	人工费价差

思 考 与 练 习 题

1-1 水利水电工程造价软件的适用范围有哪些？

1-2 水利水电工程造价软件的使用单位有哪些？

1-3 水利水电工程造价软件的功能特点是什么？

1-4 水利水电工程造价软件的安装步骤有哪些？

第二章 软件操作流程

【学习目标】

1. 掌握水利水电工程造价软件的操作流程。
2. 掌握使用水利水电工程造价软件创建工程文件的步骤。
3. 了解水利水电工程造价软件工程模板的分类。
4. 熟悉水利水电工程造价软件操作界面包含的内容。
5. 掌握水利水电工程造价软件操作界面主菜单栏的作用与操作方法。
6. 掌握水利水电工程造价软件操作界面工具栏的作用与操作方法。
7. 了解水利水电工程造价软件操作界面插页栏包括的内容。

【学习重点】

1. 水利水电工程造价软件的操作流程。
2. 使用水利水电工程造价软件创建工程文件的步骤。
3. 水利水电工程造价软件操作界面主菜单栏的作用与操作方法。
4. 水利水电工程造价软件操作界面工具栏的作用与操作方法。

第一节 操作流程简图

水利水电工程造价软件的基本操作流程是根据编制概预算文件的过程进行设置的，基本流程图如图2-1所示。

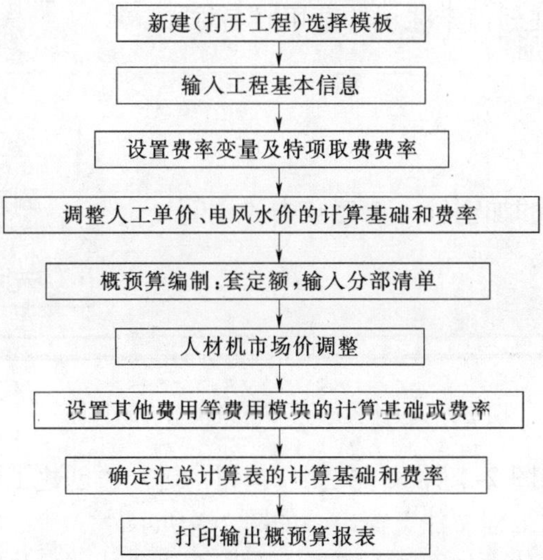

图2-1 水利水电工程造价软基本操作流程图

第二节 新 建 向 导

一、概述

本软件的计算遵循从上到下、从左到右依次计算的基本规则，遵循先定义后使用的数据引用原理。编制一个单位工程造价文件，创建工程文件后，一般要经过录入工程信息、选择工程参数值、设置费率变量、分部分项套工程定额、组价、费用模块处理、报表输出等步骤。下面将依次介绍各主要步骤。

二、创建工程文件

创建工程文件的主要步骤如下。

第一步，启动软件程序。

软件程序安装完成后，双击桌面上的程序启动图标，如图 1-11 所示，或者通过计算机“开始”菜单启动软件程序。

正式版用户必须将软件锁插入 USB 接口中，如果没有插入软件锁或者系统未检测到软件锁，则会出现“没有发现加密锁”对话框进行提示，此时请检查 USB 接口是否接触良好。试用版用户也会提示：“没有发现加密锁！软件必须有加密锁才能正常运行，否则将有功能限制”，如图 2-2 所示。

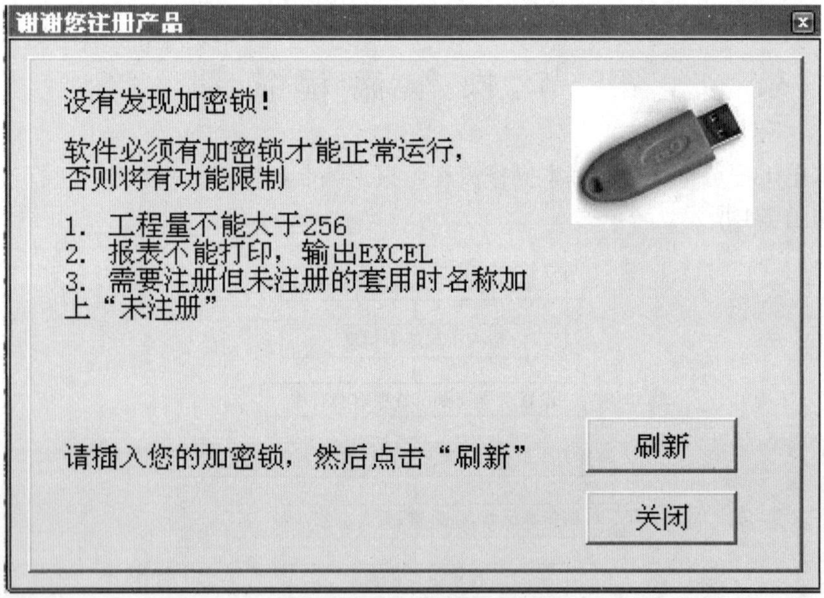

图 2-2 软件程序无加密锁状态启动界面

试用版用户需点击如图 2-2 所示“关闭”按钮，进入“创建工程文件”窗口，而正式版用户则直接进入“创建工程文件”窗口，如图 2-3 所示。

在“新建向导”主窗体中如图 2-3 所示，有 4 个主要功能，包括：新建工程、审计审核、新建项目管理、导入电子标书。用户选择其中任何一种要完成的功能，双击窗体中与之对应的按钮，系统会提示你完成所需要的操作。

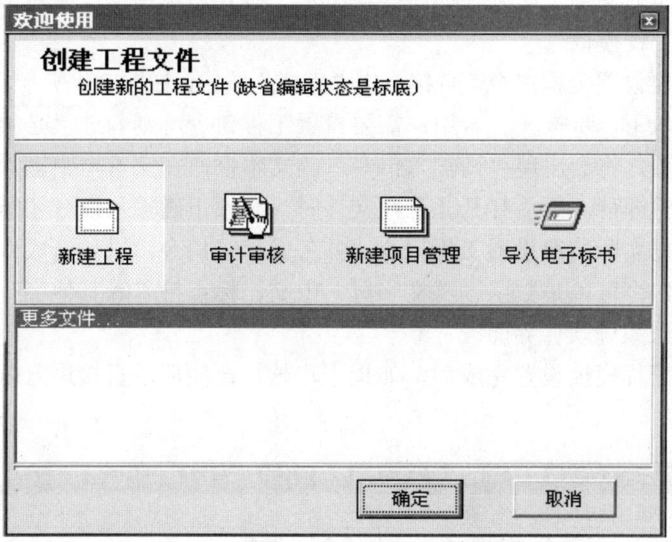

图 2-3 “创建工程文件”界面——选择新建工程

另外，双击窗体中“更多文件...”这一行，可以选择已创建的工程文件并打开。

第二步，新建工程。

在“欢迎使用”对话框中，如图 2-3 所示，双击“新建工程”按钮，或者是点击“新建工程”按钮后点击“确定”按钮，即可进入“创建新的工程文件”窗口，如图 2-4 所示。

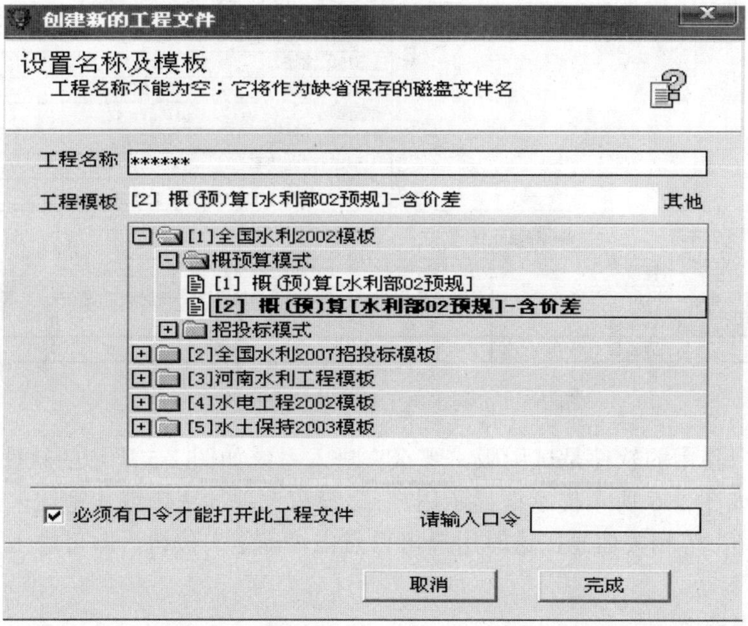

图 2-4 “创建新的工程文件”窗口——设置工程名称及模板

第三步，设置工程名称及工程模板。

新建工程确定后，用户必须在如图 2-4 所示“设置名称及模板”对话框中输入“工程名称”并选用“工程模板”。

若用户不需要设置工程口令，直接点击“完成”按钮，如图 2-4 所示，然后再点击“完成”按钮即可进入下一步操作。若用户需要设置工程口令，则勾选“必须有口令才能打开此工程文件”选项，将会出现“请输入口令”的文本框，在文本框中输入要设置的口令，点击“完成”按钮即可。以后打开此工程文件时，必须正确输入口令才能打开。

用户可以根据实际情况设置工程口令，并务必牢记口令，以免造成口令丢失打不开工程文件的情况，口令可以是数字、英文字母、中文、标点符号等其他字符。

第四步，进入系统软件界面。

工程名称及工程模板设置完成后，如果用户软件已注册，直接进入软件的操作界面，如图 2-5 所示。

图 2-5 水利水电工程计价软件操作界面

如果用户使用的软件是试用版，那么在进入系统如图 2-5 所示的软件操作界面前，软件会弹出如图 2-6 所示提示框提示用户：“没有发现加密锁或加密锁未注册！工程量不能大于 256”等相关信息，这时用户可以点击“确定”按钮后即可进入系统软件的操作界面。

三、工程模板

水利水电工程造价软件系统工程模板分为全国水利模板和地方水利模板。全国水利模板在新建工程时有"全国水利 2002 模板"、"其他补充模板"两种模板供选择，下面对各个模板进行简要说明。

（一）全国水利 2002 模板

全国水利 2002 模板又分为"概预算模式"和"招投标模式"两种。而在每种模式中又分为含价差和不含价差两种（价差就是市场价与定额价的价格差异，用市场价减定额价就是价差）。每种模式都以水利部水总〔2002〕116 号文及水利部水建管〔1999〕523 号文颁发的定额标准为依据进行设置。

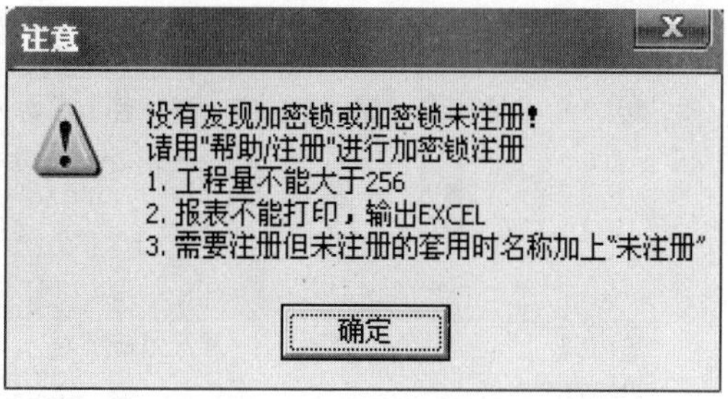

图 2-6　水利水电工程造价软件操作提示框界面

1. 概预算模式

（1）概（预）算（水利部 02 预规）模式。该模式不含价差，它的材机价格直接取市场价，在工程中直接给市场价就可以了。

（2）概（预）算（水利部 02 预规）—含价差模式。该模式含价差，它的材机价格就需要有定额价和市场价。在工程中定额价和市场价需要同时计入，这样就可以计算价差了。

2.招投标模式

（1）投标报价（02 定额）模式。该模式不含价差，提供给招标方和投标方使用。

（2）投标报价（02 定额）—含价差模式。该模式含价差，提供给招标方和投标方使用。

（二）其他补充模板

自采砂石料单价计算工具，是以单独的插页存在，工程套定额是在自采砂石料单价插页中完成的。在实际工程中，自采砂石料生产工艺比较复杂，各个工程项目情况不同，用户要结合工程具体情况完成定额的套用。

四、其他操作

其他项目操作包括：审计审核、新建项目管理、导入电子标书等内容，我们将在本教材后面有关章节进行详细的讲解。

第三节　软件操作界面

一、操作界面

通过"新建工程"操作，进入"创建新的工程文件"界面，输入"工程名称"、选用"工程模板"，点击"完成"按钮，即可进入水利水电工程造价软件操作界面，如图 2-7 所示。软件操作界面包含有：参数值选择窗、费率/变量窗、特项取费窗 3 个窗口；还有主菜单、标题栏、插页栏（费用模块）、工具栏等内容，用户可以根据不同工作需要任意调用。

二、标题栏

标题栏显示当前系统软件的版本信息、名称及工程文件的路径，如图 2-8 所示。

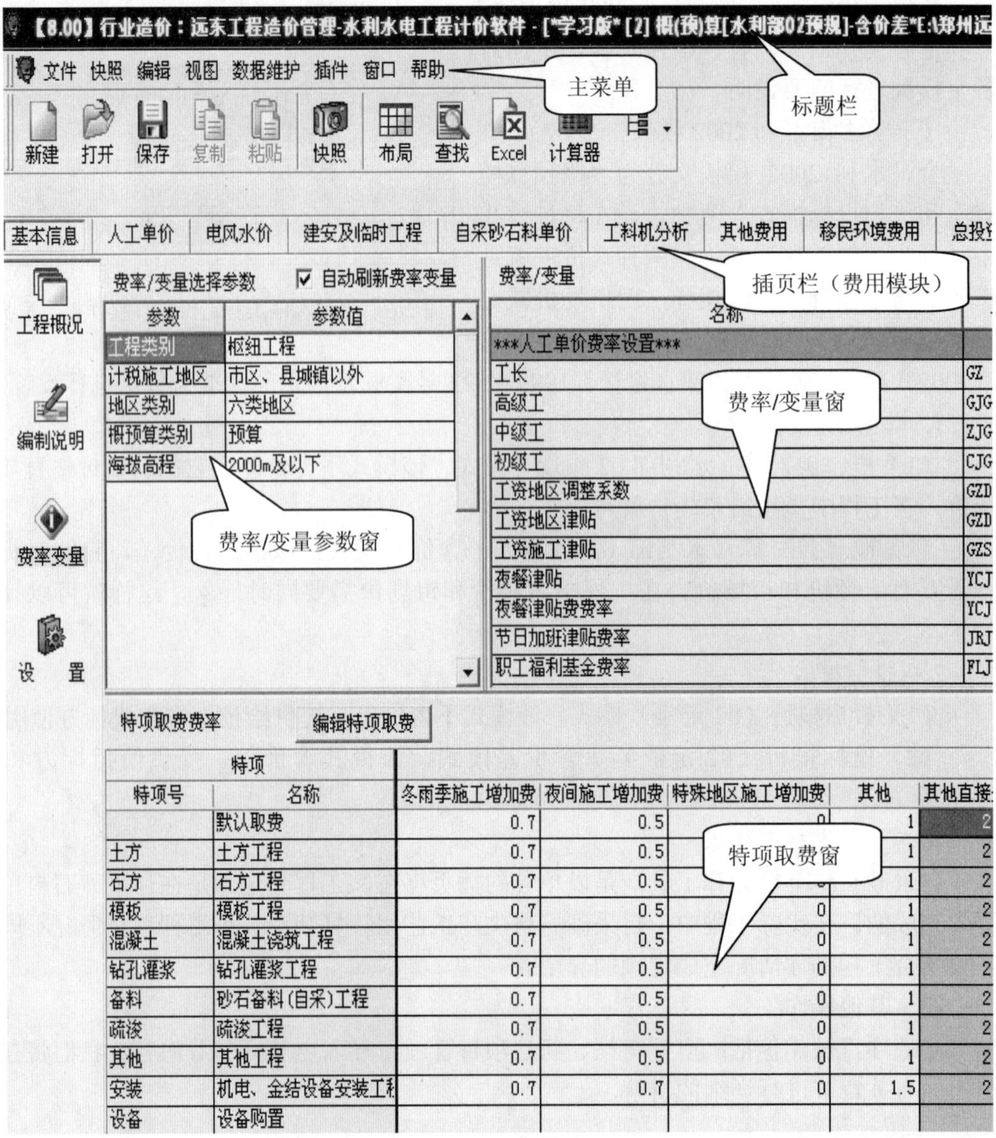

图 2-7 水利水电工程造价软件操作界面

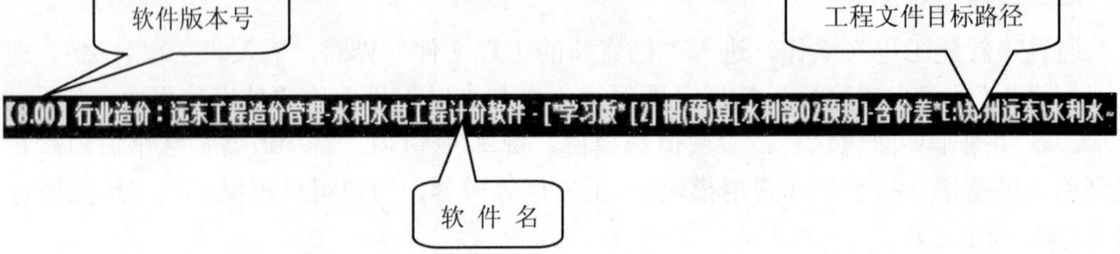

图 2-8 标题栏

第四节 主 菜 单

主菜单栏包括：文件、快照、编辑、视图、数据维护、插件、窗口、帮助，如图 2-9 所示。

图 2-9 主菜单栏

一、文件

点击主菜单栏中的“文件”菜单，则弹出“文件”菜单列表，如图 2-10 所示。

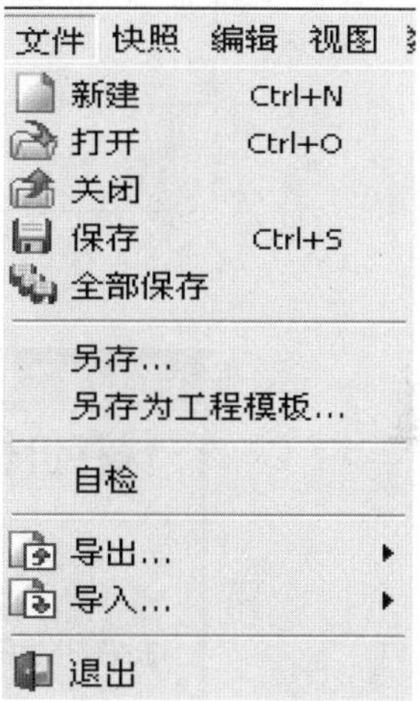

图 2-10 “文件”菜单

（一）新建

“新建”选项，可以新建工程、新建审计审核或者新建项目管理等。用户也可以用快捷键 Ctrl+N 或者点击工具栏上“新建”图标按钮进行操作。

（二）打开

“打开”选项，可以从磁盘中选择需要打开的工程文件、项目管理文件、招标投标文件等。用户也可以用快捷键 Ctrl+O 或者点击工具栏上“打开”图标按钮进行操作。

（三）关闭

“关闭”选项，可以退出当前操作的工程窗口，但是此时软件的主程序并没有退出。

（四）保存

“保存”选项，可以保存当前的工程文件，用户也可以用快捷键 Ctrl+S 或者点击工具栏上的“保存”图标按钮进行操作。

（五）全部保存

“全部保存”选项，可以保存所有打开的工程文件。

（六）另存...

“另存...”选项，可以更换名称及路径后另存工程文件。

（七）另存为工程模板...

该选项可以将当前工程保存为工程模板，在以后的工程中继承这个工程模板来创建新的工程，在默认的情况下保留分部分项工程的所有数据。如果用户自己选择需要保留的数据，可以根据工程的实际情况进行确定，如图 2-11 所示。

（八）导出...

“导出...”选项，包括可以导出招标电子标书和导出当前工程材机价格。例如，选择导出当前工程材机价格，并保存价格文件名称、价格来源等信息，如图 2-12 所示。

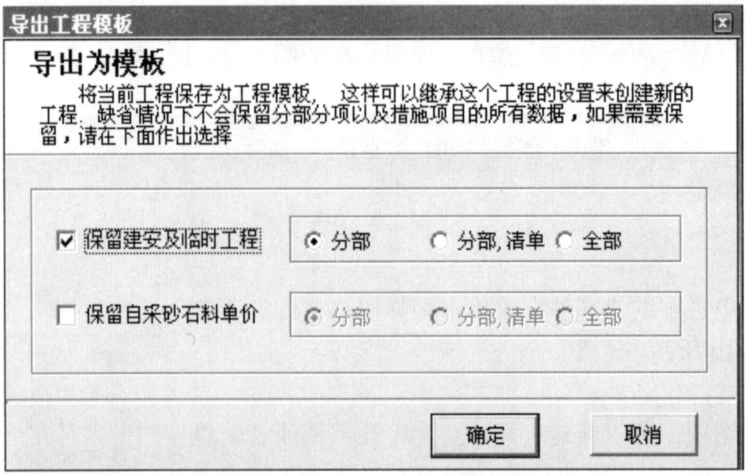

图 2-11　另存工程模板

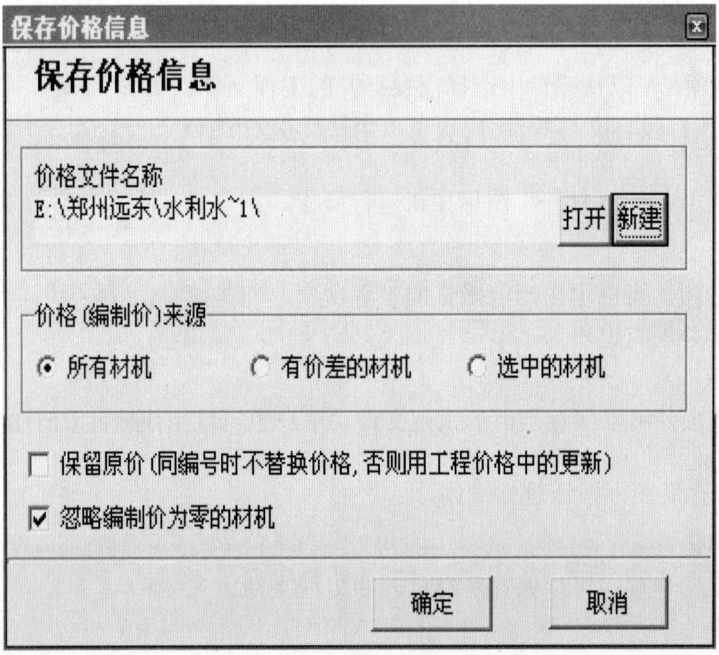

图 2-12　导出当前工程材机价格

（九）导入...

1.导入工程（审核）

选择“导入工程”命令项，在弹出的对话框中选择导入的工程文件，如图 2-13 所示。

2. 工程合并

“工程合并”就是把不同的多个工程文件合并成一个工程文件。选择“工程合并”命令项，在弹出的对话框中选择合并的工程文件即可，如图 2-14 所示。

（十）退出

“退出”选项，可以关闭当前工程文件并且退出主程序。关闭时，根据提示选择“是”或“否”需要保存的工程文件，如图 2-15 所示。

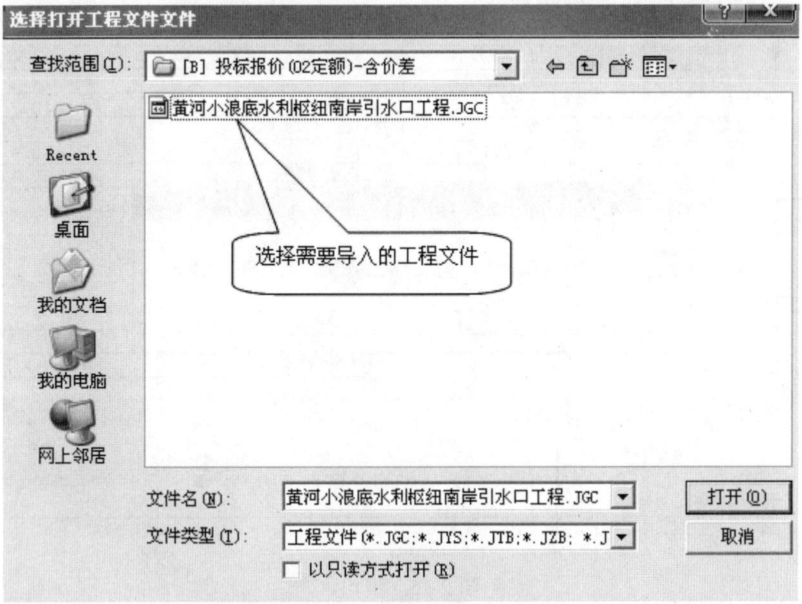

图 2-13 导入工程文件

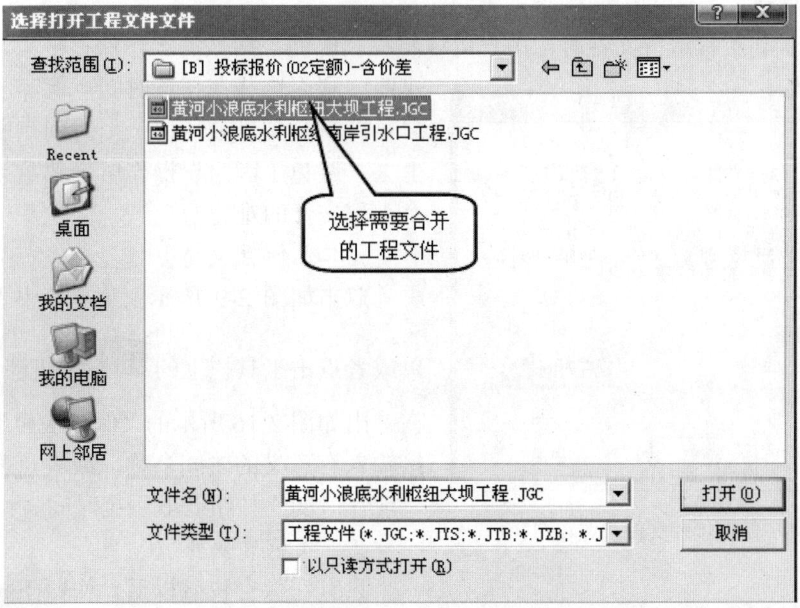

图 2-14 工程合并

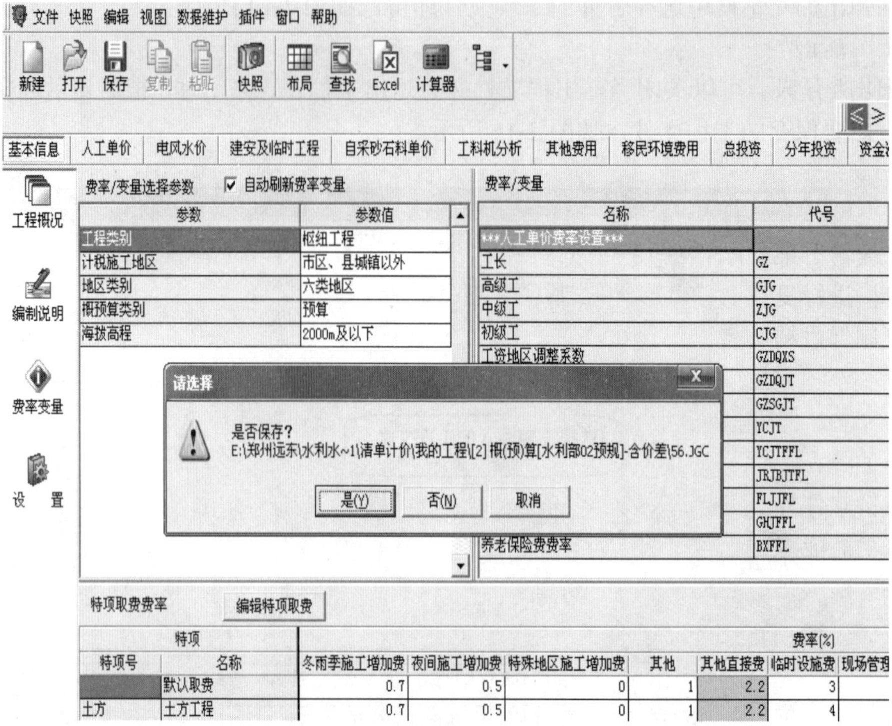

图 2-15 退出

二、快照

（一）概述

当编制水利工程造价文件时，用户可以将任何时间点所做的工作保存下来，这被称为快照。利用这些在任意时间点保存的快照，用户可以恢复到以前任何一个时间点所做的工作上去，避免了因为误操作所导致重新开始做整个工程文件的难题。

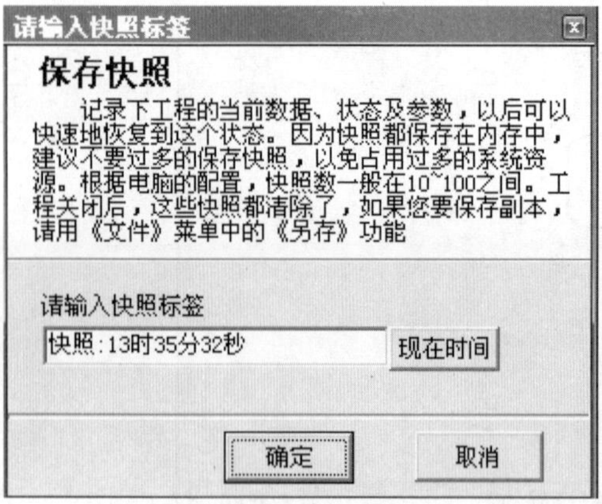

图 2-16 保存工程文件快照窗口

（二）保存快照

点击如图 2-9 所示主菜单栏中“快照”菜单或者点击工具栏上的  “快照”图标按钮，在弹出如图 2-16 所示的“保存快照”窗口中直接输入有意义的时间名称，或者点击该窗口中“现在时间”按钮获取系统时间。

（三）恢复快照

只有在保存快照以后，快照下拉列表框中才会显示已保存的快照标签，否则没有快照标签的保存记录。从快照标签列表中选择其中一个，点击就可以恢复到这个快照所记录下的状态中，而快照标签是按照保存的先后顺序存储的，如图 2-17 所示。

（四）清除所有快照

“清除所有快照”选项，可以清除所有的快照标签记录，如图 2-17 所示。

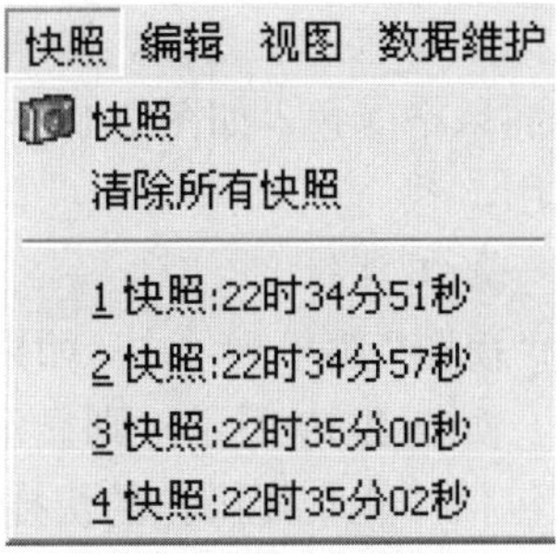

图 2-17　快照保存的工程文件记录

三、编辑

（一）复制与粘贴

在“编辑”菜单中，点击“复制”或者“粘贴”选项，可以进行复制、粘贴操作。也可以点击工具栏上的“复制”、“粘贴”按钮进行操作。在软件界面按下快捷键 Ctrl+C 可以进行复制，按下快捷键 Ctrl+V 可以进行粘贴。

（二）Excel

在造价软件界面，按快捷键Ctrl+P或者点击工具栏上的Excel图标按钮，可以导出Excel表格。该功能能将用户选取的表格中的内容输出在 Excel 表格中，它的内容与软件界面显示的内容完全一致，所以又称界面报表。此功能只能在水利水电工程造价软件正式版本下才可以使用。

（三）查找

查找是指完全针对整个界面的查找，在整个界面网格内搜索指定的内容，方便用户快速定位。也可以用快捷键 Ctrl+F 或者点击工具栏上的  “查找”图标按钮进行查找，如图 2-18 所示。

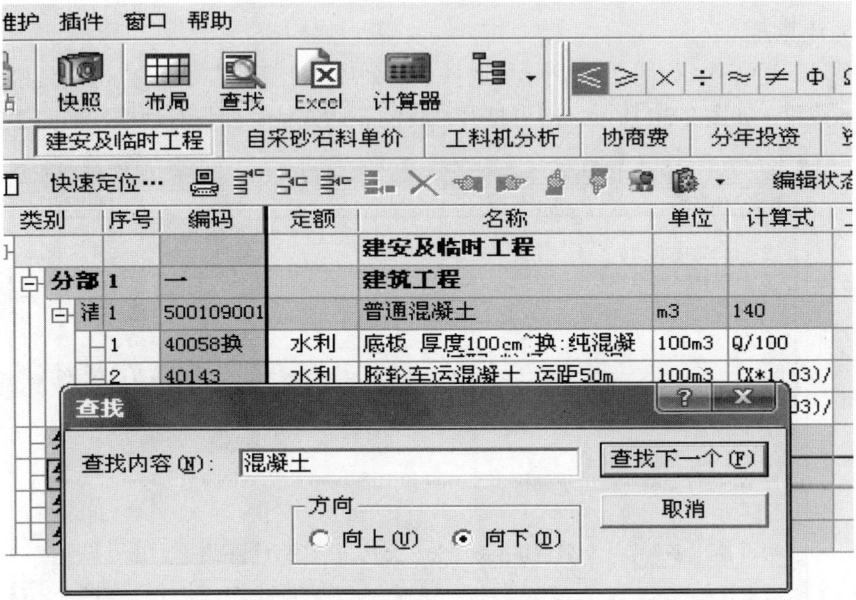

图 2-18　查找工具

四、视图

视图菜单包括工具栏、特殊符号、计算器、首页、布局、设置界面风格颜色，如图 2-19 所示，用户可以根据自己需要进行选用。

图 2-19 视图菜单

（一）工具栏

在“视图”菜单列项中，如果“工具栏”前处于勾选“√”状态时，如图 2-19 所示，则显示工具栏，否则隐藏工具栏。工具栏包括一些常规操作的快捷图标按钮，如图 2-20 所示，其中有些工具我们在前面已经介绍过。

（二）特殊符号

在“视图”菜单列项中，如果“特殊符号”前处于勾选“√”状态时，如图 2-19 所示，则显示特殊符号，否则隐藏特殊符号，如图 2-21 所示。

图 2-20 工具栏

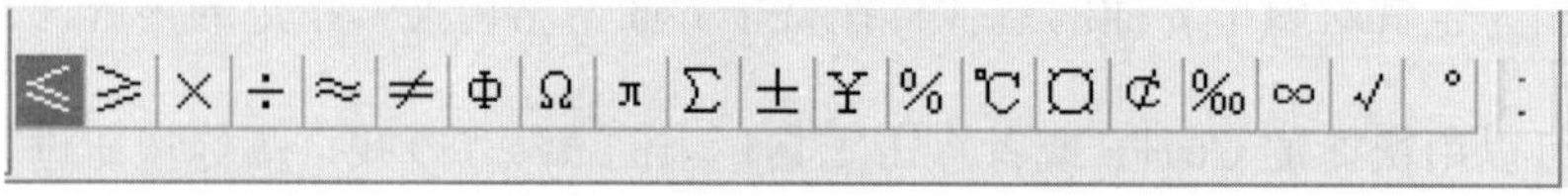

图 2-21 特殊符号

（三）计算器

在“视图”菜单中，如图 2-19 所示，选择下拉列项“计算器”，或者点击工具栏中的“计算器”图标按钮，如图 2-20 所示，即可打开“我的表达式计算器”对话框，如图 2-22 所示。

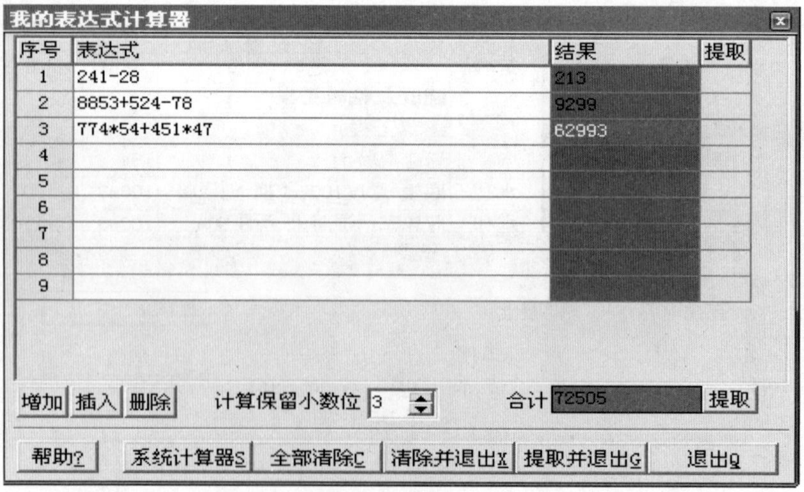

图 2-22 计算器

在“我的表达式计算器”对话框中，点击“增加”按钮，表达式序号默认在末尾增加一行；点击“插入”按钮，插入的行则在光标位置的前一行；选中需要删除的行，点击“删除”按钮即可。用户可以根据实际情况选择保留小数位的位数。

用户还可以点击“系统计算器”调出系统自带的计算器工具。

（四）首页

在“视图”菜单中，如图 2-19 所示，选择下拉列项“首页”，可以使当前操作的工程返回到程序的“创建工程文件”界面，如图 2-23 所示。

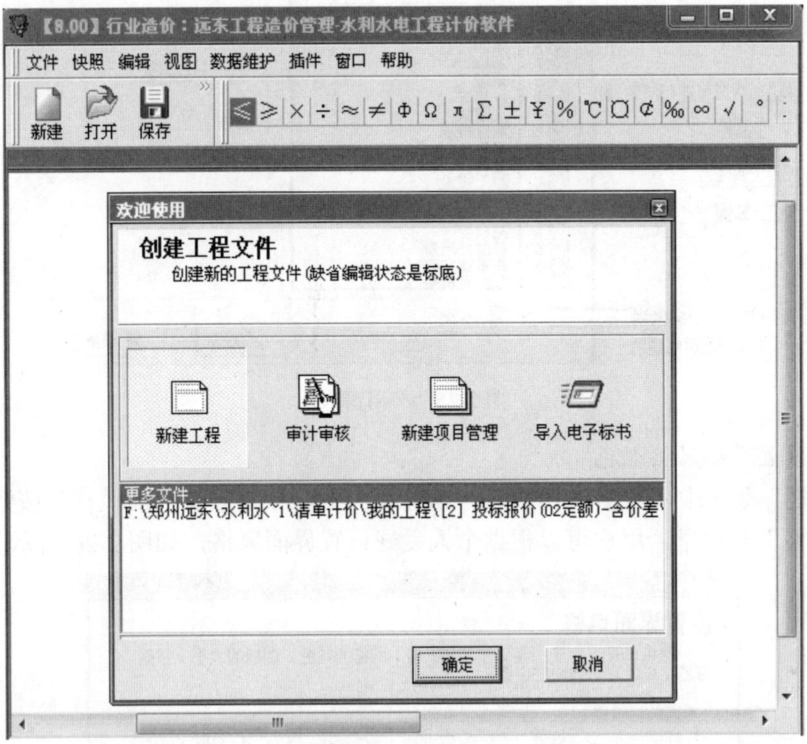

图 2-23　创建工程文件

如果要返回此前的工程，点击主菜单栏上的“窗口”菜单，在其下拉列选项中选择要返回的工程即可，如图 2-24 所示。

图 2-24　窗口菜单下拉列项

（五）布局

在“视图”菜单中，如图 2-19 所示，选择下拉列项中“布局”按钮，或者按快捷键Ctrl+W，也可以直接点击工具栏中的 “布局”图标按钮，在弹出的“列显示/隐藏”窗口中，根据工程实际情况勾选“√”所需显示或隐藏的列项，如图 2-25 所示。

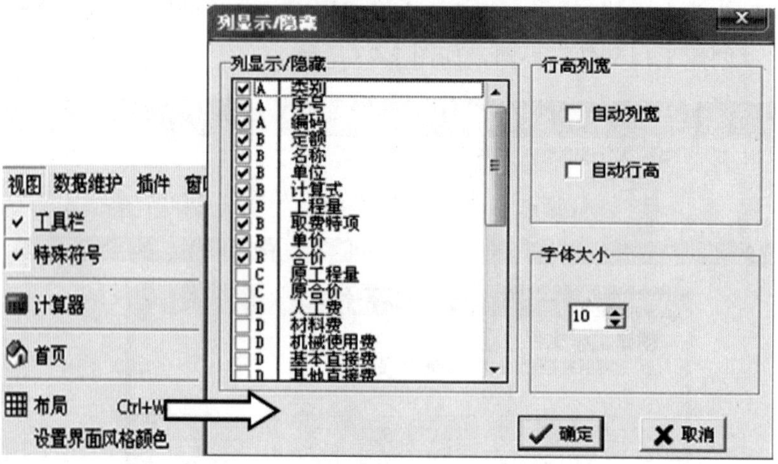

图 2-25 布局窗口

（六）设置界面风格颜色

在“视图”菜单中，如图 2-19 所示，选择下拉列项中“设置界面风格”按钮，在弹出的“界面风格”窗口里，用户可以根据个人爱好设置界面风格，如图 2-26 所示。

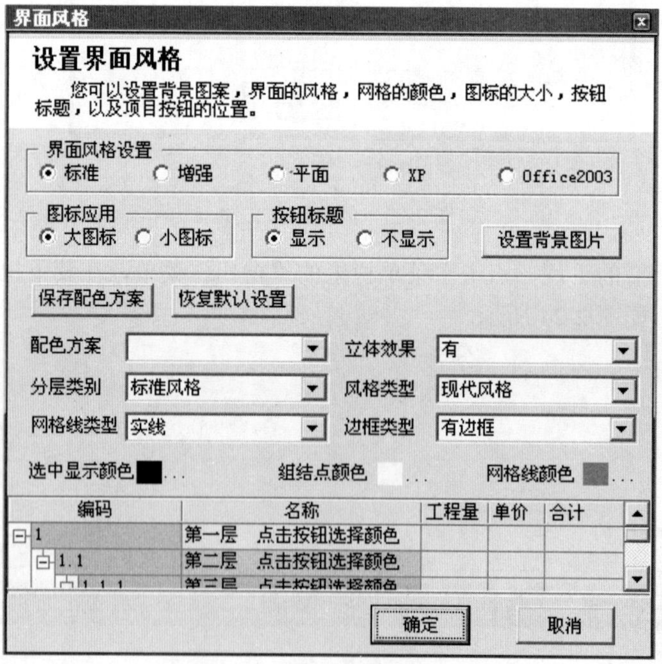

图 2-26 设置界面风格

五、数据维护

（一）主材

在编制水利水电工程概预算时，由于工程所在地区材料价格存在很大差异，为了满足不同工程需要，用户可以建立主材库信息，以便在不同的工程中方便调用。

点击“数据维护”菜单，在下拉列项中选择“主材”项，则弹出“主材库管理”窗口，如图2-27所示。

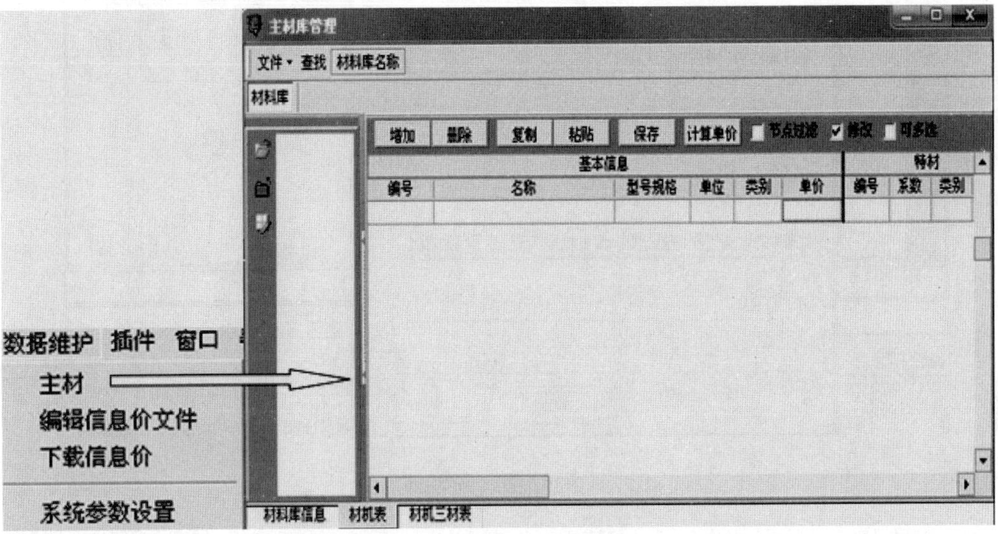

图2-27 主材库管理窗口

1. 文件

（1）新建。在“主材库管理”窗口，如图2-27所示，点击“文件”菜单，选择其中下拉列项“新建”按钮，如图2 28所示，则弹出“新建定额库”窗口，如图2-29所示。

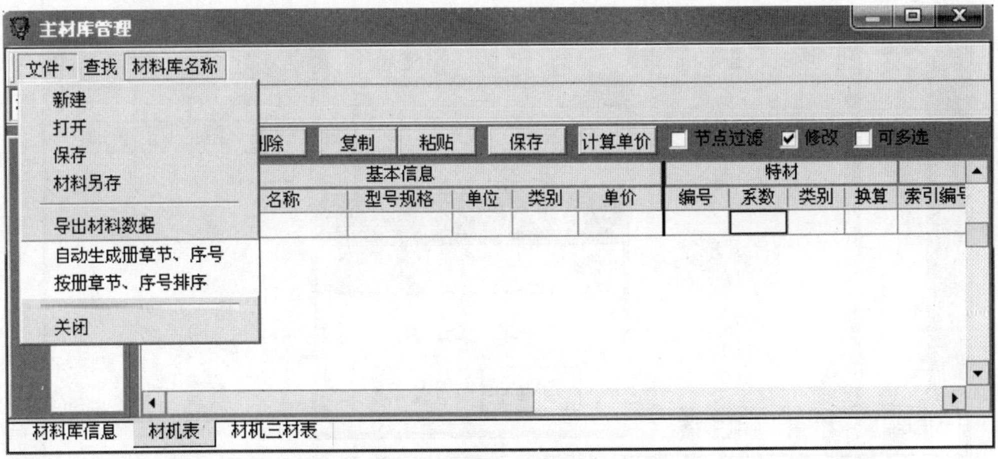

图2-28 主材·文件·新建

在“新建定额库”窗口，用户可以根据需要输入数据库名称、所属地区、所属专业名称以及数据库识别代号等内容，建立自己的定额库。

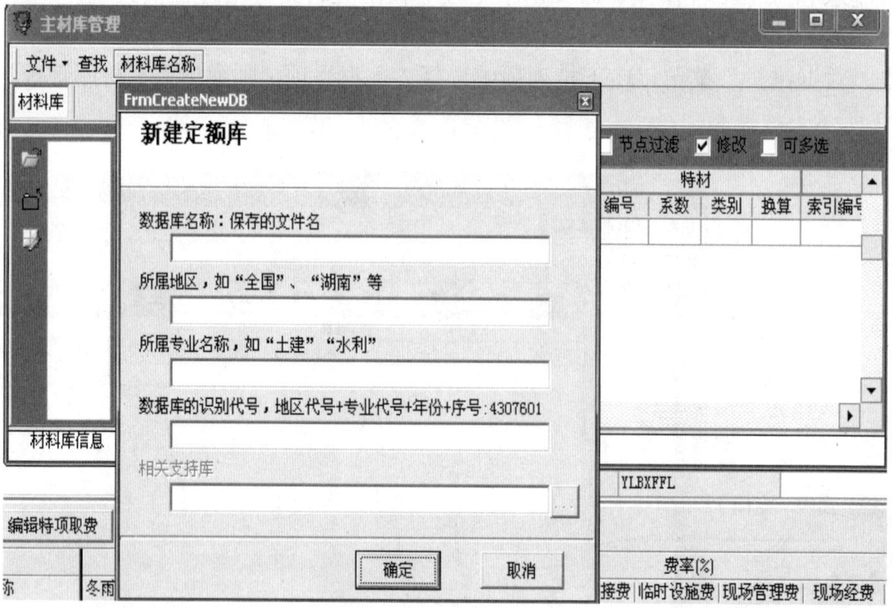

图 2-29 新建定额库

（2）导出材料数据。在“主材库管理”窗口，如图 2-28 所示，点击“文件”菜单，选择其中下拉列项“导出材料数据”，则可以导出材料库中用户所需的材料数据。但是在导出时需要密码验证，如图 2-30 所示。

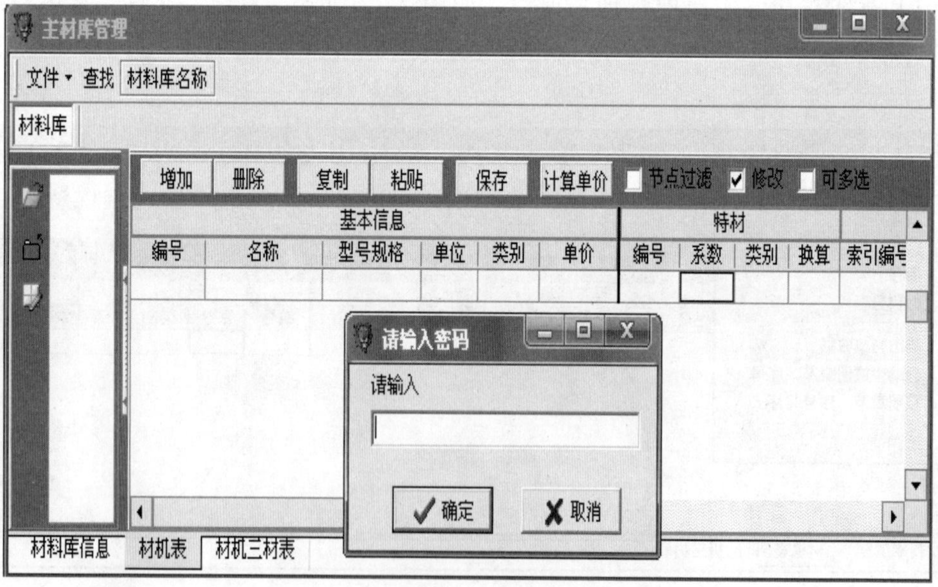

图 2-30 导出材料数据

2. 材料库信息

在“主材库管理”窗口，如图 2-28 所示，点击“材料库信息”按钮，则显示用户所选择的材料库的基本信息，包括地区名称、专业名称、材料库名称、材料库代号，如图 2-31 所示。

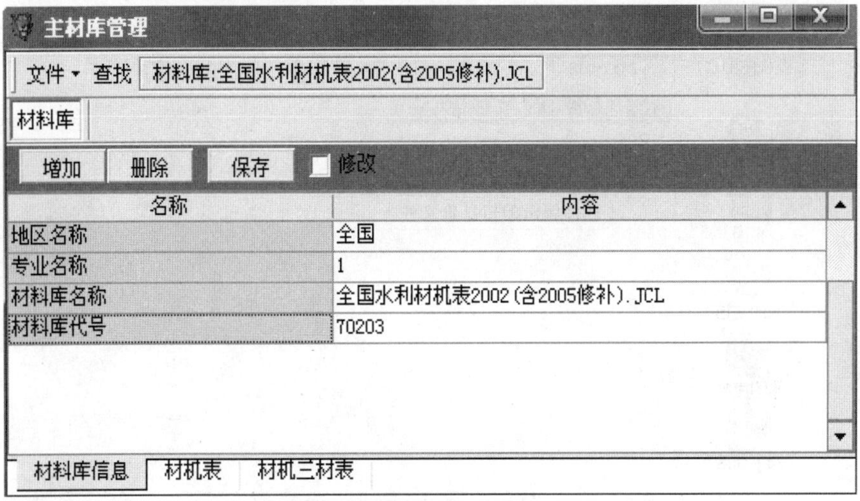

图 2-31　材料库信息

3. 材机表

在“主材库管理”窗口，如图 2-28 所示，点击“材机表”按钮，则显示材料库中所有人工、材料、机械、配合比等内容，如图 2-32 所示，用户可以根据工程情况任意调用。

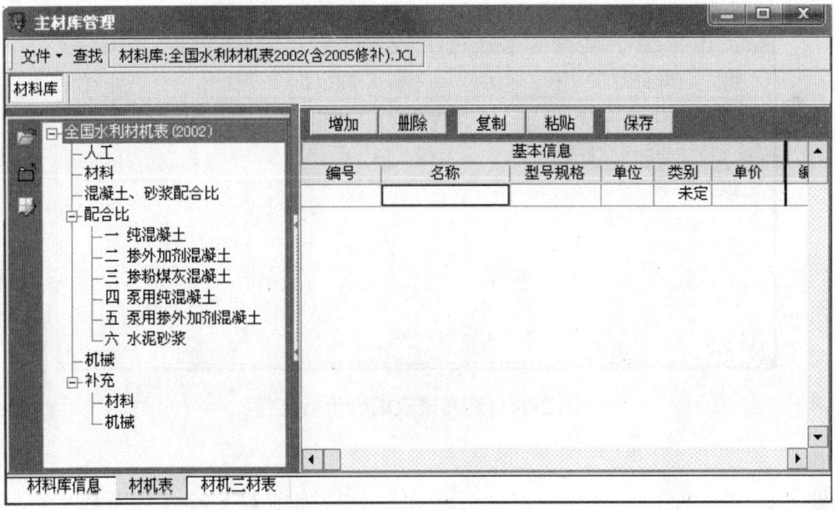

图 2-32　材机表

（二）编辑信息价文件

在编制水利工程概预算时，由于工程所在地区不同，所以人工、材料、机械价格存在很大差异。为了满足不同工程需要，用户可以对材料价格进行编辑保存，以便在下一次工程中方便调用。

操作方法：点击“数据维护”菜单，在下拉列项中选择“编辑信息价文件”项，则弹出“选择打开材料价格文件”窗口，用户可以选择需要打开的材料价格文件或者选择建立新的材料价格文件（材料价格文件的后缀名为：*.JG）进行编辑，如图 2-33 所示。

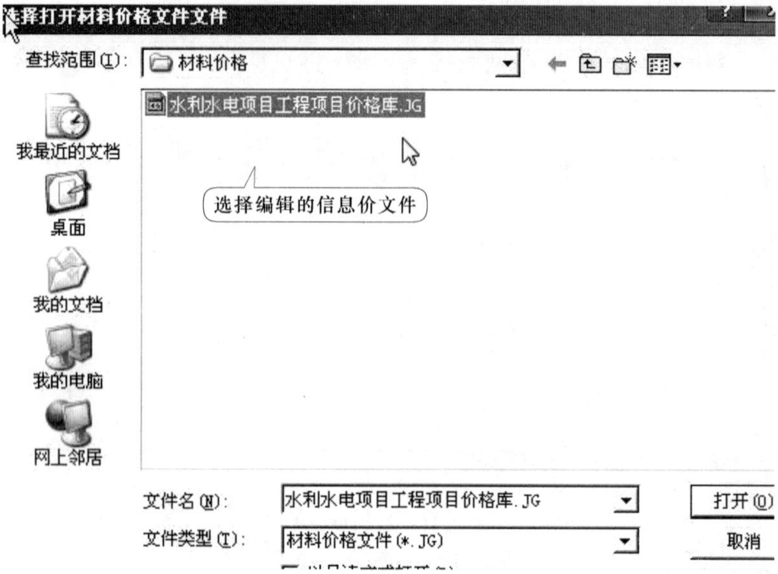

图 2-33 选择或新建信息价格文件

选择并打开要编辑的信息价格文件后，则弹出编辑价格文件窗口，如图 2-34 所示。

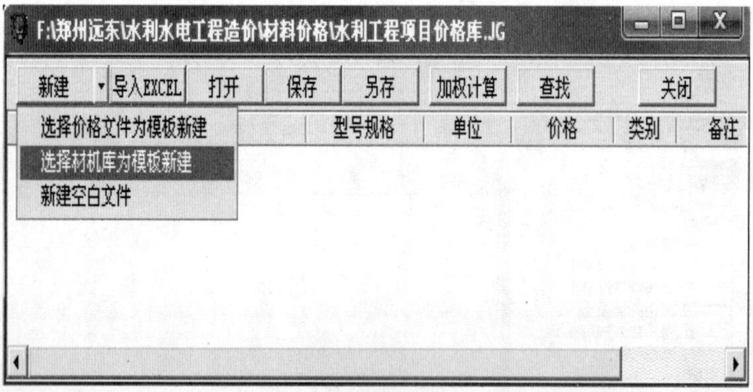

图 2-34 选择模板编辑价格文件

1. 新建

在如图 2-34 所示窗口，点击“新建”按钮，下拉列项有 3 种新建价格文件类型，用户可以根据实际需要选用。

（1）选择价格文件为模板新建。以当前打开的价格文件为模板编辑价格信息。

（2）选择材机库为模板新建。以当前打开的材机库为模板编辑价格信息。

（3）新建空白文件。新建空白价格文件，直接输入价格信息。

2. 打开

在如图 2-34 所示窗口，点击“打开”按钮，则显示如图 2-35 所示界面，然后选择、打开价格文件，也可以建立价格文件模板进行编辑。

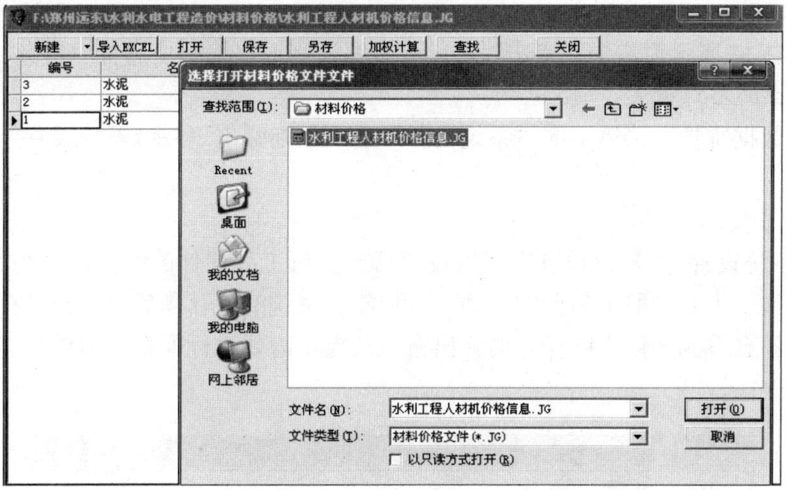

图 2-35 选择、打开价格文件

3. 保存

在如图 2-34 所示窗口，点击“保存”按钮，对当前编辑完成的价格文件进行保存。

4. 另存

在如图 2-34 所示窗口，点击“另存”按钮，对当前编辑完成的价格文件按一定条件进行保存。

5. 加权计算

选择两个或两个以上的价格文件，通过加权计算生成新的价格文件。用户在打开后可以按住 Ctrl 键或 Shift 键多选文件，如图 2-36 所示。

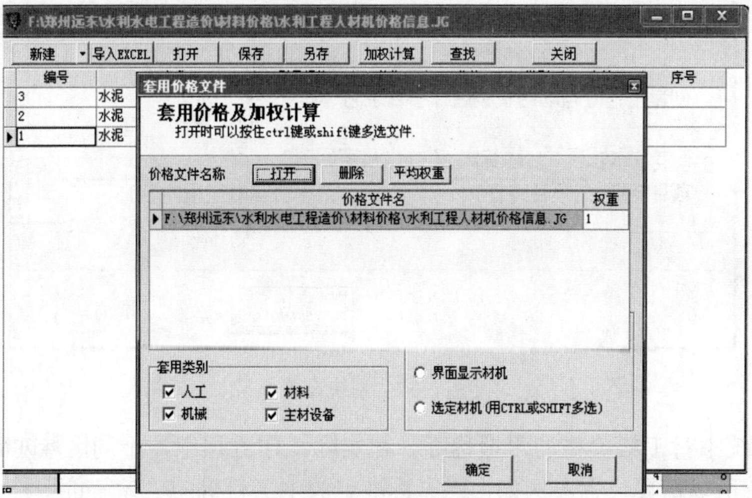

图 2-36 加权计算

6. 查找

如图 2-34 所示窗口“查找”按钮，是指完全针对整个界面的查找，在整个界面网格内搜索指定的内容，方便用户快速定位。

7. 关闭

在如图 2-34 所示窗口中，点击“关闭”按钮，则退出编辑信息价窗口。

（三）系统参数设置

点击“数据维护”菜单下的“系统设置”选项，则弹出“系统参数设置”窗口，如图 2-37 所示。

1. 系统设置

（1）备份设置。“备份设置”可以设置后台备份工程文件的时间，系统默认为每 15 分钟保存一次。为 0 时取消后台的自动备份功能。系统的保存是后台备份保存，在编辑工程过程中，不会看到任何中断操作的弹出窗口来提示需要进行保存，但用户的数据已自动做了备份。

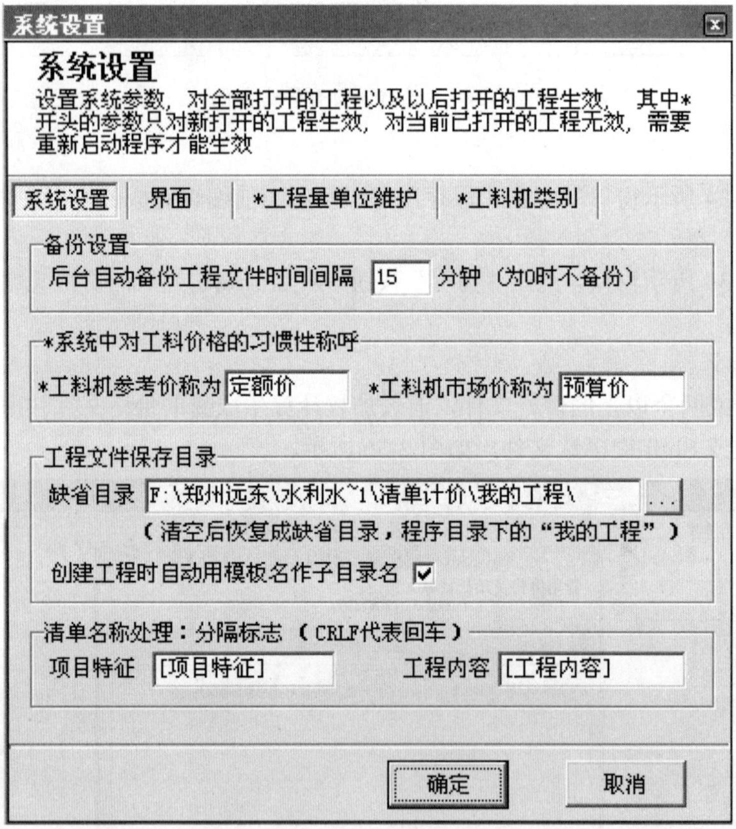

图 2-37 系统设置

（2）系统中对工料价格的习惯称呼。在实际工作过程中，不同区域对工程材料价格的称呼不同，所以需要设置。例如，国家标准定额中工料机的“参考价”称为“定额价”，“市场价”称为“预算价”。

（3）工程文件保存目录。该选项是指系统备份的默认路径，用户也可以自定义保存路径，如图 2-37 所示。

（4）清单名称处理。清单名称是采用分隔标志来进行处理，例如采用项目特征为“[项目特征]”、工程内容为“[工程内容]”的方法进行处理。

2. 界面

界面设置如图 2-38 所示。

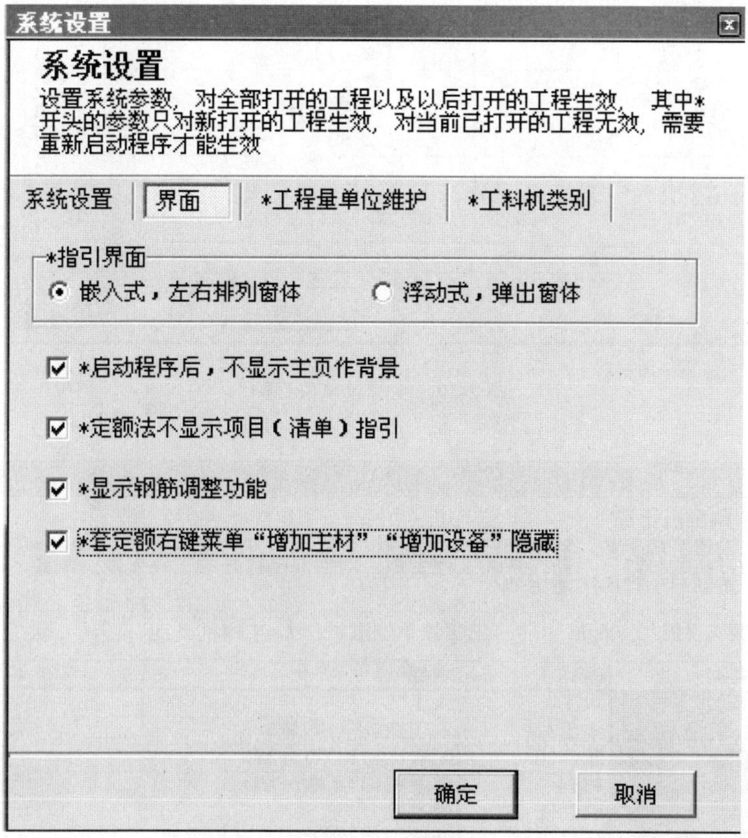

图 2-38 界面设置

（1）指引界面。在工作过程中，用户可以使用该选项设置指引界面的出现形式。指引界面出现形式可以分为“嵌入式（左右排列窗口）”和“浮动式（弹出窗口）”两种。

（2）显示窗口。用户可以设置窗口显示的方式：①“*启动程序后，不显示主页做背景”；②“*定额法不显示项目（清单）指引”；③“*显示钢筋调整功能”等。

3. 工程量单位维护

工程量单位是按照国家标准给定的，一般情况下不需要更改，如图 2-39 所示。

4. 工料机类别

在“系统设置”界面，点击“工料机类别”按钮，在弹出的窗口中可以显示系统对人工费、材料费、机械费的所有设置情况。这里只是作为用户的一般了解，不要修改，否则会影响报表数据的计算结果。

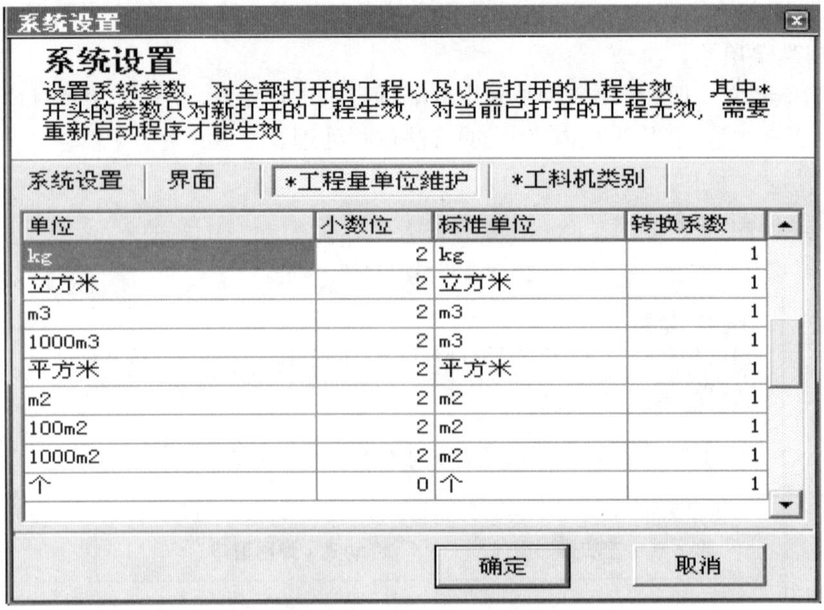

图 2-39 工程量单位维护

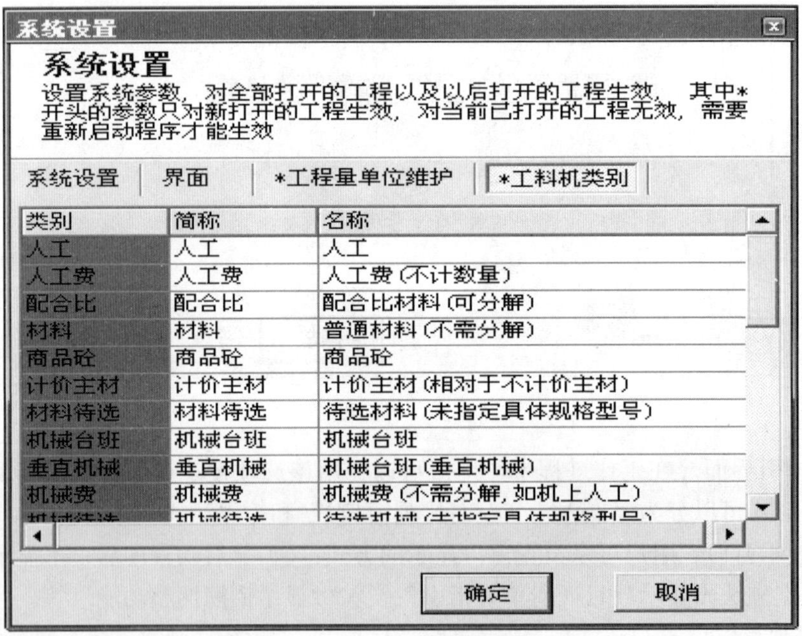

图 2-40 工料机类别

六、插件

系统软件提供了插件支持，用户可以下载新功能组件不断地给软件“插入”新的功能。插入功能后保存在软件安装目录下的“插件”目录下，并将插入文件复制到这个目录下，下次启动程序时，对应的名称就会显示在“插件”菜单中。

七、窗口

“窗口”菜单包括3种陈列形式：层叠、水平平铺、垂直平铺。程序运行过程中显示所有操作的工程文件，如图2-41所示。

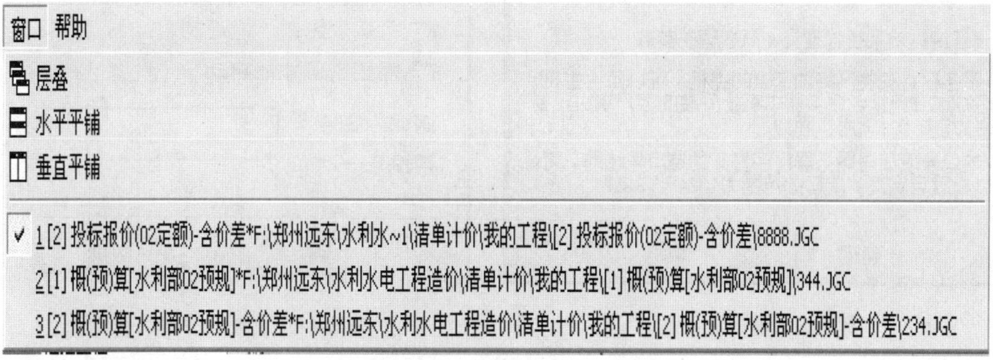

图2-41 软件操作界面窗口菜单

八、帮助

在“帮助”菜单下，用户可以进行产品注册、设置软件启动密码等多种操作。

（一）产品注册

1. 单机版

用户如果使用单机版，则软件会提示插入软件锁，进行产品注册，如图2-42所示。

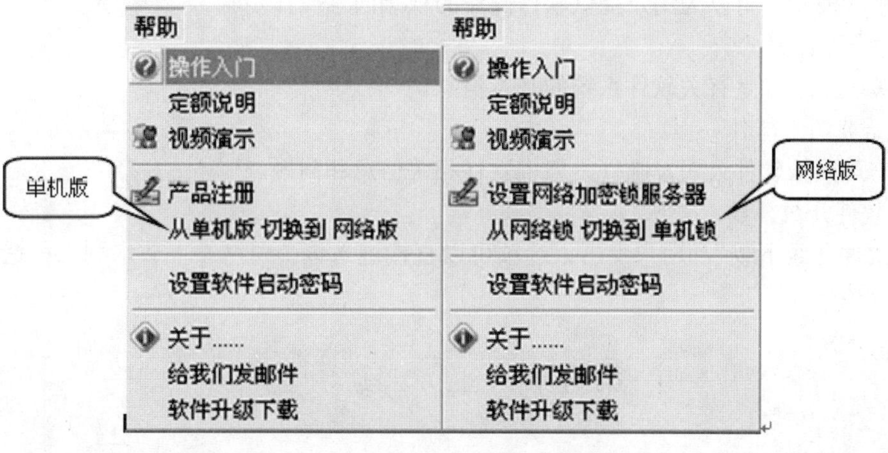

图2-42 产品注册

2. 网络版

用户如果在某个局域网络服务中使用，可以在“帮助”菜单下拉列项中选择“从单机版切换到网络版”选项，如图2-42所示，并设置网络加密锁服务器，如图2-43所示。

（二）设置软件启动密码

点击“帮助”菜单下拉列项“设置软件启动密码”选项，则可以设置用户的软件启动权限，如图2-44所示。

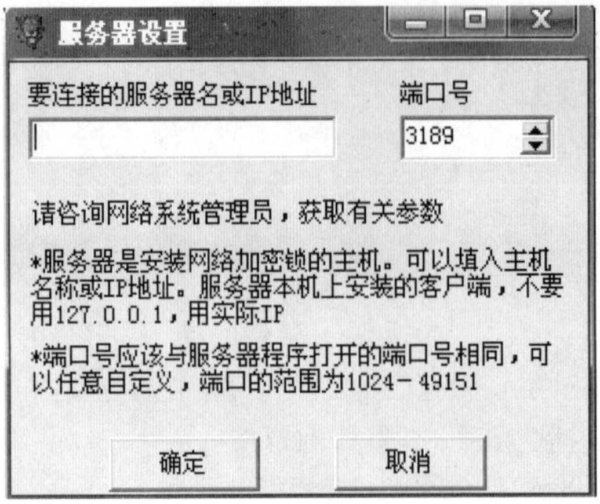

图 2-43 服务器设置

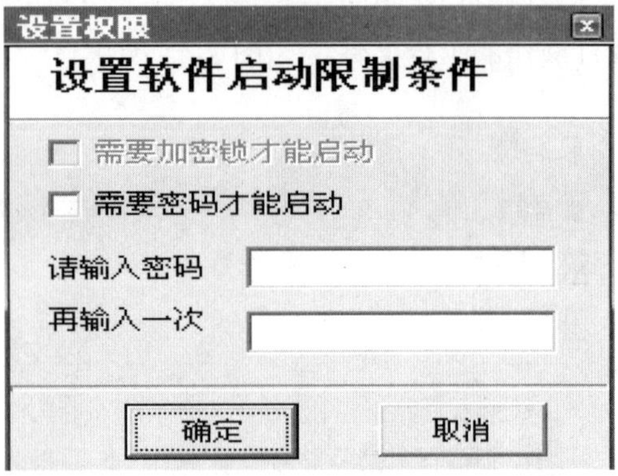

图 2-44 设置软件启动密码

（三）其他

1. 操作入门

“操作入门”是水利工程造价软件操作的具体步骤与方法，用户可以直接点击打开查看。

2. 定额说明

“定额说明”是指该水利造价软件所依据的定额基础。

3. 视频演示

“视频演示”可以为用户提供软件操作的视频演示操作步骤。

4. 关于……

“关于……”是有关软件系统的基本信息。

5. 给我们发邮件

用户可以给软件公司发邮件，咨询软件相关信息和问题。

6. 软件升级下载

“软件升级下载”，用户点击该选项可以直接进入该公司网站下载水利工程造价软件或者升级该软件。

第五节 工 具 栏

一、工具栏

在工具栏一行，是一些常用的公共功能的图标按钮集合，如图 2-45 所示。

图 2-45 工具栏

新建、打开、保存、复制、粘贴、快照、布局、查找、Excel、计算器这些工具的功能在本章第四节已经介绍过，这里不再赘述，下面仅就“展开”工具作简单介绍。

点击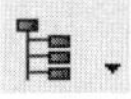图标按钮，可以按层次对树状网格展开和收起，如图2-46所示。例如在“建安及临时工程”界面，点击“展开”按钮就可以对“分部工程—工程清单—定额子目”进行展开和收起操作，十分方便。

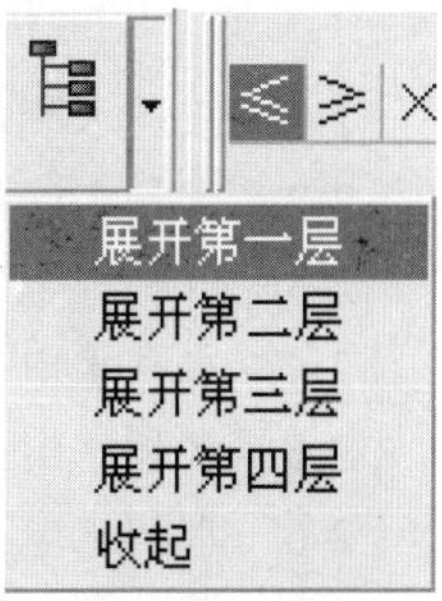

图2-46 展开

二、特殊符号栏

水利水电工程造价软件操作界面特殊符号集合如图2-47所示。

在编制水利水电工程造价过程中，用户可以根据需要直接点击插入所需要的特殊符号即可。

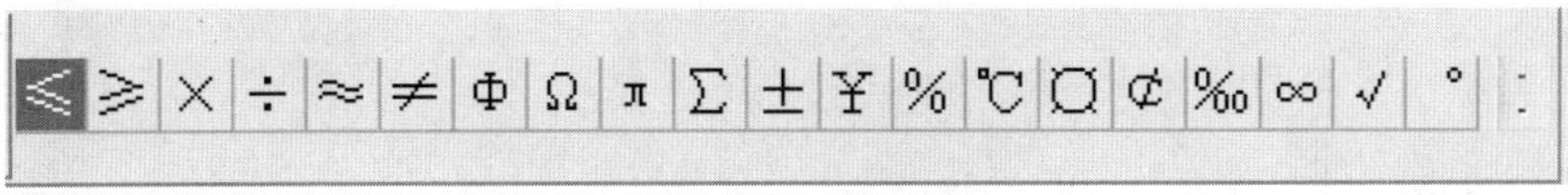

图2-47 特殊符号

第六节 插 页 栏

插页栏是软件的主要组件之一，工程的计算、套定额等工作主要是在插页栏中进行。插页栏中的数据计算方法是按照从左至右、依次汇总进行的。

插页栏是由很多插页组成的，每个插页又对应不同的费用模块窗口。水利水电工程概预算专业版的插页栏主要由“基本信息”、“人工单价”、“电风水价”、“建安及临时工程”、“自采砂石料单价”、“工料机分析”、“其他费用”、“移民环境费用”、“总投资”、“分年投资”、“资金流量”、“报表”插页组成，如图2-48所示。

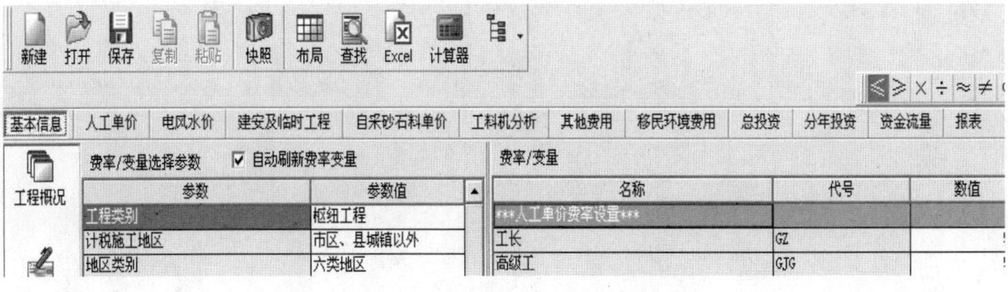

图2-48 插页栏（费用模块）

在插页栏中最关键的插页就是“基本信息”，“基本信息”插页中费率/变量的设置将会影响到后面整个工程的数据结果，所以必须保证基本信息栏中数据完全正确，以免引起后期数据错误难以查找。

有关插页栏（即费用模块）将在第三章作详细介绍。

思考与练习题

2-1 叙述水利水电工程造价软件的操作流程。

2-2 水利水电工程造价软件工程模板的分类有哪些?

2-3 水利水电工程造价软件操作界面包含的内容有几大部分?

2-4 水利水电工程造价软件操作界面主菜单栏的作用是什么?

2-5 水利水电工程造价软件操作界面工具栏的作用是什么?

2-6 水利水电工程造价软件操作界面插页栏包括哪些内容?

2-7 练习利用水利水电工程造价软件创建工程文件的操作步骤。

第三章 费 用 模 块

【学习目标】

1. 了解基本信息插页包括的内容。
2. 掌握工程概况、费率变量子插页内容的输入方法及其标准。
3. 掌握人工预算单价的组成内容及其插页界面工具的使用方法。
4. 掌握利用水利水电工程造价软件编制人工预算单价的方法。
5. 掌握电风水预算价格的组成内容及其插页界面工具的使用方法。
6. 掌握利用水利水电工程造价软件编制电风水预算价格的方法。
7. 掌握建安及临时工程的组成部分及其插页界面工具的使用方法。
8. 掌握利用水利水电工程造价软件套工程定额及编制工程单价的方法。
9. 掌握工料机分析的组成内容及其输入方法。
10. 掌握其他费用的组成内容及其插页界面工具的使用方法。
11. 掌握利用水利水电工程造价软件编制其他费用的方法。
12. 了解移民环境费用的组成内容及其插页界面工具的使用方法。
13. 了解利用水利水电工程造价软件编制移民环境费用的方法。
14. 掌握总投资的组成内容及其插页界面工具的使用方法。
15. 掌握利用水利水电工程造价软件编制总投资的方法。
16. 掌握分年度投资的组成内容及其插页界面工具的使用方法。
17. 掌握利用水利水电工程造价软件编制分年度投资的方法。
18. 掌握资金流量表的组成内容及其插页界面工具的使用方法。
19. 掌握利用水利水电工程造价软件编制资金流量表的方法。
20. 掌握报表的组成内容及其插页界面工具的使用方法。
21. 掌握利用水利水电工程造价软件输出报表的方法。
22. 掌握混凝土配合比与台时的换算方法。

【学习重点】

1. 工程概况内容的输入方法与费率变量的选择方法。
2. 编制人工预算单价的方法。
3. 编制电风水预算价格的方法。
4. 套工程定额及编制工程单价的方法。
5. 工料机分析插页内容的输入方法、混凝土配合比与台时的换算方法。
6. 编制其他费用、总投资、分年度投资、资金流量表的方法。
7. 报表输出的方法。

第一节 概　　述

一、编辑费率和计算基础

在“基本信息”插页（又称费用模块）操作界面，如图 2-48 所示，根据工程情况可以确定费率变量（包括费率/变量选择参数、费率变量、特项取费费率 3 个子窗口）。点击 编辑特项取费 按钮则弹出对话窗口，可以对“计算基础”和“费率”这两部分内容进行有针对性的修改，如图 3-1 所示。

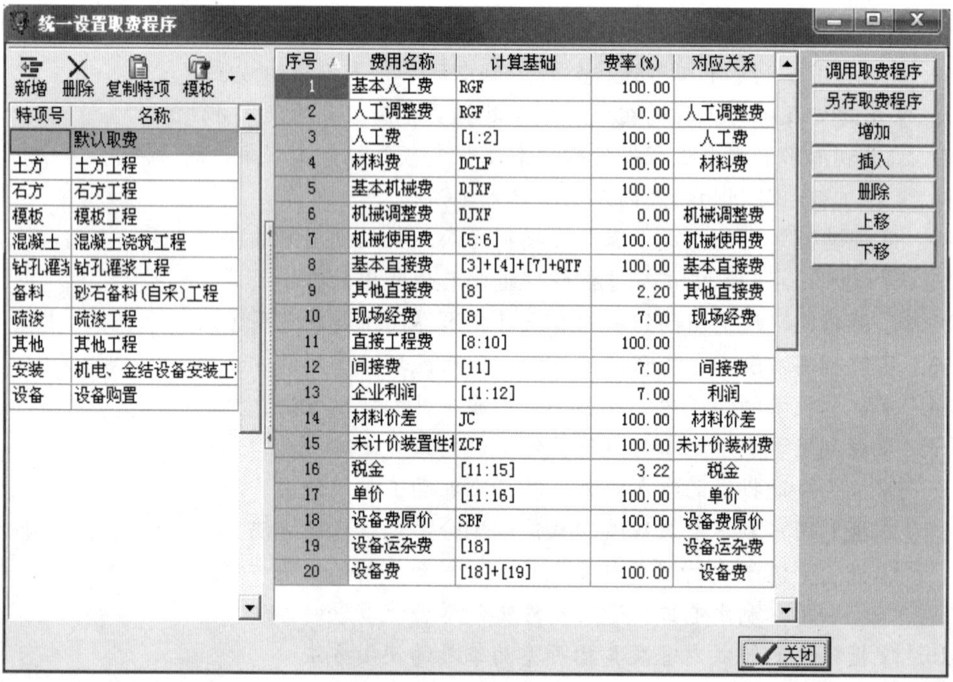

图 3-1　统一设置取费程序

二、引用号的规则

在费用模块中，如果在“引用号”列某行中输入了“引用号”，这样下面的模块可以通过此“引用号”调用到这行对应的合计值，因此引用号的设置必须是唯一的。

三、锁定

记录处于锁定状态时，用粗体显示，同时其名称、计算基础、引用号都不能修改和删除。

四、费用模块计算原理

以下是汇总分析各种类型费用模块的计算原理流程图，如其他费用、总投资等费用模块。其他费用、总投资等费用模块是从每一个节点递归访问每一个节点，从最低层节点通过“解析计算‘计算公式’，结果×费率=合价”的方式，然后汇总到上级节点，流程图如图 3-2 所示。

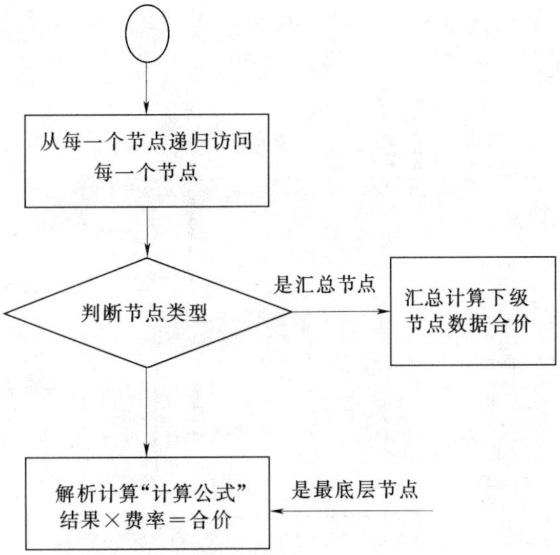

图 3-2 软件费用模块计算流程图

第二节 基 本 信 息

打开水利水电工程造价软件并新建工程后，则进入软件的操作界面，如图 2-48 所示。“基本信息”是水利水电工程造价软件的第一个插页，用户在编制水利工程概预算之前，首先要熟悉编制说明，并按照要求填写工程概况和设置相应的费率变量。

一、概述

（一）工程概况

打开“基本信息”插页中“工程概况”子插页，其中包含有“工程编号、工程名称、合同编号、合同名称、编制人、编制日期、投标人及审核人”等各项内容。在新建工程时，“工程名称”直接引用新建向导中所填写的内容，编制日期缺省时默认计算机系统当前日期。用户应根据工程的实际情况填写相关信息并保存，这些信息可以在后面的报表中直接调用，如图 3-3 所示。

（二）设置工程密码

1. 设置口令

如果用户在新建工程时没有设置口令，那么可以点击“设置工程密码”按钮，在弹出的“口令更改”窗口中直接设置口令即可，如图 3-3 所示。

2. 修改口令

如果用户在新建工程时设置了口令，为了确保工程文件的安全性，用户可以点击“设置工程密码”按钮，在弹出的“口令更改”窗口中定期或不定期的修改口令即可。

二、编制说明

“基本信息”插页中“编制说明”子插页，主要介绍了水利水电工程造价软件的基本操作流程以及一般性的文字说明，如简要操作步骤、工程备忘录等。用户也可以根据自己需要修改并保存；如果是初次使用本软件，可以通过“编制说明”子插页，大致了解本软件系统的整个操作流程。

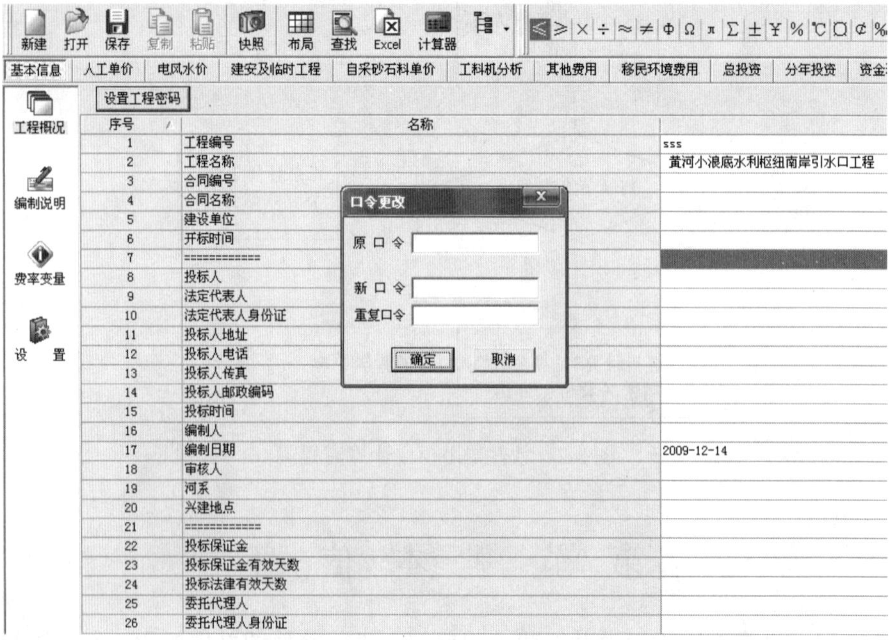

图 3-3 软件操作界面—“基本信息”插页界面

三、费率变量

“费率变量”子插页包括费率/变量选择参数、费率/变量、特项取费费率 3 个子窗口，如图 3-4 所示。

（一）费率/变量选择参数

1. 费率/变量选择参数的设置

费率/变量选择参数的设置是工程套定额、编制工程单价、计算工程造价的起始关键步骤，所以用户必须对费率/变量参数值进行正确选择。可以根据工程具体情况，选择相应工程参数值(即费率/变量选择参数)。在选择的参数值改变后，系统可自动按内置缺省参数值更新“费率/变量窗口、特项取费费率窗口”中的费率或变量值。

如果 

按钮处于勾选“√”状态，则不同的参数值组合将自动刷新一组唯一的取费程序费率值。如果用户需要修改费率的取值，则应该把 

按钮取消勾选，以免重新选择费率变量后导致原修改过的费率变量值被重复刷新。

在费率/变量窗口中，人工单价费率设置与其他费用 (独立费用)部分的设置，除一部分是根据左侧的费率/变量选择参数值决定外，还有很多费率/变量需要在本窗口中通过下拉选项选取不同的数值。如果没有下拉选项的，则可以根据工程实际情况直接输入费率/变量数值即可。

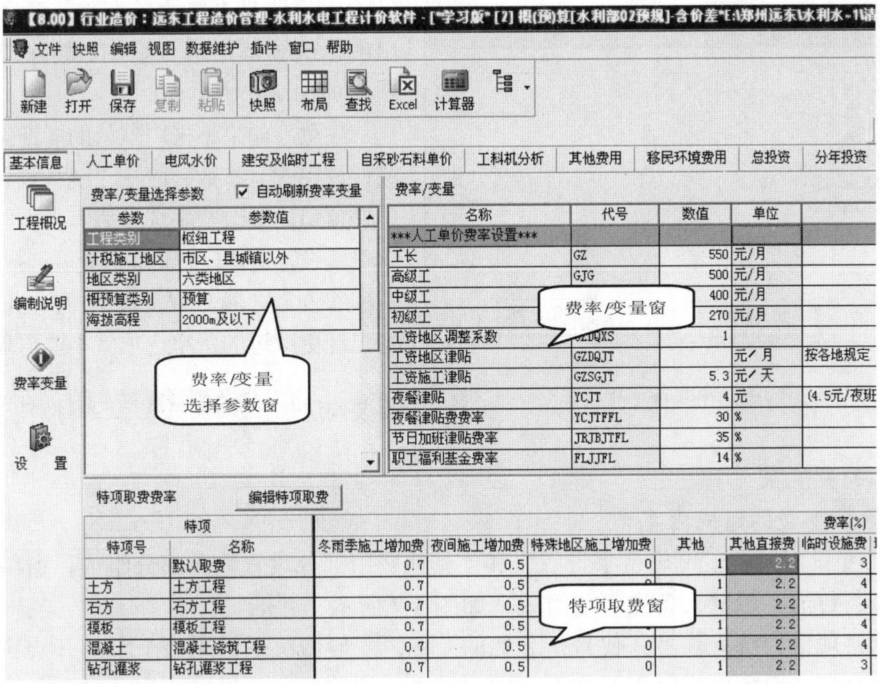

图 3-4 “基本信息”插页界面—“费率变量”窗口

2. 费率/变量选择参数的编辑

在“费率/变量选择参数”窗口中的空白处点击鼠标右键，则弹出“费率/变量选择参数”的编辑窗体，用户可以进行上移或者下移某一行，增加项目或者删除项目，还可以进行“修改备选项”的参数值等操作，如图 3-5 所示。

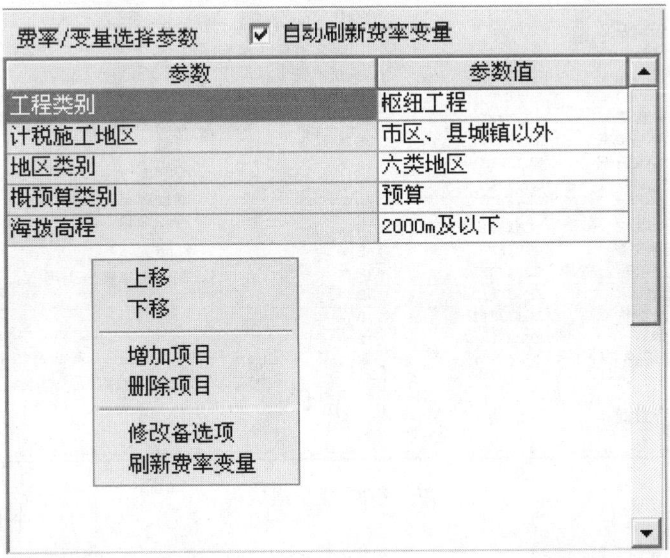

图 3-5 参数编辑

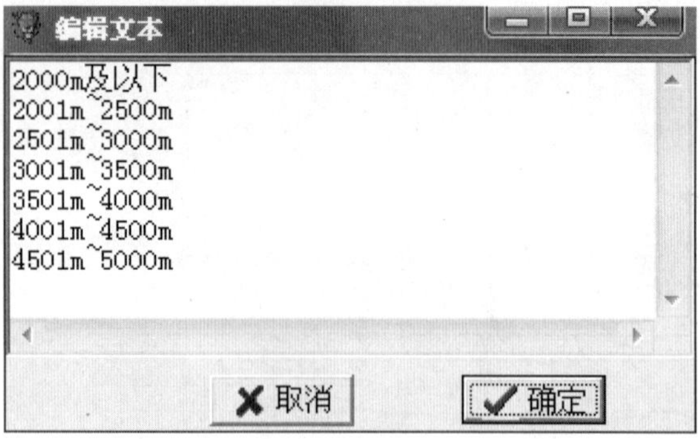

图 3-6 修改备选项

用户选择“修改备选项”命令，在弹出的修改窗体中进行增加、删除或修改选项。如图 3-6 所示。

注意：如果不采用默认的（通常是预规文件规定的）参数，应在“统一设置取费程序”窗口内更改费率选项后，再调整其他 3 个费率设置窗体（包括费率/变量选择参数窗、费率/变量窗、特项取费费率窗）内的值，但是已经更改过的费率选项就不要再调整（即不要勾选 自动刷新费率变量 按钮）了。

（二）费率/变量

1. 费率/变量的组成内容

费率/变量由“人工单价费率设置”和“其他费用部分设置”两部分组成，窗口是由名称、代号、数值、单位、备注等列组成，如图 3-7 所示。

名称是项目的特有称号；代号是名称的简称，一般情况下采用每个字的开头第一个大写字母来命名（用户也可以根据个人习惯自定义，但前后必须保持一致，以免数据不能调取）；数值有默认值和备选值；备注是注明相关的文字信息。

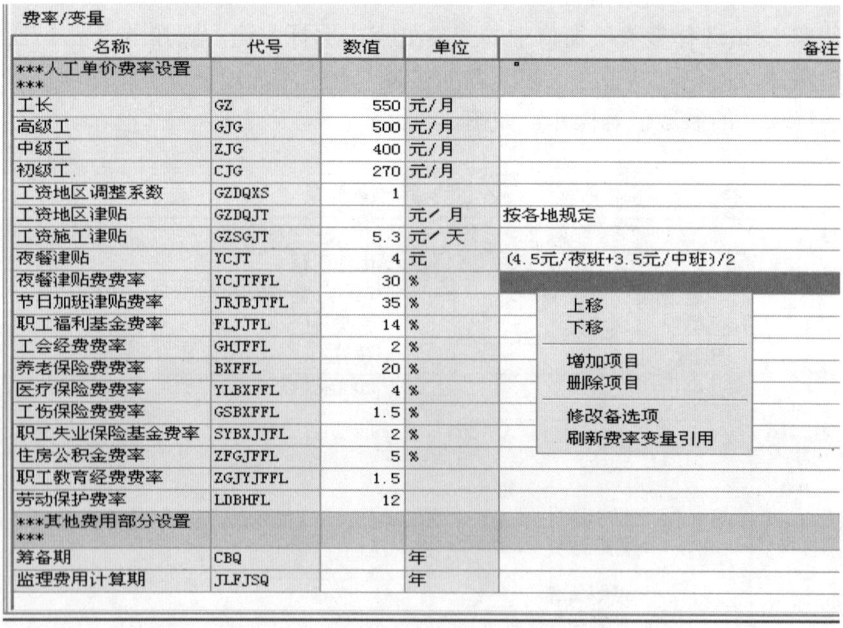
费率/变量

名称	代号	数值	单位	备注
人工单价费率设置				
工长	GZ	550	元/月	
高级工	GJG	500	元/月	
中级工	ZJG	400	元/月	
初级工	CJG	270	元/月	
工资地区调整系数	GZDQXS	1		
工资地区津贴	GZDQJT		元/月	按各地规定
工资施工津贴	GZSGJT	5.3	元/天	
夜餐津贴	YCJT	4	元	(4.5元/夜班+3.5元/中班)/2
夜餐津贴费费率	YCJTFFL	30	%	
节日加班津贴费率	JRJBJTFL	35	%	
职工福利基金费率	FLJJFL	14	%	
工会经费费率	GHJFFL	2	%	
养老保险费费率	BXFFL	20	%	
医疗保险费费率	YLBXFFL	4	%	
工伤保险费费率	GSBXFFL	1.5	%	
职工失业保险基金费率	SYBXJJFL	2	%	
住房公积金费率	ZFGJFFL	5	%	
职工教育经费费率	ZGJYJFFL	1.5		
劳动保护费率	LDBHFL	12		
其他费用部分设置				
筹备期	CBQ		年	
监理费用计算期	JLFJSQ		年	

图 3-7 费率/变量组成内容

2. 费率/变量的设置

软件默认状态下名称、代号、单位列是锁定的，列的背景色为深色。在实际应用过程中，有的时候需要增加、修改或者删除某项，首先必须按住 Alt+F12 键解除锁定，修改完成后再按住 Alt+F12 键重新锁定即可。

（三）特项取费费率

1. 编辑特项取费费率

在实际工程中，有时需要“增加费率列”或者“插入费率列”。用户可以点击鼠标右键菜单中“增加费率列”或者“插入费率列”选项进行操作，如图 3-8 所示。

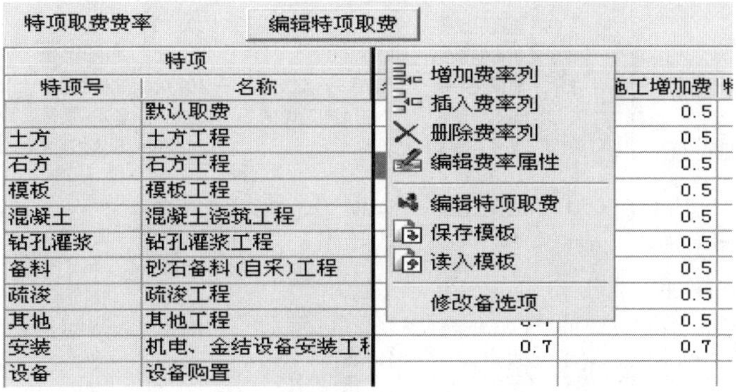

图 3-8　编辑特项取费费率

选择“增加费率列”或者“插入费率列”选项后，在弹出的窗体中输入费率名称以及选择费率类别，若此费率列为独立的，就选择可直接输入数据；否则选择不直接输入，如图 3-9 所示。

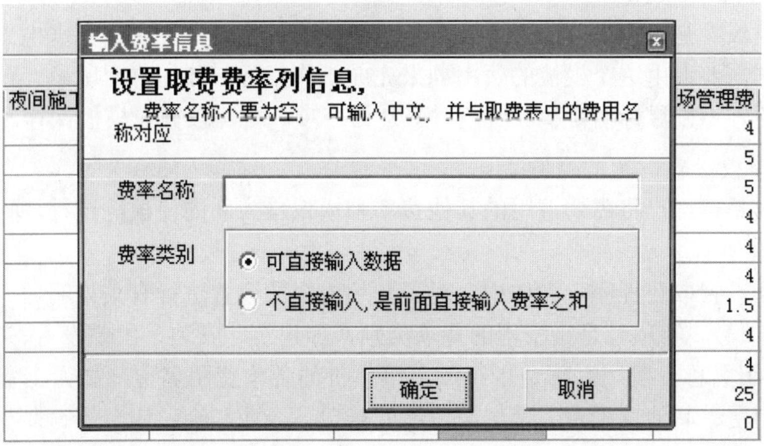

图 3-9　增加或输入费率列信息

2. 编辑特项取费

点击“特项取费费率”窗口中的“编辑特项取费”按钮，或者在“特项取费费率”窗口中点击鼠标右键执行“编辑特项取费”命令项，如图 3-8 所示，在弹出的“统一设置取费程序”窗体中进行设置。左窗口是“特项”窗口，可以做新增、删除、复制特项、模板等操作；右窗口是“特项费用的费率设置”窗口，设置有最重要的计算基础和费率（%）列，费用名称与对应关系要一一对应，没有的为空，如图 3-10 所示。

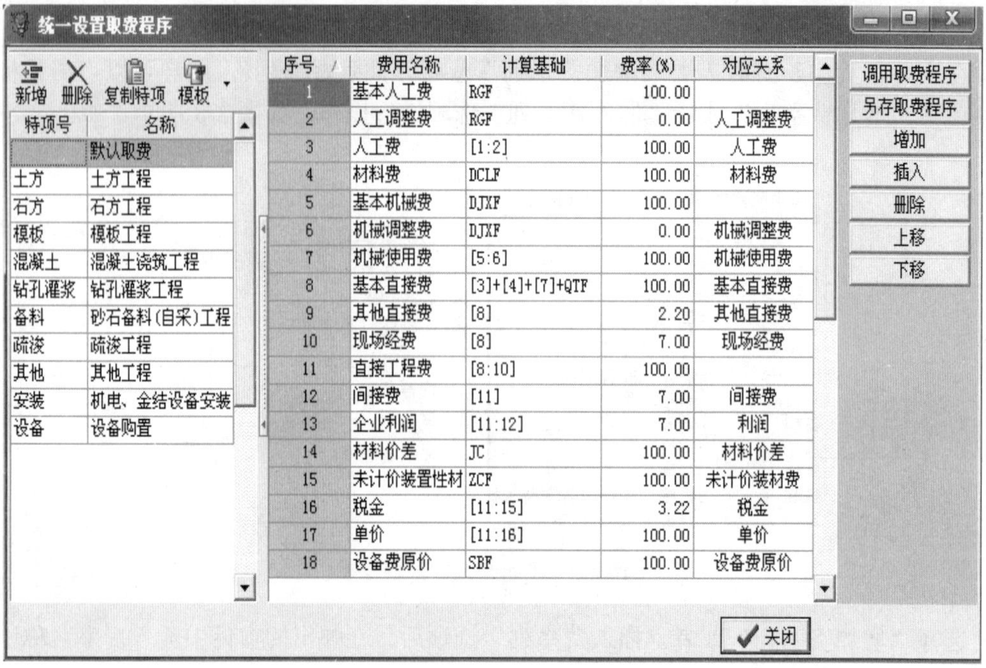

图 3-10 统一设置取费程序

3. 保存模板

“保存模板”是指将当前的费率列保存为模板的过程。在编制水利水电工程造价文件时就可以根据需要调用这个模板的费率列来完成工作任务，如图 3-8 所示。在“特项取费费率”窗口中，点击鼠标右键执行“保存模板”命令项，则可以完成模板保存。

4. 读入模板

读入模板是指用户将需要调用的其他费率列模板作为新的模板的过程，如图 3-8 所示。

5. 几点说明

在“统一设置取费程序”窗体中，对于几项内容的设置进行有关说明。

（1）特项号。特项号是指工程的特项类别，如建筑、安装、主要设备、其他设备等。

（2）费用名称。费用名称是指组成工程单价的各项费用名称，如人工费、材料费、施工机械使用费、其他直接费、现场经费、间接费、企业利润、税金等。

（3）计算基础。计算基础是指费用变量及所引用指定行数据，其中：DRGF 表示定额人工费；DCLF 表示定额材料费；DJXF 表示定额施工机械使用费；还有一些其他费可以点击计算基础栏的下拉菜单查看各变量所表示的含义，如图 3-11 所示。

（4）符号的含义。[n]表示 n 为指定行号；[n:m]表示引用第 n 行到第 m 行的数据和，如[8：10]表示（基本直接费＋其他直接费＋现场经费）之和；[n]+[m]表示第 n 行数据加第 m 行数据和。

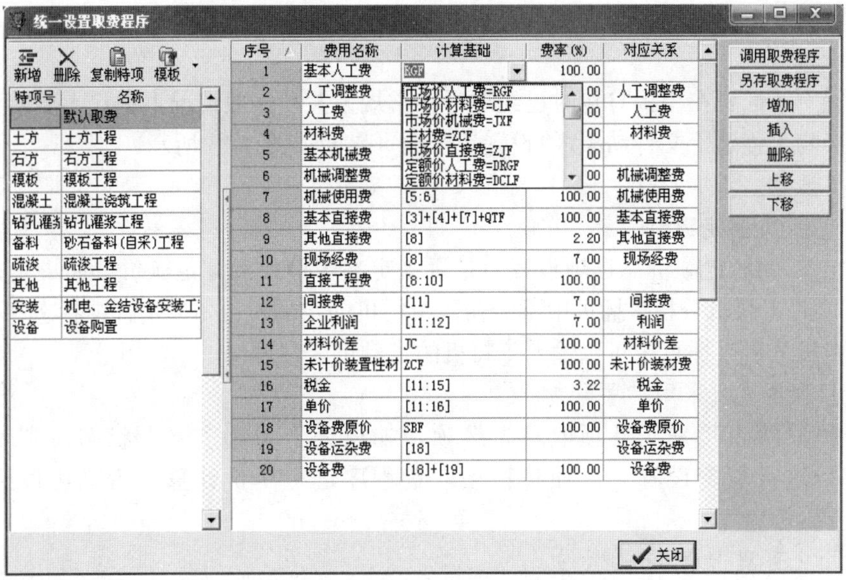

图 3-11 计算基础列的下拉菜单

特项取费费率通过列名称(费率名称)与取费程序中的费用名称相关联，并可以联动修改取费程序中费率。所以修改列名称或取费程序中的费用名称时要注意关联。

（四）修改备选项

在实际工作中，为了满足工程需要，有时需要对费率变量数值进行修改。用户可以在“费率变量”子插页窗口内点击鼠标右键，在下拉列项中选择“修改备选项”，然后在弹出的“编辑文本”窗口中进行费率值的修改即可，如图 3-12 所示。

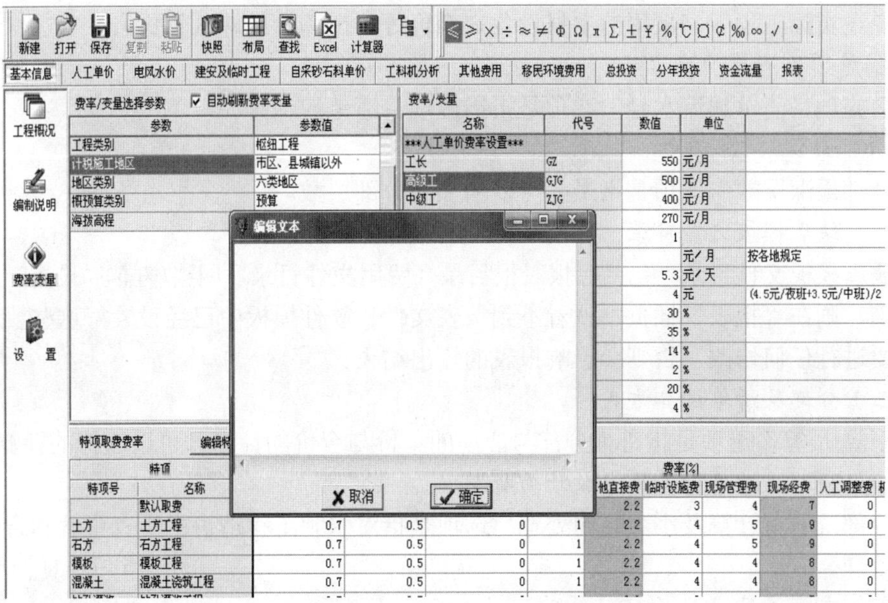

图 3-12 修改备选项

一般情况下，用户不要随意更改“费率变量”插页中的备选项内容。

四、设置

“设置”子插页在模板打包时已经进行了常规设置，一般情况下用户不要随便进行修改，以免影响工程造价文件结果，“设置”子插页界面如图 3-13 所示。

（一）设置

1. 锁定参考价/定额价

“锁定参考价/定额价”选项设置为是否锁定参考价或者称定额价。如果是锁定状态“√”，则在“工料机分析”插页中不能输入工料机的定额价；如果是解锁状态“不勾选”，则在“工料机分析”插页中可以输入工料机的定额价。

2. 子目取费直接采用特项取费

“子目取费直接采用特项取费”选项，如果处于勾选“√”状态，则表示不能对单个子目进行取费设置，一律按特项取费程序进行单价计算，否则可以进行单子目取费设置。

3. 指引上可双击录入分部

“指引上可双击录入分部”选项表示在套定额窗口中，可以双击左侧清单项目结点名称作为分部名称录入，但如果在一个已有名称的行中双击清单项目名称时会替换掉原有的分部名称，本功能主要对清单计价方式有效，对定额方式没有意义。

4. 报表中对非本专业定额的编号加上专业标志

工程套定额时，有的定额取自于其他专业的定额，所以在报表输出中，如果该选项处于勾选“√”状态时，对非本专业的定额可以加上标志，否则就不加标志。

5. 主材设备定额价=市场价

“主材设备定额价=市场价”选项是指把主材设备的定额价设置成与预算价格相等，也就是说在实际工程中，采用的主材设备定额价等于市场价（即预算价）。

6. 措施项目清单加流水号

“措施项目清单加流水号”选项是指措施项目清单的编码。

7. 分部最深层数

“分部最深层数”选项是指最多可以增加的分部层数。

（二）缺省模板文件目录

“缺省模板文件目录”包括：报表根目录、费用文件目录、网格/树布局设置。如果目录不正确，则在“报表”插页中就看不到报表文件。软件模板中已经设置好这些目录，用户不需要进行任何修改，否则会影响报表的输出结果。

（三）分部及清单计算方式

“正算/反算”选项是指进行分部与清单的单价与合价的计算时可以选择的计算方式。

（四）分部及清单计算及小数修约处理

“分部及清单计算及小数修约处理”选项是指对水利工程造价中所有单价和合价小数位数的处理。

（五）定额子目/配比台班计算

“定额子目/配比台班计算”选项（现行定额把台班已经改为台时）是指对单价、合价、工程量以及消耗量小数位数的处理。

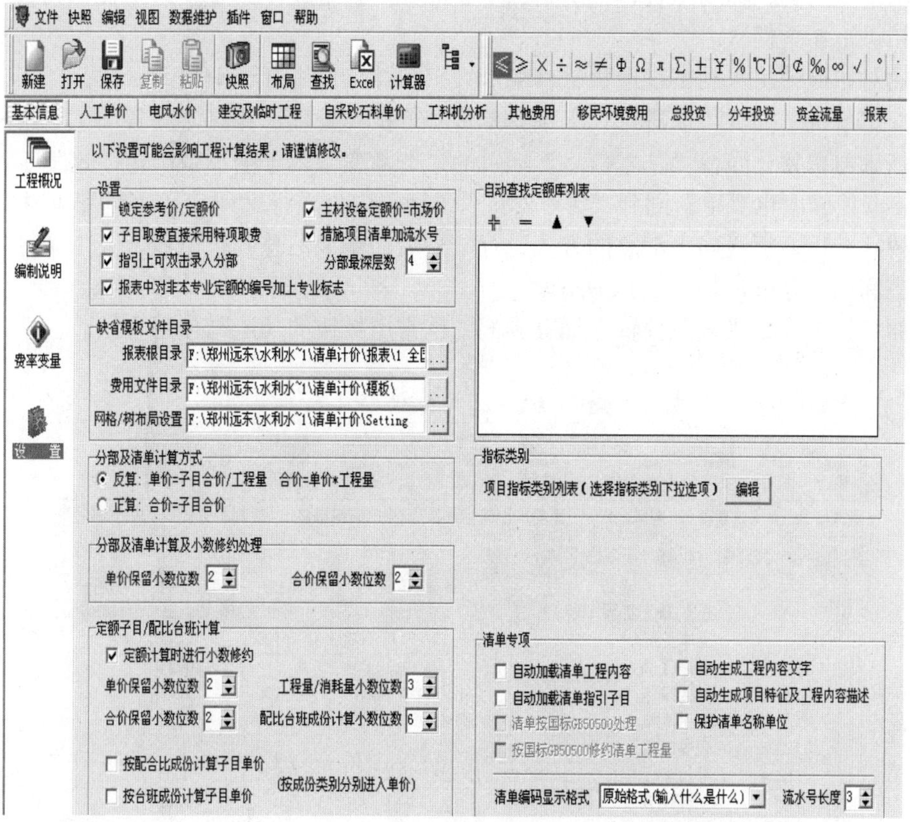

图 3-13 设置基本信息

（六）自动查找定额库列表

“自动查找定额库列表”选项是指添加或者删除定额库，还可以改变定额的排列顺序。

（七）指标类别

“指标类别”选项是指对主体工程中单个工程项目类别的汇总。

（八）清单专项

“清单专项”选项是对清单项的设置。

第三节 人工预算单价

一、概述

人工预算单价是计算建筑及安装工程单价和施工机械台时费的基础单价。人工预算单价的组成内容和标准，在不同时期、不同部门、不同地区都不相同。因此，在编制水利水电工程概预算时，人工预算单价应根据国家有关规定、工程所在地区工资类别、现行水利水电施工企业工人工资标准及有关工资性津贴标准，结合水利工程特点，正确地确定生产工人人工预算单价。

我国水利水电行业现执行的是水利部 2002 年制定的人工预算单价计算办法。人工预算单价由基本工资、辅助工资、工资附加费 3 部分内容组成，又划分为工长、高级工、中级工、初级工 4 个档次。

下面对如何使用水利工程造价软件编制人工预算单价进行详细介绍。

“人工单价”插页可以进行人工预算单价的分析、处理、计算，其各项工资组成内容的计算基础与费率已经在“基本信息”插页的“费率变量”子插页中给定，这里不需要进行修改，即使修改也要重新回到“费率变量”子插页中去进行。“人工单价”插页中的数据是采用树状结构、逐级向上汇总的方式进行，最后的结果汇总到根节点。人工预算单价的组成内容和档次划分，如图 3-14 所示。

下面将详细介绍“人工单价”插页界面一些常用按钮的功能与使用方法。

序号	名称	计算基础	费率(%)	合计	引用号
1	工长预算工日单价			56.83	10001
1.1	基本工资	550*1*12/251*1.068	100	28.08	
1.2	辅助工资			10.19	
1.2.1	地区津贴	0*12/251*1.068	100	0.00	
1.2.2	施工津贴	5.3*365*0.95/251*1.06	100	7.82	
1.2.3	夜餐津贴	4	30	1.20	
1.2.4	节日加班津贴	[1.1]*3*10/251	35	1.17	
1.3	工资附加费			18.56	
2	高级工预算工日单价			52.88	10002
3	中级工预算工日单价			44.98	10003
4	初级工预算工日单价			24.34	10004

图 3-14 “人工单价”插页界面

二、按钮功能

在“人工单价”插页界面，一些常用按钮如图 3-15 所示。

图 3-15 “人工单价”插页界面按钮

（一）按钮

在“人工单价”插页界面，这些图标分别是插入项目、增加项目、增加子项、删除按钮。使用这些按钮可以直接进行项目插入、项目增加、子项增加、费用项目的删除操作。

（二）按钮

在“人工单价”插页界面，该图标是“保存模板”按钮。用户可以把当前的费用模块保存为模板，方便下一次工程调用或者以此模板为基础创建新的费用模块。

（三）按钮

在“人工单价”插页界面，该图标是“套用模板”按钮。就是套用其他模板，以其他模板为基础来进行编辑。

（四）按钮

在“人工单价”插页界面，该图标是“汇总计算”按钮。在编制水利水电工程造价过程中，工程项目数量、材料数量、材料的定额价格或者市场价格、工程项目清单单位等内容在修改完成后点击“汇总计算”按钮，系统会自动把计算结果汇总到根结点中。

（五）

按钮

在“人工单价”插页界面，用户还可以使用该按钮对数值的小数位数进行处理，选择保留小数点的位数，例如该按钮保留 2 位小数时的状态，如图 3-14 所示。

（六）屏蔽费用引用

在“人工单价”模块中，已经在模板中设置好相对稳定的计算公式，用户一般不要修改。在编制工程单价时，如果对人工预算单价直接报价而不需要进行分析处理的话，用户可以在单价引用号所在栏内点击鼠标右键，选择快捷菜单中的“屏蔽此费用的引用”命令项，如图 3-16 所示，从而达到屏蔽此行单价的引用功能，这样就可以直接在“工料机分析”插页中进行人工预算单价的输入。

图 3-16 屏蔽此费用的引用

在右键快捷菜单中，如图 3-16 所示，除了“屏蔽此费用的引用”命令项外，其他选项如：插入项目、增加项目、增加子项、删除、保存模板、套用模板、汇总计

算，与“人工单价”插页界面上的

图标按钮功能完全相同。

三、软件程序的运用

以上介绍了水利造价软件的基本操作流程、插页栏（费用模块）的组成内容。在“基本信息”插页中，重点介绍了工程概况、费率变量子插页的功能及运用。下面结合工程实际，详细介绍如何运用造价软件来编制人工预算单价。

【例 3-1】某中型水利枢纽工程位于七类工资区，无地区津贴，养老保险费率为 15%，住房公积金费率为 5%。按照水利部现行规定计算该工程工长、高级工、中级工、初级工的人工工日预算单价和人工工时预算单价。

【解】使用水利水电工程造价软件编制人工预算单价操作步骤如下。

第一步：分析基本资料，确定费率/变量参数值。

由工程的实际情况可知，该工程的性质是枢纽工程、位于七类工资区、县城镇以外、海拔 2000m 以下。所以在“基本信息”插页界面，在“费率/变量选择参数”窗口输入以上参数值，如图 3-17 所示。

图 3-17 输入费率/变量值

第二步：分析基本资料，确定费率/变量数值。

由工程所在地区实际情况可知，该工程无地区津贴、养老保险费率为 15%，住房公积金费率为 5%。所以在“基本信息”插页界面，“费率/变量”窗口的数值列分别输入养老保险费率 15%、住房公积金费率 5%的数值，如图 3-17 所示。

第三步：检查“自动刷新费率变量”按钮，并使其处于勾选“√”状态，如图 3-17 所示。

第四步：确定小数位数。在“人工单价”插页界面，可以根据需要保留计算结果小数位数，本工程人工工日预算单价结果保留 2 位小数，如图 3-18 所示。

基本信息　人工单价　电风水价　建安及临时工程　自采砂石料单价　工料机分析　其他费用　移民环境

小数位: 2

序号	名称	计算基础	费率(%)	合计	引用号	备注
1	工长预算工日单价			56.04	10001	基本工资+辅助工资+工资附加费
2	高级工预算工日单价			52.12	10002	基本工资+辅助工资+工资附加费
3	中级工预算工日单价			44.28	10003	基本工资+辅助工资+工资附加费
4	初级工预算工日单价			24.33	10004	基本工资+辅助工资+工资附加费

图 3-18　“人工单价”插页界面—人工工日预算单价计算结果

在打开的“人工单价”插页界面，如图 3-18 所示，可以显示人工工日预算单价计算结果分别为：工长 56.04 元/工日、高级工 52.12 元/工日、中级工 44.28 元/工日、初级工 24.33 元/工日。而其人工工时预算单价计算结果可以在打开的“工料机分析”插页窗口中显示，分别为：工长 7.005 元/工时、高级工 6.515 元/工时、中级工 5.535 元/工时、初级工 3.041 元/工时，如图 3-19 所示。

电风水价　建安及临时工程　自采砂石料单价　工料机分析　其他费用　移民环境费用　总投资　分年投资　资金流量　报表

☑ 分解机械台班　☑ 分解配合比材料　☑ 显示已分解配比台班　价格文件:

基本信息				消耗量			单价		合计			特材	
主要	编号	名称	型号规格	单位	合计	其中甲供	定额价	预算价	定额价	预算价	价差	代号	系数
☐	10	粗砂		m3	100.94							砂	
☐	10001	工长		工时	31.2		7.005	7.005	218.56	218.56		人工	1
☐	10002	高级工		工时	41.8		6.515	6.515	272.33	272.33		人工	1
☐	10003	中级工		工时	805.75		5.535	5.535	4459.83	4459.83		人工	1
☐	10004	初级工		工时	905.408		3.0413	3.0413	2753.57	2753.57		人工	1

图 3-19　人工工时预算单价计算结果

【例 3-2】某河道工程位于六类地区县城镇以外。养老保险费率为 15%，住房公积金费率为 5%。按照水利部现行规定计算该工程工长、高级工、中级工、初级工的人工工日预算单价和人工工时预算单价。

【解】使用水利水电工程造价软件编制人工预算单价操作步骤如下。

第一步：分析基本资料，确定费率/变量参数值。

由工程的实际情况可知，该工程的性质是河道工程、位于六类工资区、县城镇以外、海拔 2000m 以下。所以在“基本信息”插页界面，在“费率/变量选择参数”窗口输入以上参数值，如图 3-20 所示。

第二步：分析基本资料，确定费率/变量数值。

由工程所在地区实际情况可知，该工程无地区津贴、养老保险费率为 15%，住房公积金费率为 5%。所以在“基本信息”插页界面，“费率/变量”窗口的数值列分别输入养老保险费率 15%、住房公积金费率 5%的数值，如图 3-20 所示。

在引水及河道工程中，“施工津贴”是一个区间值 3.5～5.3 元/天。可以在“工资施工津贴”数值列点击“▾”按钮则显示数值选项，本工程施工津贴选择数值为 4 元/天，介于 3.5～5.3 元/天之间，如图 3-21 所示。

参数	参数值
工程类别	河道工程
计税施工地区	市区、县城镇以外
地区类别	六类地区
概预算类别	预算
海拔高程	2000m及以下

名称	代号	数值	单位	
人工单价费率设置				
工长	GZ	385	元/月	
高级工	GJG	350	元/月	
中级工	ZJG	280	元/月	
初级工	CJG	190	元/月	
工资地区调整系数	GZDQXS	1		
工资地区津贴	GZDQJT		元/月	按各地规定
工资施工津贴	GZSGJT	4	元/天	
夜餐津贴	YCJT	4	元	(4.5元/夜班+3.5元/中班)/2
夜餐津贴费费率	YCJTFFL	20	%	
节日加班津贴费率	JRJBJTFL	35	%	
职工福利基金费率	FLJJFL	14	%	
工会经费费率	GHJFFL	2	%	
养老保险费费率	BXFFL	15	%	
医疗保险费费率	YLBXFFL	4	%	
工伤保险费费率	GSBXFFL	1.5	%	
职工失业保险基金费率	SYBXJJFL	2	%	
住房公积金费率	ZFGJFFL	5	%	

图 3-20 输入费率/变量参数值

名称	代号	数值	单位	
人工单价费率设置				
工长	GZ	385	元/月	
高级工	GJG	350	元/月	
中级工	ZJG	280	元/月	
初级工	CJG	190	元/月	
工资地区调整系数	GZDQXS	1		
工资地区津贴	GZDQJT		元/月	按各地规定
工资施工津贴	GZSGJT	4	元/天	
夜餐津贴	YCJT			元/中班)/2
夜餐津贴费费率	YCJTFFL			
节日加班津贴费率	JRJBJTFL	35	%	
职工福利基金费率	FLJJFL	14	%	
工会经费费率	GHJFFL	2	%	
养老保险费费率	BXFFL	15	%	
医疗保险费费率	YLBXFFL	4	%	
工伤保险费费率	GSBXFFL	1.5	%	
职工失业保险基金费率	SYBXJJFL	2	%	
住房公积金费率	ZFGJFFL	5	%	

图 3-21 费率/变量窗口—选择工资施工津贴

第三步：检查“自动刷新费率变量”按钮，并使其处于勾选“√”状态，如图 3-20 所示。

第四步：确定小数位数。在“人工单价”插页界面，可以根据工程实际需要保留计算结果小数位数，本工程人工预算单价结果保留 2 位小数，如图 3-22 所示。

在“人工单价”插页界面显示的人工工日预算单价计算结果分别为：工长 39.01 元/工日、高级工 36.34 元/工日、中级工 30.98 元/工日、初级工 16.99 元/工日，如图 3-22 所示。

序号	名称	计算基础	费率(%)	合计	引用号	备注
1	工长预算工日单价			39.01	10001	基本工资+辅助工资+工资附加费
2	高级工预算工日单价			36.34	10002	基本工资+辅助工资+工资附加费
3	中级工预算工日单价			30.98	10003	基本工资+辅助工资+工资附加费
4	初级工预算工日单价			16.99	10004	基本工资+辅助工资+工资附加费

图 3-22　“人工单价”插页界面—人工工日预算单价计算结果

打开“工料机分析”插页窗口，其中可以显示人工工时的预算单价计算结果，分别为 4.8763 元/工时、4.5425 元/工时、3.8725 元/工时、2.1238 元/工时，如图 3-23 所示。

基本信息				消耗量			单价		合计			特
主要	编..	名称	型号规格	单位	合计	其中甲供	定额价	预算价	定额价	预算价	价差	代号
	10	粗砂		m3	100.94							砂
	10001	工长		工时	31.2		4.8763	4.8763	152.14	152.14		人工
	10002	高级工		工时	41.8		4.5425	4.5425	189.88	189.88		人工
	10003	中级工		工时	805.75		3.8725	3.8725	3120.27	3120.27		人工
	10004	初级工		工时	905.408		2.1238	2.1238	1922.86	1922.86		人工

图 3-23　“工料机分析”插页界面—人工工时预算单价计算结果

第四节　电风水预算价格

一、概述

电、风、水在水利水电工程施工中消耗量很大，其预算价格的准确程度直接影响施工机械台时费和工程单价的高低，从而影响到工程造价。因此，在编制电、风、水预算单价时，要根据施工组织设计所确定的电、水、风供应方式、布置形式、设备情况和施工企业已有的实际资料分别进行计算。电、水、风价格的组成内容及计算方法在《水利工程造价》课程中已经讲过，这里不再赘述。下面将结合水利水电工程造价软件来介绍在“电风水价”插页界面如何进行数据编辑、按钮功能的运用和电风水单价的计算等内容。

“电风水价”插页可以进行电、风、水单价分析、处理、计算。进行单价处理时用户需要根据施工组织设计所确定的实际资料，输入“计算基础”和“费率”，如图 3-24 所示。

二、按钮功能

在“电风水价”插页界面，一些常用按钮如图 3-25 所示。其功能和使用方法与“人工单价”插页界面按钮完全相同。

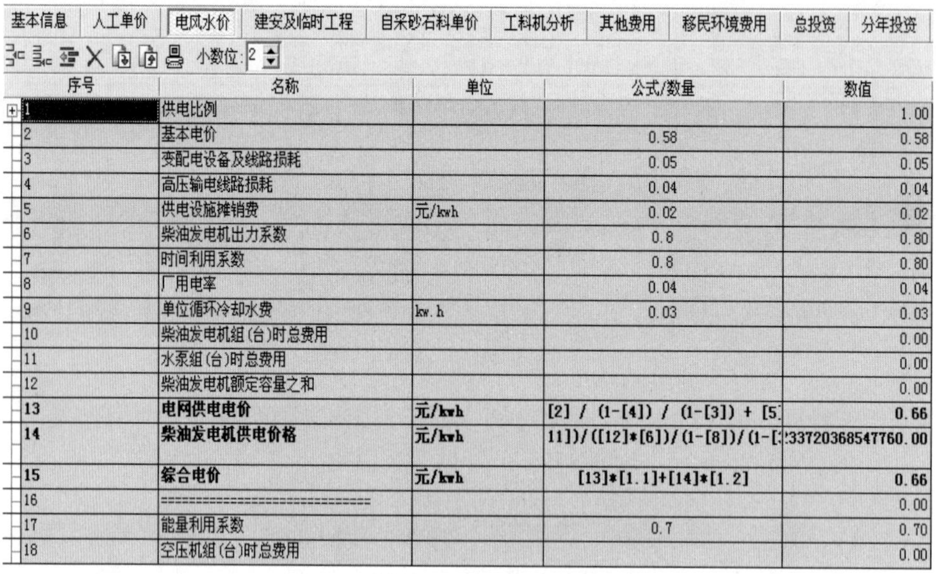

序号	名称	单位	公式/数量	数值
1	供电比例			1.00
2	基本电价		0.58	0.58
3	变配电设备及线路损耗		0.05	0.05
4	高压输电线路损耗		0.04	0.04
5	供电设施摊销费	元/kwh	0.02	0.02
6	柴油发电机出力系数		0.8	0.80
7	时间利用系数		0.8	0.80
8	厂用电率		0.04	0.04
9	单位循环冷却水费	kw.h	0.03	0.03
10	柴油发电机组(台)时总费用			0.00
11	水泵组(台)时总费用			0.00
12	柴油发电机额定容量之和			0.00
13	**电网供电电价**	**元/kwh**	[2] / (1-[4]) / (1-[3]) + [5]	**0.66**
14	**柴油发电机供电价格**	**元/kwh**	11])/([12]*[6])/(1-[8])/(1-[	33720368547760.00
15	**综合电价**	**元/kwh**	[13]*[1.1]+[14]*[1.2]	**0.66**
16	============================			0.00
17	能量利用系数		0.7	0.70
18	空压机组(台)时总费用			0.00

图 3-24 “电风水价”插页界面

图 3-25 “电风水价”插页界面按钮

（一）按钮

在“电风水价”插页界面，以上图标分别是插入项目、增加项目、增加子项、删除按钮。使用这些按钮可以直接进行项目插入、项目增加、子项增加、费用项目的删除操作。

（二）按钮

在“电风水价”插页界面，该图标是“保存模板”按钮。用户可以把当前的费用模块保存为模板，方便下一次调用或者以此模板为基础创建新的费用模块。

（三）按钮

在“电风水价”插页界面，该图标是“套用模板”按钮。在实际工程中，用户可以套用其他模板，以其他模板为基础来进行编辑。

（四）按钮

在“电风水价”插页界面，该图标是“汇总计算”按钮。在编制水利水电工程造价过程中，工程项目数量、材料数量、材料的定额价格或者市场价格、工程项目清单单位等内容在修改后点击“汇总计算”按钮，系统会自动把计算结果汇总到根节点中。

（五）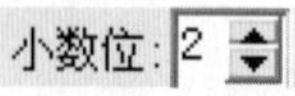

按钮

在“电风水价”插页界面，用户还可以使用该按钮对数值的小数位数进行处理，选择保留小数点的位数。

（六）屏蔽费用引用

在“电风水价”模块中，除了可变的数据外，已经在模板中设置好相对稳定的计算公式，用户一般不要修改。在编制工程单价时，如果对电风水预算单价直接报价而不需要进行分析处理的话，可以在单价引用号所在栏内点击鼠标右键，选择快捷菜单中“屏蔽此费用的引用”命令项，从而达到屏蔽此行单价的引用功能，这样就可以直接在“工料机分析”插页中进行电风水预算单价的输入，如图 3-26 所示。

在右键快捷菜单中，如图 3-26 所示，除了“屏蔽此费用的引用”命令项外，其他选项如：插入项目、增加项目、增加子项、删除、保存模板、套用模板、汇总计算，与“电风水价”插页界面上的

图标按钮功能完全相同，这里不再赘述。

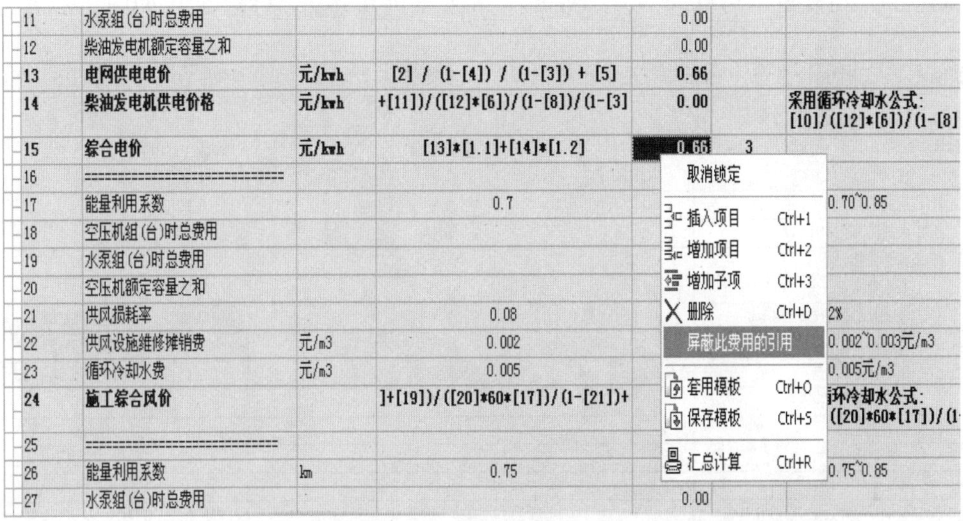

图 3-26　“电风水价”插页界面—右键菜单选项

三、软件程序的运用

在“电风水价”插页中，重点介绍了界面按钮的功能及其使用方法。下面结合工程实例，详细介绍如何运用水利工程造价软件来编制电风水预算价格。

（一）施工用电预算价格

【例 3-3】某水利工程施工用电 90%由地方电网供电，10%自备柴油机发电。已知电网基本电价为 0.25 元/（kW·h），高压线路损耗率取 5%，变配电设备及配电线路损耗率取 8%，供电设施维修摊销费取 0.03 元/（kW·h）。柴油机总容量为 1000kW，其中 200kW 1 台，400kW 2 台，并配备 3.7kW 水泵 3 台供给冷却水。以上 3 种机械台时费分别为 140 元/台时、248 元/台时和 12 元/台时。厂用电率取为 5%，发电机出力系数取 0.83。请计算外购电电价、自发电电价和综合电价。

【解】使用水利水电工程造价软件编制施工用电价格操作步骤如下。

第一步：分析基本资料。

由工程的实际情况可知，该工程的施工用电有两部分组成：即外购电和自发电，并且比例分别为 90%、10%。发电采用 3 台水泵供给冷却水。

第二步：确定小数位数。

在“电风水价”插页界面，可以根据需要保留计算结果小数位数，本工程电价计算结果保留 2 位小数。

第三步：输入数值及计算公式。

在“电风水价”插页界面公式/数量列，输入有关数值和计算公式，如图 3-27 所示。计算公式有两种情况：①采用专用水泵供给冷却水；②采用循环冷却水。本工程采用的是专用水泵供给冷却水计算电价的公式。

第四步：汇总计算。

点击“电风水价”插页界面“汇总计算”按钮，计算结果分别为：外购电电价 0.32 元/（kW·h）、自发电电价 0.96 元/（kW·h）、综合电价 0.38 元/（kW·h），如图 3-27 所示。

基本信息 | 人工单价 | 电风水价 | 建安及临时工程 | 自采砂石料单价 | 工料机分析 | 其他费用 | 移民环境费用 | 总投资 | 分年投资 | 资金

小数位: 2

序号	名称	单位	公式/数量	数值	引用号	
1	供电比例			1.00		
1.1	电网供电比例		0.9	0.90		
1.2	柴油机供电比例		0.1	0.10		
1.3	其他供电比例			-		
2	基本电价		0.25	0.25		
3	变配电设备及线路损耗		0.08	0.08		一般取5%~8%
4	高压输电线路损耗		0.05	0.05		一般取4%~6%
5	供电设施摊销费	元/kwh	0.03	0.03		一般取0.02~0.03元/
6	柴油发电机出力系数		0.83	0.83		一般取0.8~0.85
7	时间利用系数		0.8	0.80		一般取0.7~0.8
8	厂用电率		0.05	0.05		厂用电率一般取4%~6
9	单位循环冷却水费	kw.h		-		一般取0.03~0.05元/
10	柴油发电机组(台)时总费用		140+248*2	636.00		
11	水泵组(台)时总费用		12*3	36.00		
12	柴油发电机额定容量之和		1000	1000.00		
13	**电网供电电价**	**元/kwh**	**[2] / (1-[4]) / (1-[3]) + [5]**	**0.32**		
14	**柴油发电机供电价格**	**元/kwh**	**([10]+[11])/([12]*[6])/(1-[8])/(1-[3])+[5]**	**0.96**		**采用循环冷却水公**
15	**综合电价**	**元/kwh**	**[13]*[1.1]+[14]*[1.2]**	**0.38**	**3**	

图 3-27 “电风水价”插页界面—施工用电价格计算结果

【例 3-4】某水利工程施工用电 95%由地方电网供电，5%由自备柴油机发电。已知电网基本电价为 0.25 元/（kW·h），高压线路损耗率取 5%，变配电设备及配电线路损耗率取 8%，供电设施维修摊销费取 0.03 元/（kW·h）。柴油机总容量为 1000kW，其中 200kW 1 台，400kW 2 台，采用循环水进行冷却。以上两种机械台时费分别为 140 元/台时、248 元/台时。厂用电率取为 5%，发电机出力系数取 0.80，单位循环冷却费为 0.03 元/（kW·h）。请计算外购电电价、自发电电价和综合电价。

【解】使用水利水电工程造价软件编制施工用电价格操作步骤如下。

第一步：分析基本资料。

由工程的实际情况可知，该工程的施工用电有两部分组成，即外购电和自发电，并且比例分别为95%、5%，发电采用循环冷却水进行冷却。

第二步：确定小数位数。

在“风水电价”插页界面，可以根据需要保留计算结果小数位数，本工程电价计算结果保留2位小数。

第三步：输入数值及公式。

在“风水电价”插页界面公式/数量列，输入有关数值和计算公式，如图3-28所示。计算公式有两种情况：①采用专用水泵供给冷却水；②采用循环冷却水。本工程采用的是循环供给冷却水计算电价的公式。

第四步：汇总计算。

点击“电风水价”插页界面“汇总计算”按钮，计算结果分别为：外购电电价0.32元/（kW·h）、自发电电价0.97元/（kW·h）、综合电价0.35元/（kW·h），如图3-28所示。

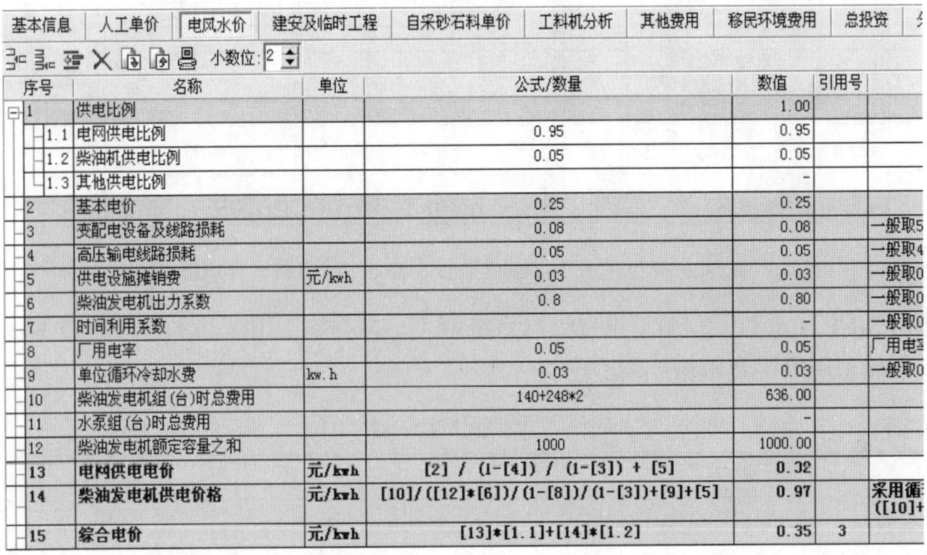

序号	名称	单位	公式/数量	数值	引用号	
1	供电比例			1.00		
1.1	电网供电比例		0.95	0.95		
1.2	柴油机供电比例		0.05	0.05		
1.3	其他供电比例			-		
2	基本电价		0.25	0.25		
3	变配电设备及线路损耗		0.08	0.08		一般取5
4	高压输电线路损耗		0.05	0.05		一般取4
5	供电设施摊销费	元/kwh	0.03	0.03		一般取0
6	柴油发电机出力系数		0.8	0.80		一般取0
7	时间利用系数			-		一般取0
8	厂用电率		0.05	0.05		厂用电
9	单位循环冷却水费	kw.h	0.03	0.03		一般取0
10	柴油发电机組(台)时总费用		140+248*2	636.00		
11	水泵組(台)时总费用			-		
12	柴油发电机额定容量之和		1000	1000.00		
13	**电网供电电价**	**元/kwh**	**[2] / (1-[4]) / (1-[3]) + [5]**	**0.32**		
14	**柴油发电机供电价格**	**元/kwh**	**[10]/([12]*[6])/(1-[8])/(1-[3])+[9]+[5]**	**0.97**		**采用循 ([10]+**
15	**综合电价**	**元/kwh**	**[13]*[1.1]+[14]*[1.2]**	**0.35**	3	

图3-28　“电风水价”插页界面—施工用电价格计算结果

（二）施工用风价格

【例3-5】 某水利工程施工用风由总容量100m^3/min的压缩空气系统供给，共配置固定式空压机4台，其中20m^3/min 3台，40m^3/min 1台，并配备3.7kW水泵2台供给冷却水。本工程用风供风管道较长，损耗率与维修摊销费应取大值。已知20m^3/min与40m^3/min的空压机台时费分别为82.81元/台时和150.56元/台时，水泵台时费为12元/台时。空压机出力系数取0.8，供风设施维修摊销费取0.003元/m^3，供风损耗率取12%，请计算风价。

【解】 使用水利水电工程造价软件编制施工用风价格操作步骤如下。

第一步：分析基本资料。

由工程的实际情况可知，该工程的施工供风系统为一个，空压机采用水泵供给冷却水。

第二步：确定小数位数。

在“电风水价”插页界面，可以根据需要保留计算结果小数位数，本工程风价计算结果保留 4 位小数。

第三步：输入数值及公式。

在“电风水价”插页界面公式/数量列，输入有关数值和计算公式，如图 3-29 所示。计算公式有两种情况：①采用专用水泵供给冷却水；②采用循环冷却水。本工程采用的是专用水泵供给冷却水计算风价的公式。

第四步：汇总计算。

点击“汇总计算”按钮，计算结果：施工供风价格为：0.1031 元/m^3，如图 3-29 所示。

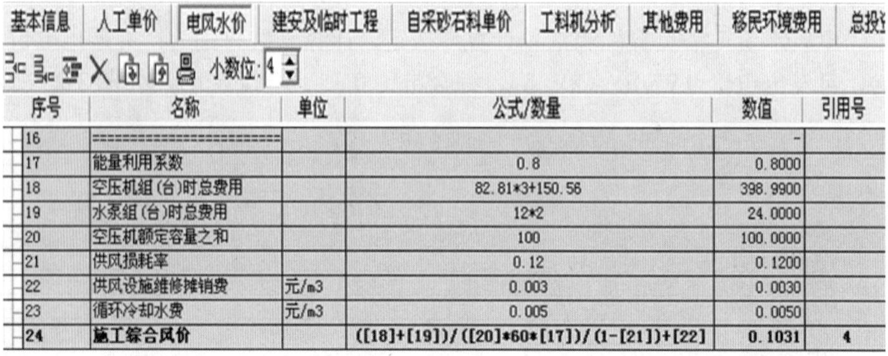

序号	名称	单位	公式/数量	数值	引用号
16	=========================			-	
17	能量利用系数		0.8	0.8000	
18	空压机组(台)时总费用		82.81*3+150.56	398.9900	
19	水泵组(台)时总费用		12*2	24.0000	
20	空压机额定容量之和		100	100.0000	
21	供风损耗率		0.12	0.1200	
22	供风设施维修摊销费	元/m3	0.003	0.0030	
23	循环冷却水费	元/m3	0.005	0.0050	
24	施工综合风价		([18]+[19])/([20]*60*[17])/(1-[21])+[22]	0.1031	4

图 3-29 “电风水价”插页界面—施工用风价格计算结果

【例 3-6】某水利工程施工设置供风系统两个，有关施工用风基本资料见表 3-1，请计算该工程施工用风综合价格。

表 3-1 基 本 资 料

技术性能指标	系统一	系统二
空压机容量	40m^3/min 1 台	20m^3/min 3 台
供风比例（%）	30	70
能量利用系数	0.75	0.80
供风损耗（%）	10	10
单位循环冷却水费（元/ m^3）	0.005	0.005
供风设施维修摊销费（元/ m^3）	0.002	0.002
空压机台时费（元/台时）	132	73

【解】使用水利水电工程造价软件编制施工用风价格操作步骤如下。

第一步：分析基本资料。

由工程的实际情况可知，该工程的施工供风系统有两个，基本资料见表 3-1，空压机采用循环水冷却。

第二步：确定小数位数。

在“电风水价”插页界面，可以根据需要保留计算结果小数位数，本工程风价计算结果保留 4 位小数。

第三步：输入数值及公式。

计算风价时，该软件不能同时加权平均计算多个供风系统价格，每次只能计算一个系统风价，所以必须先计算单个系统风价后再加权平均计算综合风价。

在“电风水价”插页界面公式/数量列，输入有关数值和计算公式，如图 3-30 所示。计算公式有两种情况：①采用专用水泵供给冷却水；②采用循环冷却水。本工程采用的是循环冷却水计算风价的公式。

第四步：汇总计算。

点击“风水电价”插页界面“汇总计算”按钮，计算结果：系统一施工供风价格为 0.0885 元/m^3 ，如图 3-30 所示。

基本信息 | 人工单价 | 电风水价 | 建安及临时工程 | 自采砂石料单价 | 工料机分析 | 其他费用 | 移民环境费用 | 总投资 | 分

小数位: 4

序号	名称	单位	公式/数量	数值	引用号
16	============================			-	
17	能量利用系数		0.75	0.7500	
18	空压机组(台)时总费用		132	132.0000	
19	水泵组(台)时总费用			-	
20	空压机额定容量之和		40	40.0000	
21	供风损耗率		0.1	0.1000	
22	供风设施维修摊销费	元/m3	0.002	0.0020	
23	循环冷却水费	元/m3	0.005	0.0050	
24	施工综合风价		[18]/([20]*60*[17])/(1-[21])+[23]+[22]	0.0885	4

图 3-30　“电风水价”插页界面—施工用风价格计算结果（系统一）

采用同样的方法计算系统二施工供风价格为：0.0915 元/m^3，如图 3-31 所示。

基本信息 | 人工单价 | 电风水价 | 建安及临时工程 | 自采砂石料单价 | 工料机分析 | 其他费用 | 移民环境费用 | 总投资 | 分

小数位: 4

序号	名称	单位	公式/数量	数值	引用号
16	============================			-	
17	能量利用系数		0.8	0.8000	
18	空压机组(台)时总费用		73*3	219.0000	
19	水泵组(台)时总费用			-	
20	空压机额定容量之和		20*3	60.0000	
21	供风损耗率		0.1	0.1000	
22	供风设施维修摊销费	元/m3	0.002	0.0020	
23	循环冷却水费	元/m3	0.005	0.0050	
24	施工综合风价		[18]/([20]*60*[17])/(1-[21])+[23]+[22]	0.0915	4

图 3-31　“电风水价”插页界面—施工用风价格计算结果（系统二）

施工用风综合价格为：

$$0.0885\times30\%+0.0915\times70\%=0.0906\text{（元/ m}^3\text{）}$$

（三）施工用水价格

【例 3-7】某水利工程施工生产用水设两个供水系统，均为一级供水。有关施工供水基本资料见表 3-2，请计算该工程施工用水综合价格。

表 3-2　　　　基 本 资 料

技术指标	A 系统	B 系统
出水流量	150 m^3/min 3 台（1 台备用）	90 m^3/min 3 台（1 台备用）
供水比例（%）	70	30
能量利用系数	0.8	0.80
供水损耗率（%）	10	10
供水设施维修摊销费（元/ m^3）	0.03	0.03
水泵台时费（元/台时）	95	78

【解】 使用水利水电工程造价软件编制施工用水价格操作步骤如下。

第一步：分析基本资料。

由工程的实际情况可知，该工程的施工供水系统有两个，基本资料见表 3-2。

第二步：确定小数位数。

在“电风水价”插页界面，可以根据需要保留计算结果小数位数，本工程水价计算结果保留 3 位小数。

第三步：输入数值及公式。

计算水价时，该软件不能同时加权平均计算多个供水系统价格，每次只能计算一个系统水价，所以必须先计算单个系统水价后再加权平均计算综合水价。

在“电风水价”插页界面公式/数量列，输入有关数值，如图 3-32 所示。

第四步：汇总计算。

点击“电风水价”插页界面的“汇总计算”按钮，计算结果：A 系统施工供水价格为 0.9096 元/m^3 ，如图 3-32 所示。

序号	名称	单位	公式/数量	数值	引用号
25	========================			-	
26	能量利用系数	km	0.8	0.8000	
27	水泵组(台)时总费用		95*3	285.0000	
28	水泵额定容量之和		150*3	450.0000	
29	供水损耗率		0.1	0.1000	
30	供水设施维修摊销费	元/m3	0.03	0.0300	
31	**施工综合水价**		**[27]/([28]*[26])/(1-[29])+[30]**	**0.9096**	5

图 3-32　“电风水价”插页界面—施工供水价格计算结果（A 系统）

采用同样的操作方法计算 B 系统施工供水价格为：1.2337 元/m^3，如图 3-33 所示。

施工用水综合价格为：

$$0.9096\times70\%+1.2337\times30\%=1.007\text{（元/ }m^3\text{）}$$

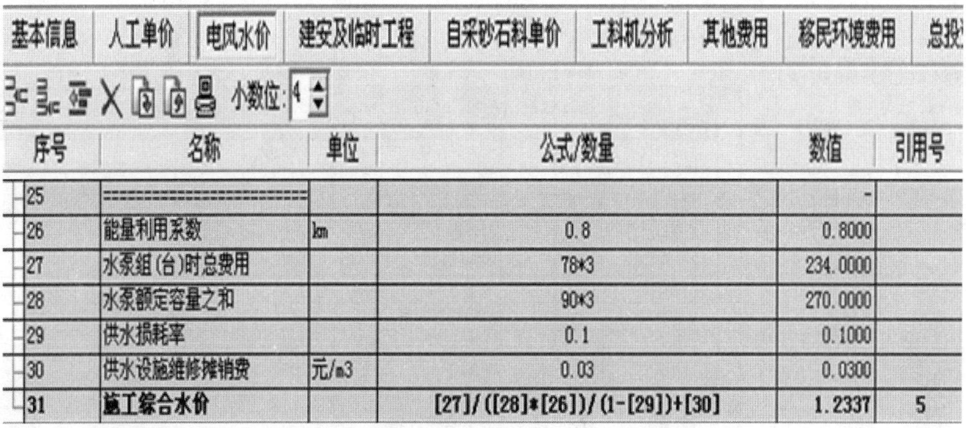

序号	名称	单位	公式/数量	数值	引用号
25	==========================			-	
26	能量利用系数	km	0.8	0.8000	
27	水泵组(台)时总费用		78*3	234.0000	
28	水泵额定容量之和		90*3	270.0000	
29	供水损耗率		0.1	0.1000	
30	供水设施维修摊销费	元/m3	0.03	0.0300	
31	**施工综合水价**		**[27]/([28]*[26])/(1-[29])+[30]**	**1.2337**	**5**

图 3-33　“电风水价”插页界面—施工供水价格计算结果（B 系统）

第五节　建安及临时工程

一、概述

水利水电工程按照工程性质划分为枢纽工程、引水工程及河道工程两大类。枢纽工程包括水库、水电站和其他大型独立建筑物；引水工程及河道工程包括供水工程、灌溉工程、河湖整治工程和堤防工程。

工程部分划分为建筑工程、机电设备及安装工程、金属结构设备及安装工程、施工临时工程、独立费用 5 个部分。工程各部分下设为一级、二级、三级项目。一级项目相当于单项工程，二级项目相当于单位工程，三级项目相当于分部、分项工程。

在“建安及临时工程”插页界面，主要内容包括建筑工程、机电设备及安装工程、金属结构设备及安装工程、施工临时工程 4 个部分。

工程套定额是在“建安及临时工程”插页中完成的，是造价软件的重要组成部分。套工程定额时要进行定额的选用、定额的调整、定额的换算以及人材机价格的定义和其他一些辅助工作等。

“建安及临时工程”插页界面如图 3-34 所示。

二、工具栏按钮简介

在“建安及临时工程”插页界面，编制项目清单工程单价时，套定额窗口的工具栏里有一些常用的编辑工具，如图 3-35 所示。下面重点的介绍这些工具的作用与使用方法。

（一）按钮

在“建安及临时工程”插页界面，该图标是“显示/关闭”按钮。点击该按钮，可以显示或者关闭“项目指引”窗口。显示“项目指引”窗口的状态，如图 3-34 所示；关闭“项目指引”窗口的状态，如图 3-36 所示。

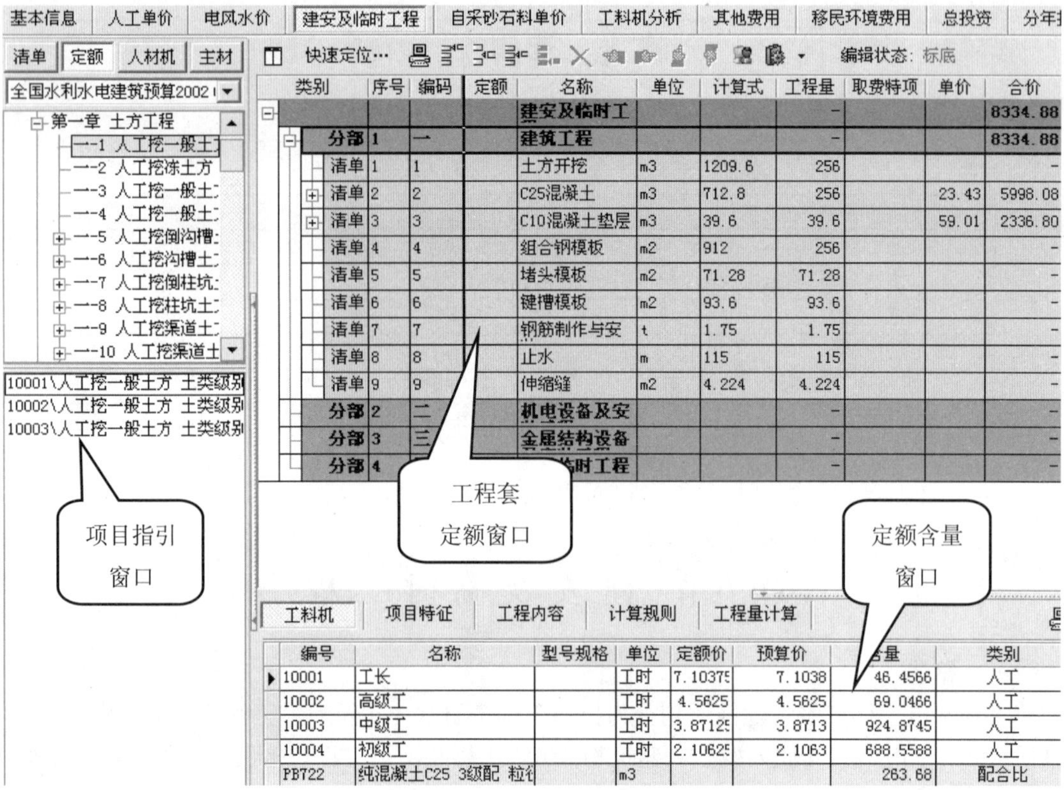

图 3-34 “建安及临时工程”插页界面

图 3-35 “套定额窗口”工具栏

图 3-36 关闭“项目指引”窗口时的状态

（二）快速定位… 按钮

点击该按钮可以快速定位到某一项具体工程，方便快捷，效率高，如图 3-37 所示。

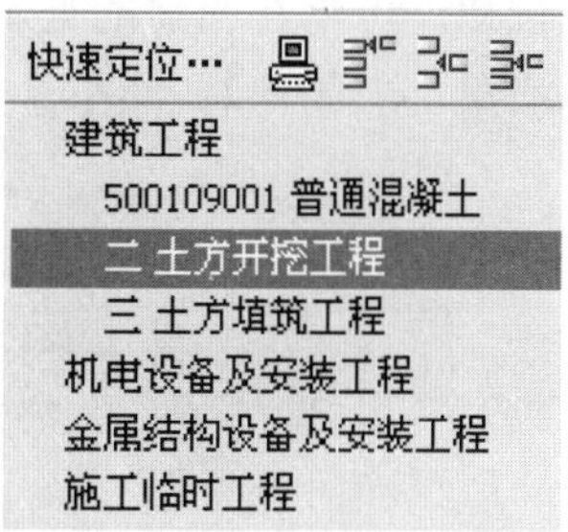

图 3-37　快速定位按钮

（三）按钮

在“建安及临时工程”插页界面，该图标是“重算工程量及金额”按钮。在套定额窗口，如果工程量发生了变化，只要点击该按钮，系统就可以重新计算整个工程的工程量及金额。若计算式中有变量，则按改变后的变量值进行计算。

（四）按钮

在“建安及临时工程”插页界面，该图标是“增加分部”按钮。在套定额窗口，点击该按钮，可以在当前记录下插入一个分部，例如点击该按钮，在分部 4 下插入分部 5、分部 6，如图 3-38 所示。

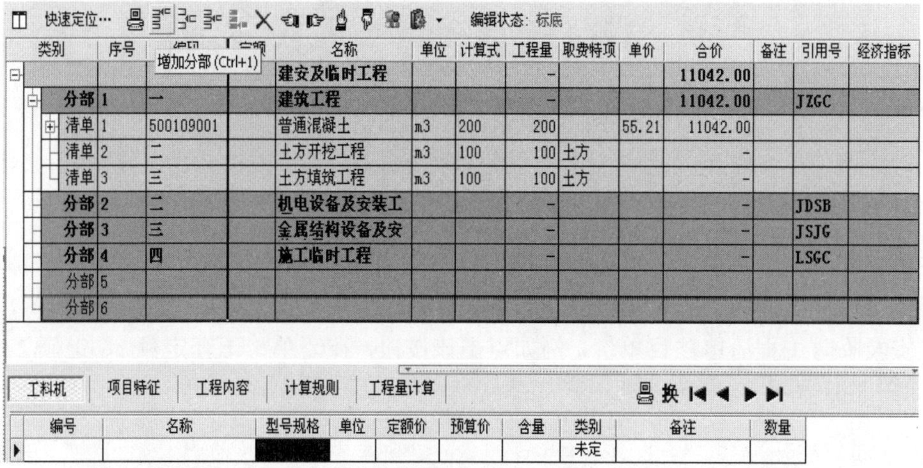

图 3-38　增加分部按钮

（五）按钮

在“建安及临时工程”插页界面，该图标是“增加子分部”按钮。在套定额窗口，点击该按钮，可以在当前的分部下插入一个子分部，例如点击该按钮，在分部 1 下插入子分部 1……如图 3-39 所示。

（六）按钮

在“建安及临时工程”插页界面，该图标是“增加清单项目”按钮。在套定额窗口，点击该按钮，可以在当前的记录下插入一个工程量清单项目，例如点击该按钮，在分部 1 下插入清单 1、清单 2、清单 3……如图 3-40 所示。

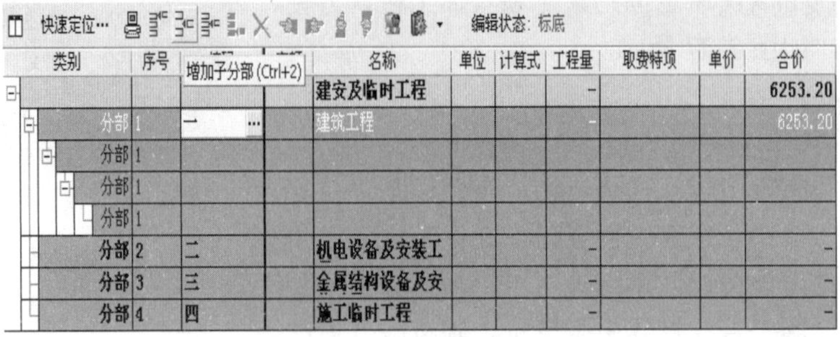

图 3-39 增加子分部按钮

图 3-40 增加清单项目按钮

（七）按钮

在“建安及临时工程”插页界面，该图标是“增加子目”按钮。在套定额窗口，点击该按钮，可以在当前的“清单项目”下，根据工程具体情况套定额、主材或者设备，以便计算建安及临时工程清单项目单价，例如点击该按钮，在清单 1 下套定额 1、定额 2、定额 3……如图 3-41 所示。

图 3-41 增加子目按钮

（八）按钮

在“建安及临时工程”插页界面，该图标是“删除”按钮。在套定额窗口，点击该按钮，可以删除选中的当前记录，但是不能删除锁定的(粗体显示的)记录和根记录。

（九）按钮

在“建安及临时工程”插页界面，这些图标是“分部顺序编辑”按钮。在套定额窗口，点击这些按钮，可以对分部、子分部进行升级、降级操作。

（1）按钮：可以使分部记录下的子分部升级。

（2）按钮：可以使分部降级。

（十）按钮

（1）按钮：可以使分部或者子分部记录下的同一级节点上移。

（2）按钮：可以使分部或者子分部记录下的同一级节点下移。

（十一）按钮

在“建安及临时工程”插页界面，该图标是“语音校对”按钮。在套定额窗口，点击该按钮，可以自动播报当前行的定额号及工程量。

（十二）按钮

在“建安及临时工程”插页界面，该图标是“设置开关选项”按钮。在套定额窗口，点击该按钮旁边的三角形，在下拉列表中左边为开关，中间为窗口名，右边为窗口的功能说明。要取消当前的功能出口，取消勾选即可，如图 3-42 所示。

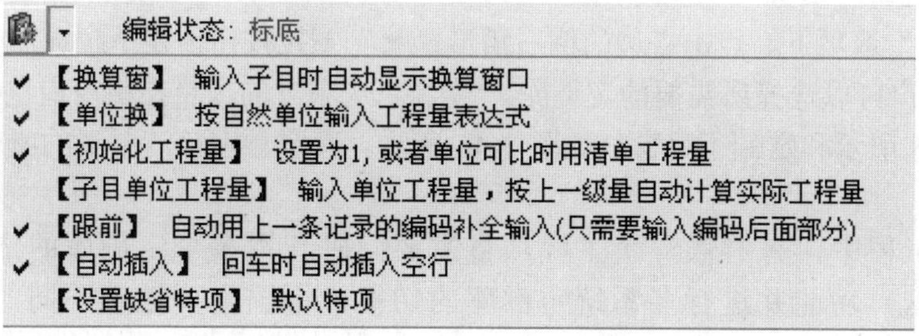

图 3-42　设置开关选项按钮

（十三）

按钮

在“建安及临时工程”插页界面，该图标是“编辑状态”显示按钮。在套定额窗口，

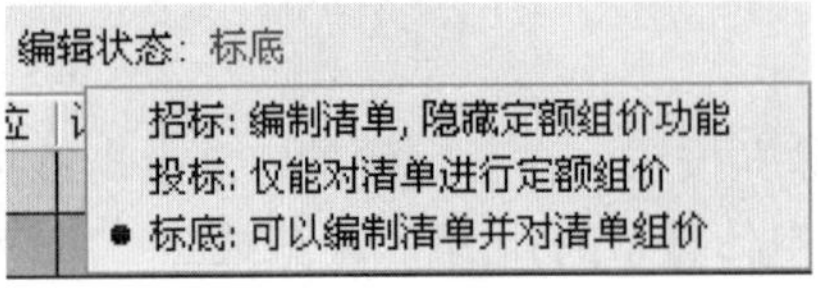

图 3-43 编辑状态显示按钮

点击“编辑状态”按钮则弹出下拉列表，显示当前工程的编辑状态按钮，如图 3-43 所示。

三、项目指引窗

（一）“清单”选项

在水利水电工程造价软件界面的“清单”选项下，用户可以点击右边的倒三角形“▾”下拉按钮，在下拉列表中根据需要选择项目清单库。“清单”选项下的项目指引窗口包括：清单列表窗口，如图 3-44 所示。

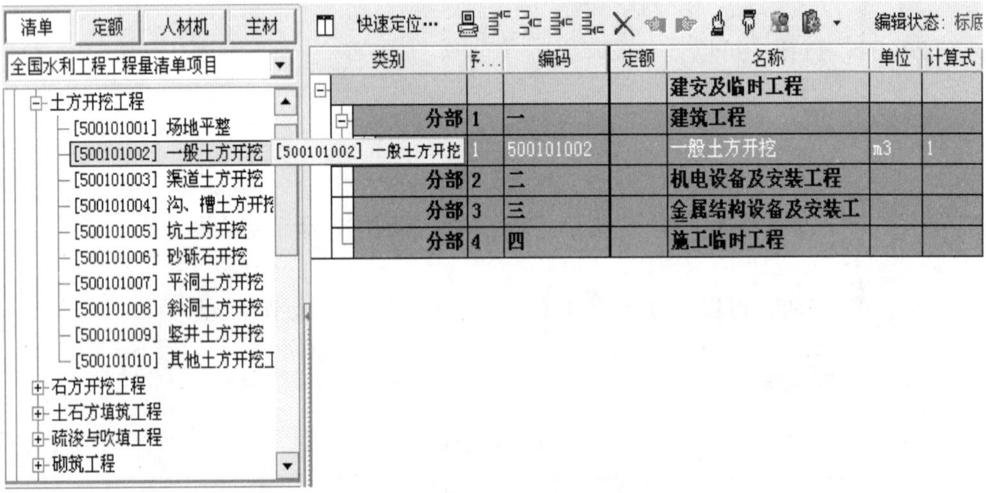

图 3-44 清单列表窗口

分部工程和子分部工程下的所有清单项目都可以在“清单”选项中选择，但是选择后的清单项目的名称与编码必须与实际工程一致。因为在水利工程中，不同的水利工程有不同的项目划分内容，并且对于三级以下的工程项目国家也没有统一的编码。

（二）“定额”选项

在“定额”选项下，点击右边的倒三角形“▾”下拉按钮，在下拉选项中有不同的定额库组成，用户可以选择所需要的定额库。“定额”选项下的项目指引窗口包括：定额列表窗口如图 3-45 所示和定额子目窗口如图 3-46 所示。套定额窗口清单下的所有定额选用都在这里进行。

在实际工程中，有时候一个工程项目需要同时套用多个定额库的定额，在这里就可以实现这一功能并进行多系统定额库的切换，根据需要选用不同的定额，如图 3-47 所示。

（三）“人材机”选项

在“建安及临时工程”插页界面，打开“人材机”选项，项目指引窗口所显示的材机表与当前工程所采用的定额相对应，包括所有的人工、材料、机械台时以及补充材料和机械等内容，如图 3-48 所示。

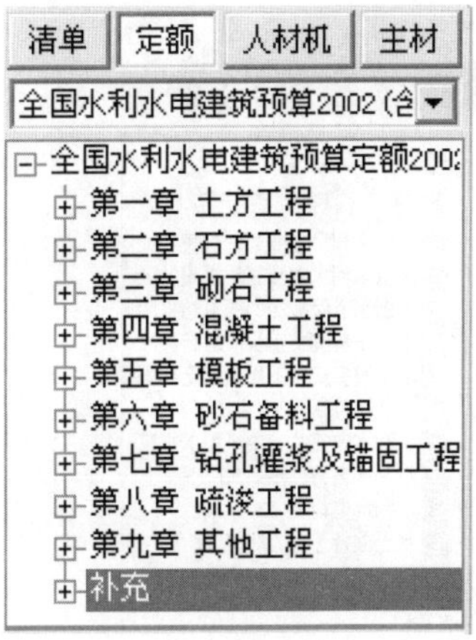

图 3-45 定额列表窗口

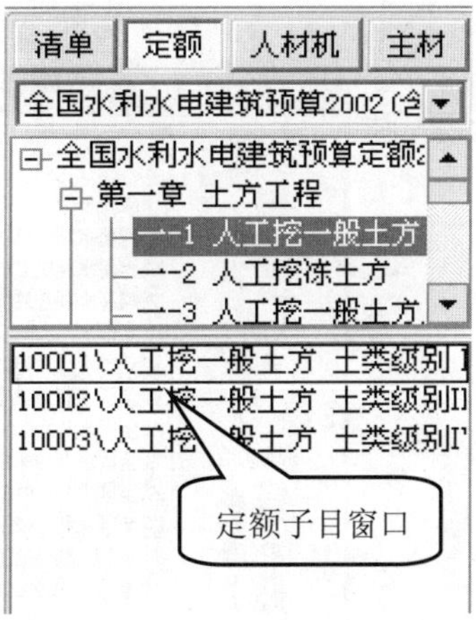

图 3-46 定额子目窗口

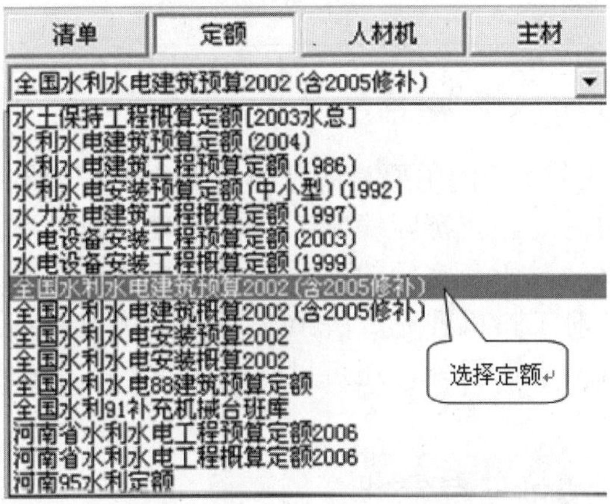

图 3-47 定额库定额的选择

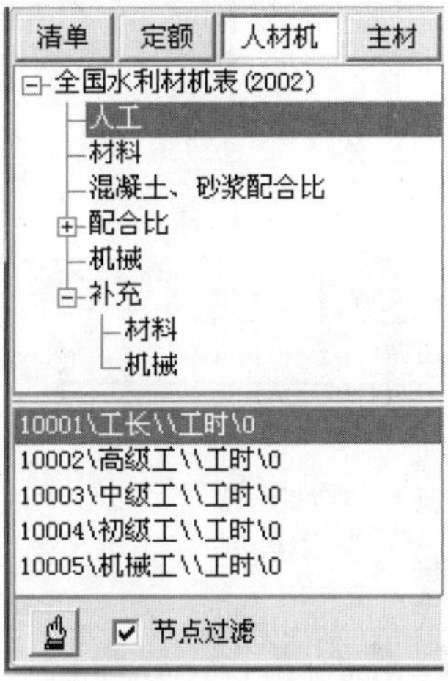

图 3-48 系统软件人材机

编制水利水电工程造价文件时，工程单价的基价都是由人工费、材料费、机械费所组成。当前工程中所有用到的人工、材料、机械都可以从当前定额所对应的系统“人材机库”中自动提取。此外用户还可以根据工程实际需要，从当前系统“人材机库”中提取人材机对定额子目进行补充和替换，以满足编制工程单价需要。

（四）“主材”选项

在“建安及临时工程”插页界面“主材”选项下，点击“选择主材库”按钮，则弹出“选择打开主材库文件”窗口，用户可以根据工程实际情况选择所需要的主材库文件(主材库文件的后缀名为*.JCL)，例如选择“全国水利 2002 建筑预算材机库（含 2005 修补）.JCL”文件，如图 3-49 所示。

选择主材库文件后，点击如图 3-49 所示窗口中“打开”按钮，则可以在“材机表项目指引”窗口看到主材库中所有的主材，例如“全国水利材机表（2002）”，如图 3-50 所示。

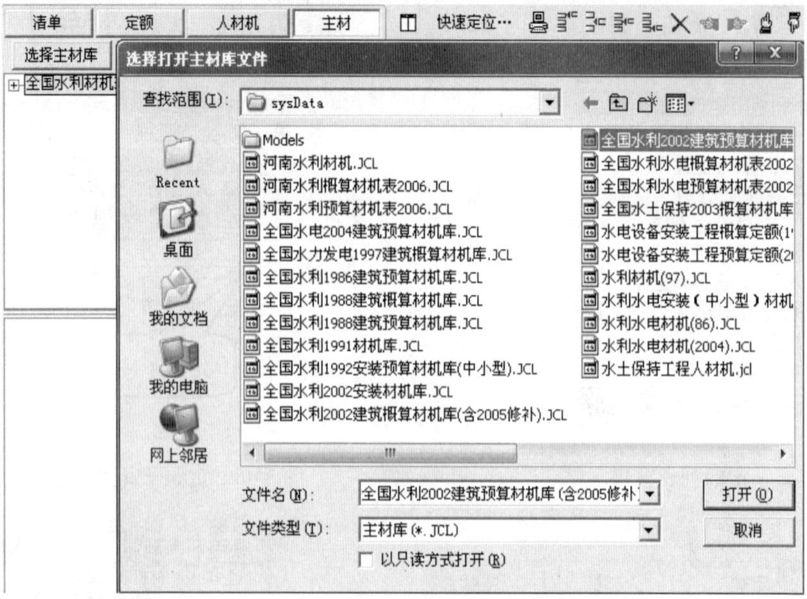

图 3-49 选择主材库文件

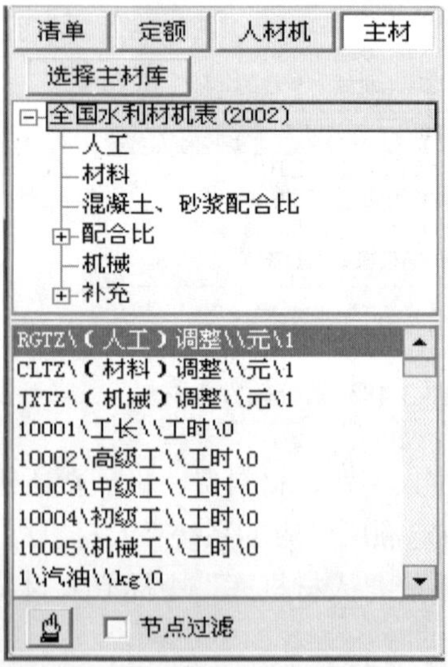

图 3-50 打开选择的主材库文件

选择“主材库”的主要目的是为了编制工程清单项目单价的需要。在实际编制工程单价时，为了满足工程需要，对所套定额的工料机要进行补充、替换等操作。对工料机补充、替换时，除了从当前系统“人材机”中调用外，还可以从“主材库”中任意选用。

（五）☑节点过滤按钮

点击如图 3-50 所示指引窗口左下角按钮，可以切换指引窗内的子窗口顺序,例如“定额列表在下，定额子目在上”时，如图 3-51 所示;“定额列表在上，定额子目在下”时，如图 3-52 所示。

工程套定额时，在项目指引窗口内，如果“节点过滤”按钮处于勾选“☑节点过滤”状态，则软件会自动过滤到指定节点的内容，例如选择 “一-1 人工挖一般土方”定额时，在定额子目窗口仅列出了“人工挖一般土方”的全部定额子目，如图 3-53 所示。如果☐节点过滤按钮处于非勾选状态，则软件会显示包括此节点在内的所有其他节点的内容，如图 3-54 所示。

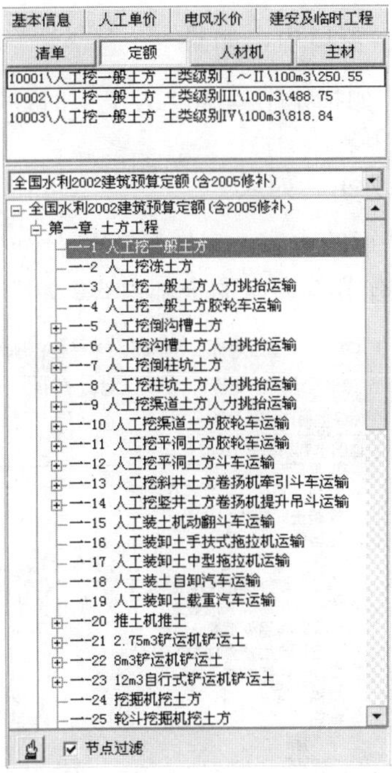

图 3-51　切换指引窗口内子窗口顺序

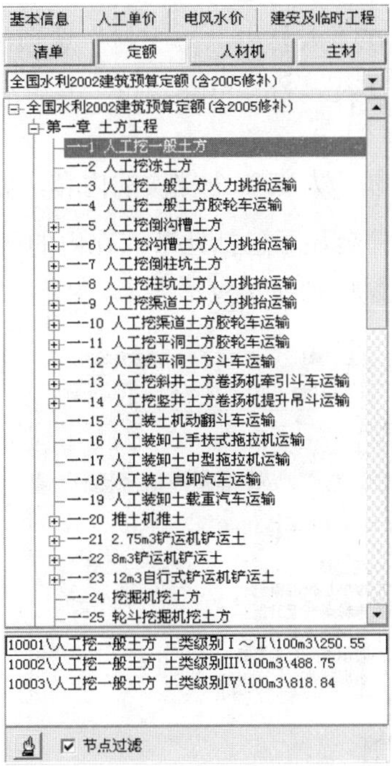

图 3-52　切换指引窗口内子窗口顺序

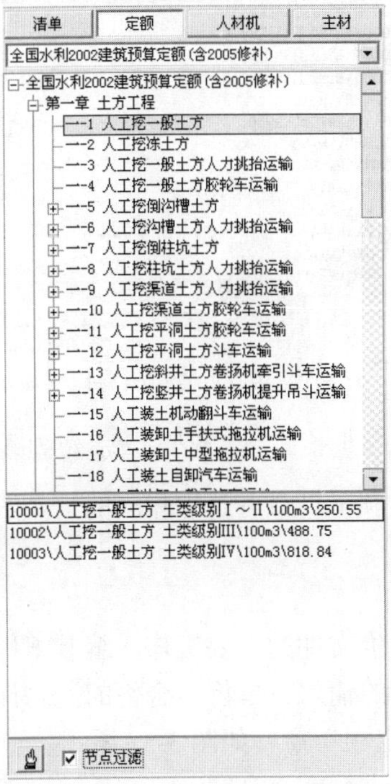

图 3-53　过滤节点指引窗口内显示的内容

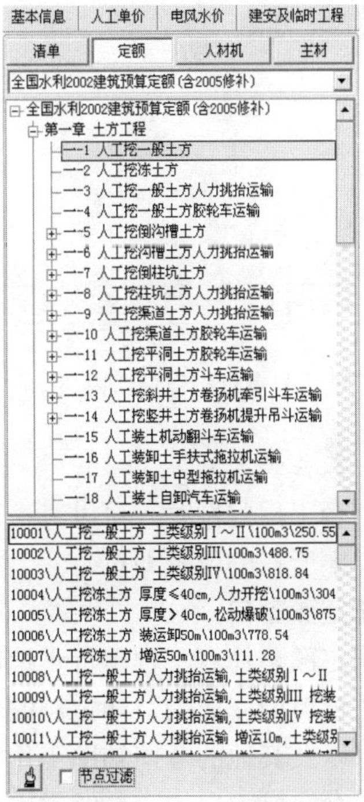

图 3-54　不过滤节点指引窗口内显示的内容

同样，在“人材机”、“主材”选项的项目指引窗口内，如果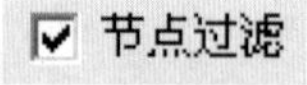

按钮处于勾选状态时，软件会自动过滤到指定节点的内容，例如指定节点为“人工”时，在下面的子窗口中则只显示人工 4 个档次的内容，如图 3-55 所示。如果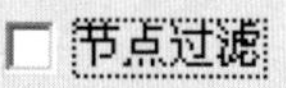

按钮处于非勾选状态时，软件会显示包括此节点在内的所有其他节点的内容，例如指定节点为“人工”，但是下面的子窗口则显示包括人工、材料、机械等所有节点在内的全部内容，如图 3-56 所示。

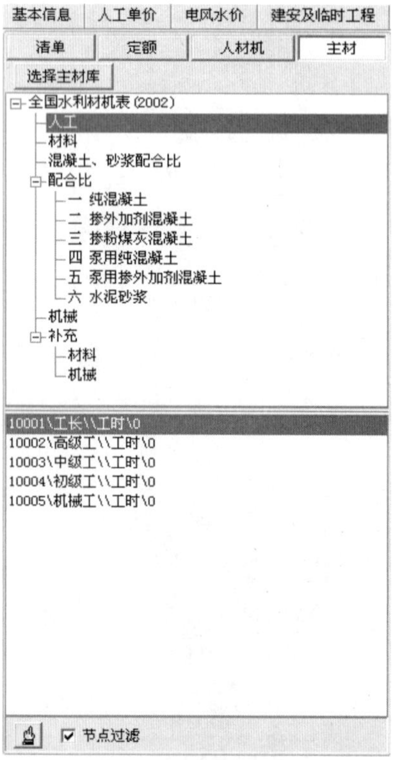

图 3-55 过滤节点时指引窗口内显示的内容

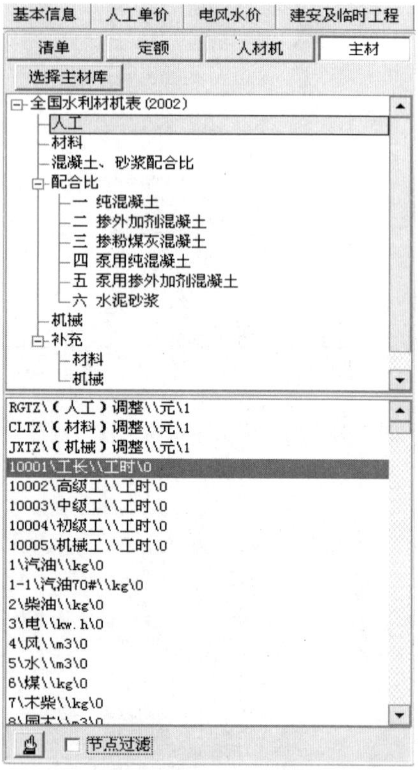

图 3-56 不过滤节点时指引窗口内显示的内容

（六）工程套定额

用户在套工程定额时，可以直接双击相应的定额子目或者选中相应的定额子目拖拉到套定额窗口中所在的位置即可。

四、套定额窗口

套工程定额、计算工程单价是编制水利工程造价文件的主要工作。编制工程单价主要是在套定额窗口中完成的，如定额的套用、工程量的输入、单价与合价的汇总计算、定额的调整换算以及其他的一些辅助工作等。“套工程定额”窗口如图 3-57 所示。

下面对套定额窗口中一些经常用到的操作方法进行重点介绍。

（一）列显示/列隐藏

在“工程套定额”窗口，如图 3-57 所示，用户为了工作方便，需要显示不同的列，例如：类别、序号、编码、定额等，用户可以点击软件工具栏中的  图标按钮，在弹出的“列显示/列隐藏”窗口中，如图 3-58 所示，选择所需要显示的列名即可；同时对于一些不需要显示的列名可以取消显示，用户要根据工程实际情况来处理。

快速定位…　编辑状态：标底

类别	序号	编码	定额	名称	单位	计算式	工程量	取费特项	单价	合价	备注	引用号	经济指标
				建安及临时工程			-			359.400			
分部	1	一		**建筑工程**			-			**359.400**		JZGC	
清单	1	1		土方开挖	m3	1209.6	1209.6	土方					
定额	1	10365换	水利	【未注册】1m3挖掘机挖装	100m3	Q/100	12.096	土方	557.1130	6738.840			
清单	2	2		C25砼	m3	712.8	712.8	混凝土					
定额	1	40066换	水利	【未注册】暗渠 衬砌厚度	100m3	Q/100	7.128	混凝土	-9223372	-922337203			
附	2	40155	水利	【未注册】机动翻斗车运混	100m3	(X*1.03)/	7.342	混凝土	650.5883	4776.619			
附	3	40135	水利	【未注册】搅拌机拌制混凝	100m3	(X*1.03)/	7.342	混凝土	1569.729	11524.956			
清单	3	3		C10砼垫层	m3	39.6	39.6	混凝土					
清单	4	4		组合钢模板	m2	912	912	模板					
清单	5	5		堵头模板	m2	71.28	71.28	模板					
清单	6	6		键槽模板	m2	93.6	93.6	模板					
清单	7	7		钢筋制作与安装	t	1.75	1.75	混凝土					
清单	8	8		止水	m	115	115	混凝土					
清单	9	9		伸缩缝	m2	4.224	4.224	混凝土					
分部	2	二		**机电设备及安装工程**			-			-		JDSB	
分部	3	三		**金属结构设备及安装工程**			-			-		JSJG	
分部	4	四		**施工临时工程**			-			-		LSGC	

图 3-57　工程套定额窗口

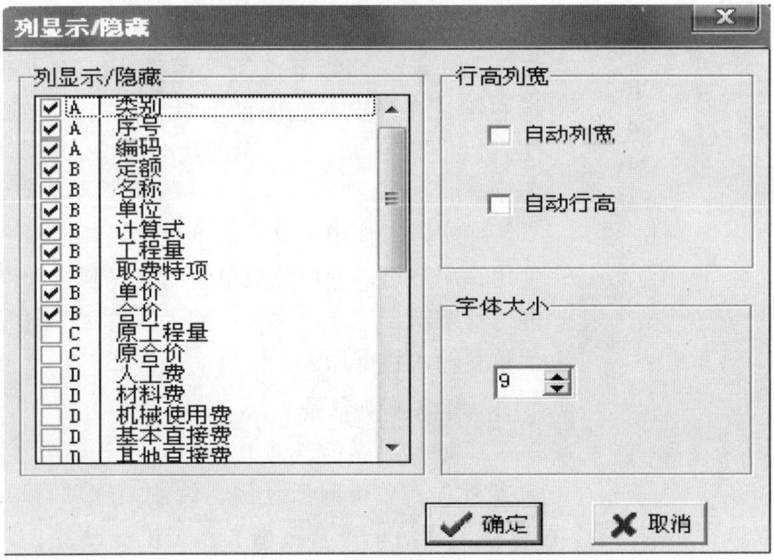

图 3-58　选择列显示/列隐藏

（二）主窗体

在“建安及临时工程”插页界面，“套工程定额”窗口中主窗体的设置是采用分部分项的树形层次结构形式，如图 3-59 所示。

图 3-59 工程套定额窗口主窗体

第一级——根节点，代表整个工程文件，该节点不能删除，例如“建安及临时工程”即是根节点。

第二级——分部，类别代号为“部”，例如“分部 1 建筑工程、分部 2 机电设备及安装工程、分部 3 金属结构设备及安装工程、分部 4 施工临时工程”。

第三级——子分部，即分部的子部，根据具体工程需要可以插入。

第四级——子目，类别代号为“子”，这一层是输入定额子目。

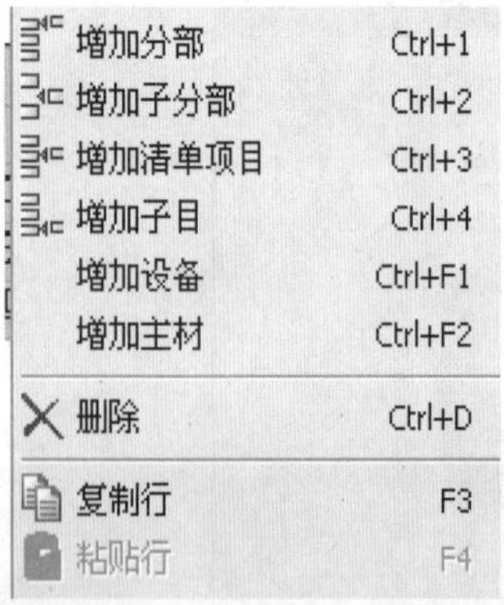

图 3-60 右键下拉菜单中列项

点击工具栏中按钮，可以插入以上第二、第三、第四级节点，或者在“套定额窗口”点击鼠标右键，在弹出的右键菜单中选择相应的命令项也可以插入以上第二、第三、第四级节点，右键菜单如图 3-60 所示。

在实际工作中，有些清单项目或者定额子目需要重复使用，用户可以使用该菜单中的“复制行”、“粘贴行”功能进行编辑，这样就大大提高了编辑文件的工作效率，以免重复输入数据加大工作量。

（三）增加设备

“增加设备”选项功能仅适应于编制工业与民用建筑工程项目单价时所使用。编制工程项目单价时，用户为了满足工程单价编制需要，可以在工程清单下直接增加施工机械设备。具体操作方法是：在“套定额窗口”，点击右键菜单中“增加设备”命令项，在弹出的“输入设备”窗口中，如图 3-61 所示，输入要增加设备的名称、规格型号、单位、单价、数量各项内容，系统会根据库自动找到所对应的编号，但是其前提是名称在库中必须存在，否则找不到。

如果用户不知道增加设备的详细名称时，可以直接点击如图 3-61 所示窗口中的“调用系统数据”按钮，在弹出的“项目指引”窗体中找到所需的设备插入即可，如图 3-62 所示。

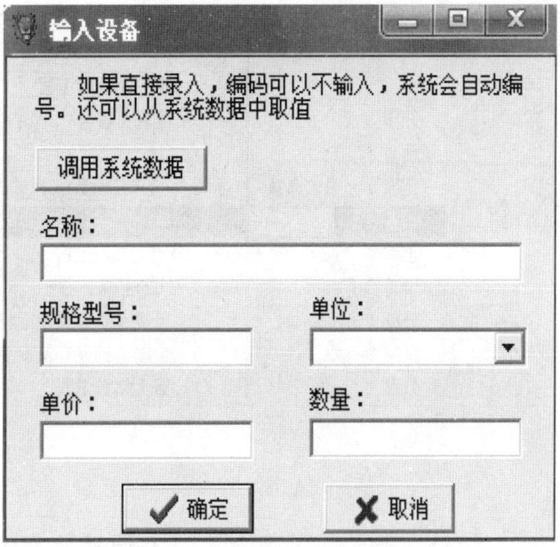

图 3-61　直接输入增加的设备

增加设备完成后，在套定额窗口中增加的设备会在“取费特项”列显示“设备”字样的标注，同时在工料机窗口中用黄色的背景显示增加的设备，例如增加“0.5m^3 油动单斗挖掘机”，如图 3-63 所示。

在编制水利工程单价时，如果要增加设备，首先在“套定额”窗口选中要增加设备的定额，然后在定额子目对应的“工料机含量”窗口点击右键菜单中的“补充输入”选项，如图 3-64 所示。

在弹出的“补充材料”窗口，如图 3-65 所示，点击“打开材机指引”按钮则弹出“项目指引”窗口，选中要补充的施工机械设备并勾选 节点过滤 按钮，可以快速查找到所要补充的施工机械设备，然后左键双击或点击“项目指引”窗口内的“插入”按钮并关闭该窗口，则所选设备即进入到“补充材料”窗口。

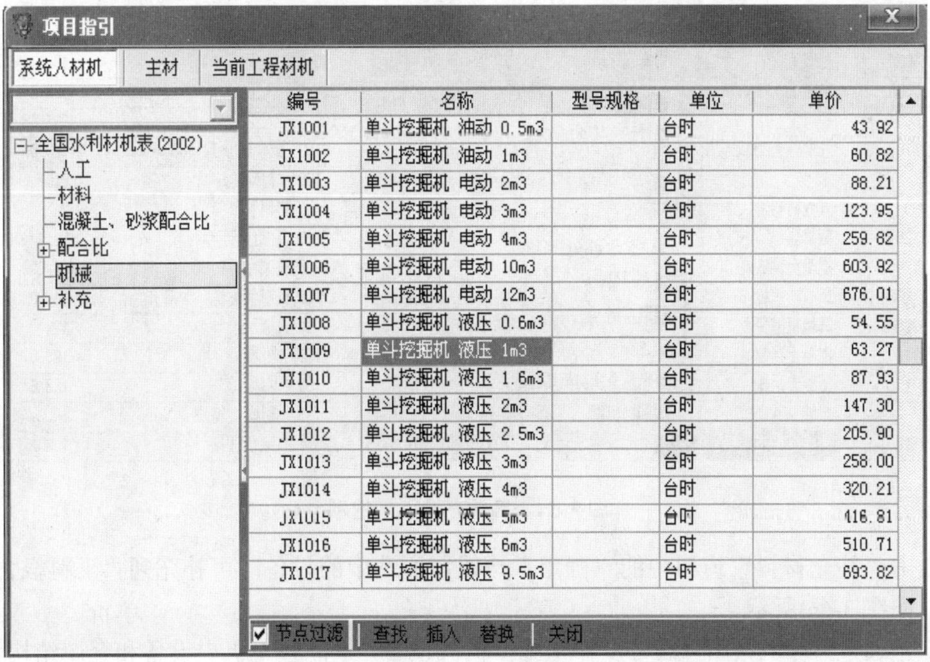

图 3-62　增加设备

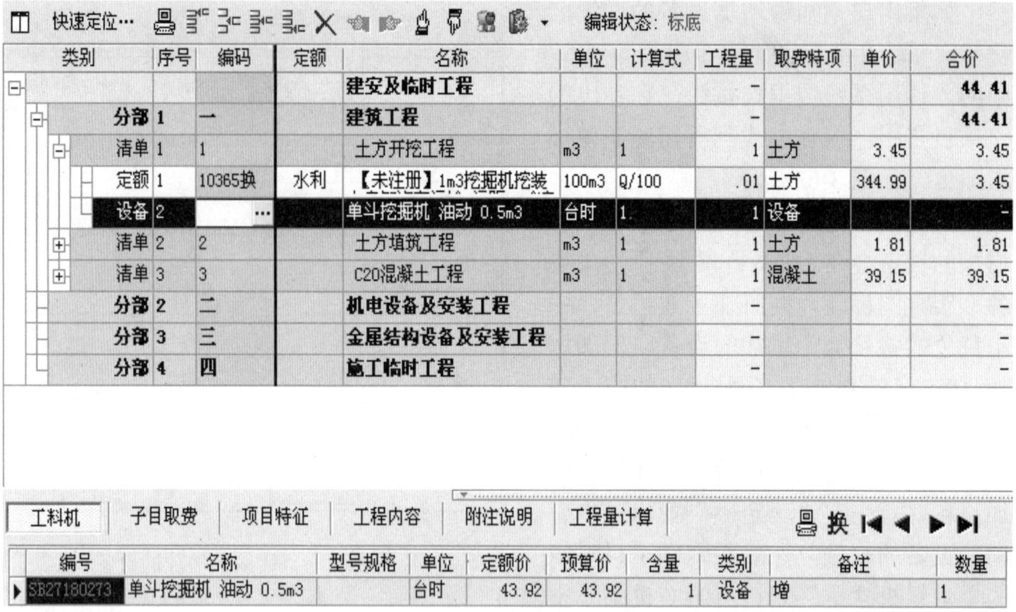

图 3-63 增加设备

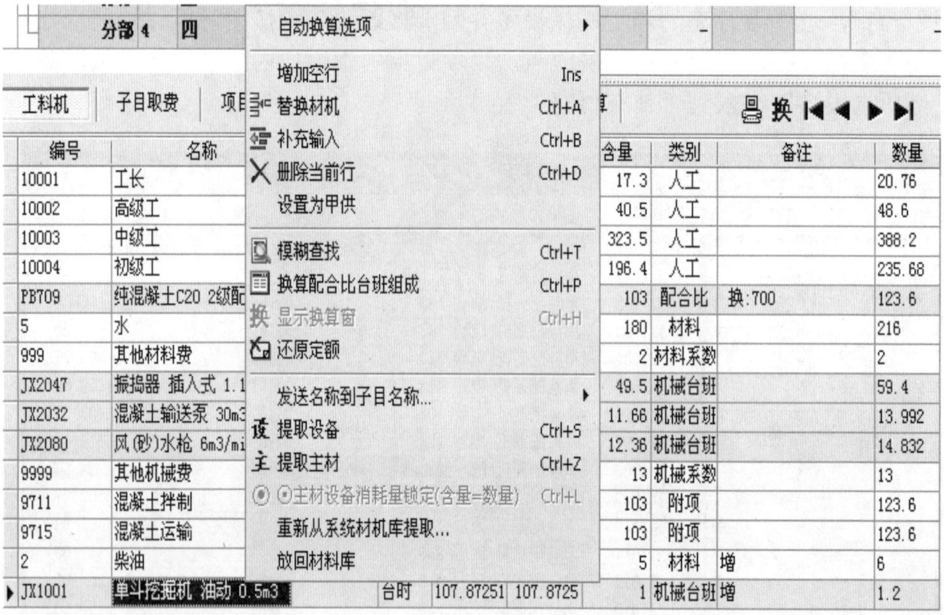

图 3-64 “补充输入”选项

点击“补充材料”窗口中的“确定”按钮，所选中的设备即可补充到“工料机含量”窗口，如图 3-66 所示。

但是通过“材机指引”只可以补充施工机械设备，不能补充机电设备和金属结构设备，因为“材机库”中没有列出，所以使用该命令项具有一定的局限性。

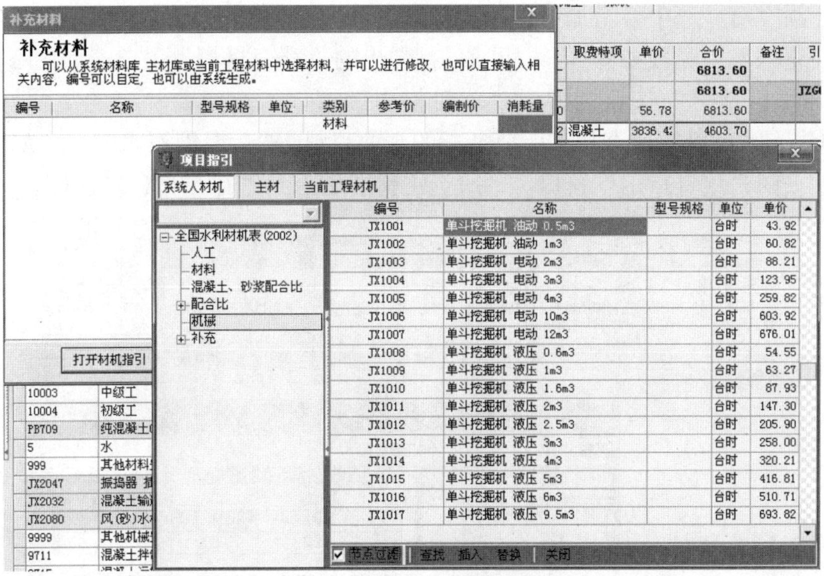

图 3-65 项目指引—选择设备

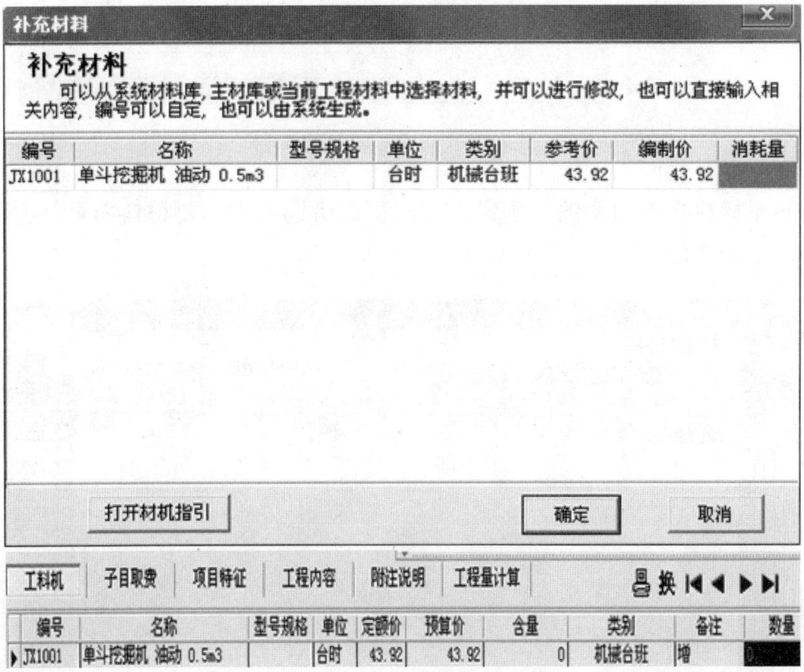

图 3-66 补充设备

（四）增加主材

“增加主材”选项与“增加设备”选项的功能相同，也仅适应于编制工业与民用建筑工程项目单价时所使用，两者的操作方法完全一样。

编制水利工程项目单价时，如果要增加主材，必须通过“工料机”窗口进行补充。首先在“套定额”窗口选中要增加主材的定额，然后在定额“工料机”窗口点击鼠标右键菜单中的“补充输入”选项如图 3-64 所示。在弹出的“补充材料”窗口，如图 3-67 所示，点击“打开材机指引”按钮则弹出“项目指引”窗口，选中要补充的主要材料并勾选☑节点过滤按钮，可以快速查找到所要补充的主要材料，然后左键双击或点击窗口内的“插入”按钮并关闭“项目指引”窗口，则所选主材即进入到“补充材料”窗口。

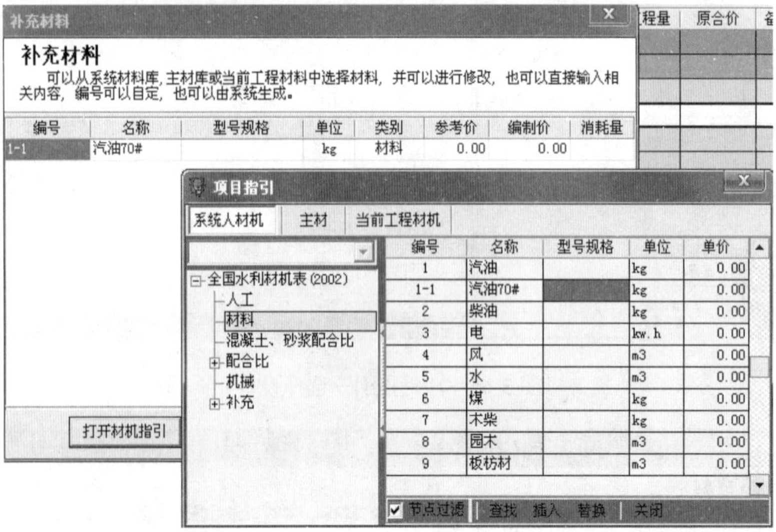

图 3-67 项目指引—选择主材

点击“补充材料”窗口中的“确定”按钮，则所选中的主要材料即可补充到“工料机含量”窗口，如图 3-68 所示。

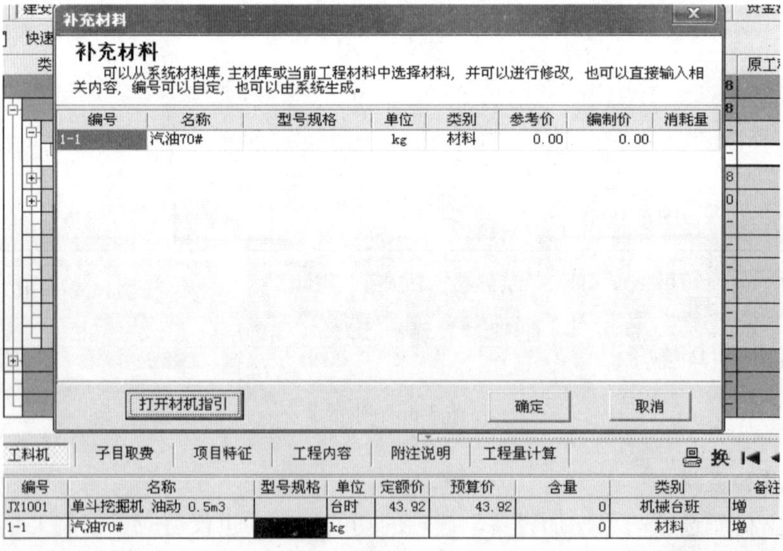

图 3-68 补充主材

（五）批量调整取费

编制工程清单项目单价时，为了满足工程要求，有时需要对工程单价进行调整。用户可以通过调整“子目取费计算程序”中的“计算基础”来达到目的，“子目取费计算程序”如图 3-69 所示。

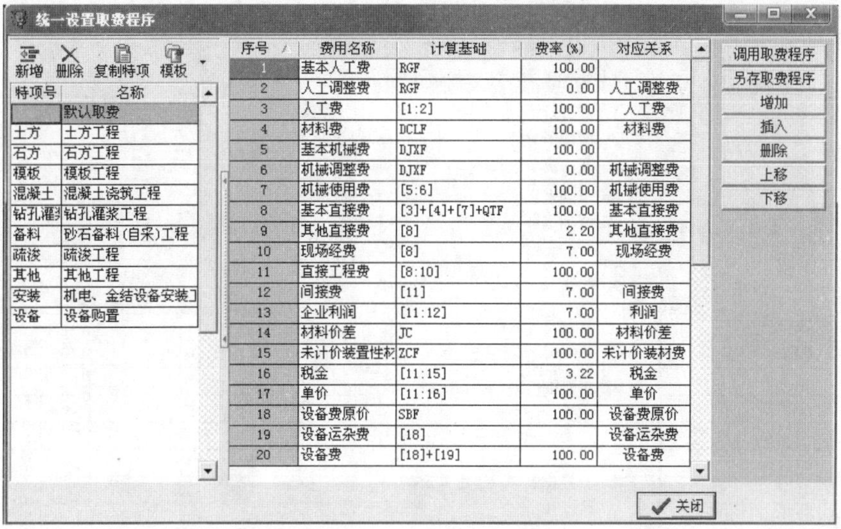

图 3-69 子目取费计算程序

例如：把基本人工费设置为“RGF + 100”时清单项目单价的编辑情况。操作方法如下：在套定额窗口，按住 Ctrl 键进行隔选，选中需要批量修改的定额子目“清单 1 中的定额 1”、“清单 2 中的定额 1、附 2、附 3”，如图 3-70 所示。

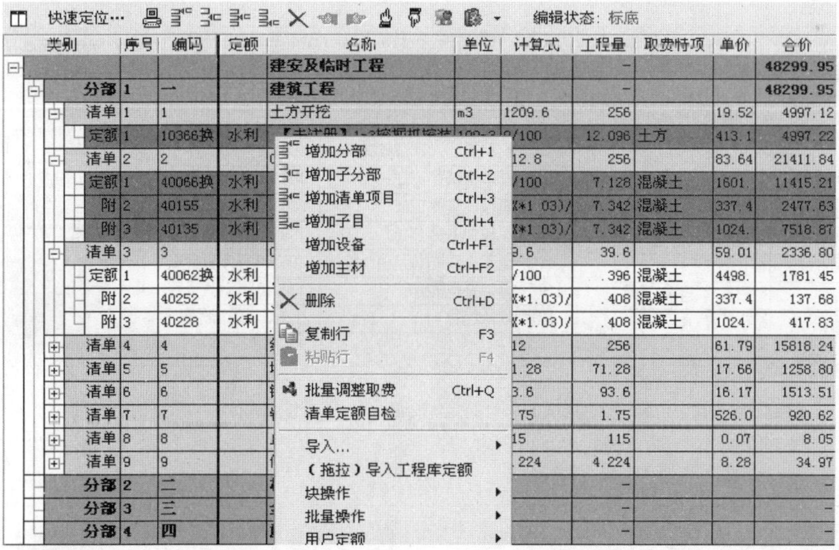

图 3-70 Ctrl 键隔选定额

或者在套定额窗口，按住 Shift 键连选定额，选中需要批量修改的定额子目“清单 1、清单 2、清单 3 中的全部定额”，如图 3-71 所示。

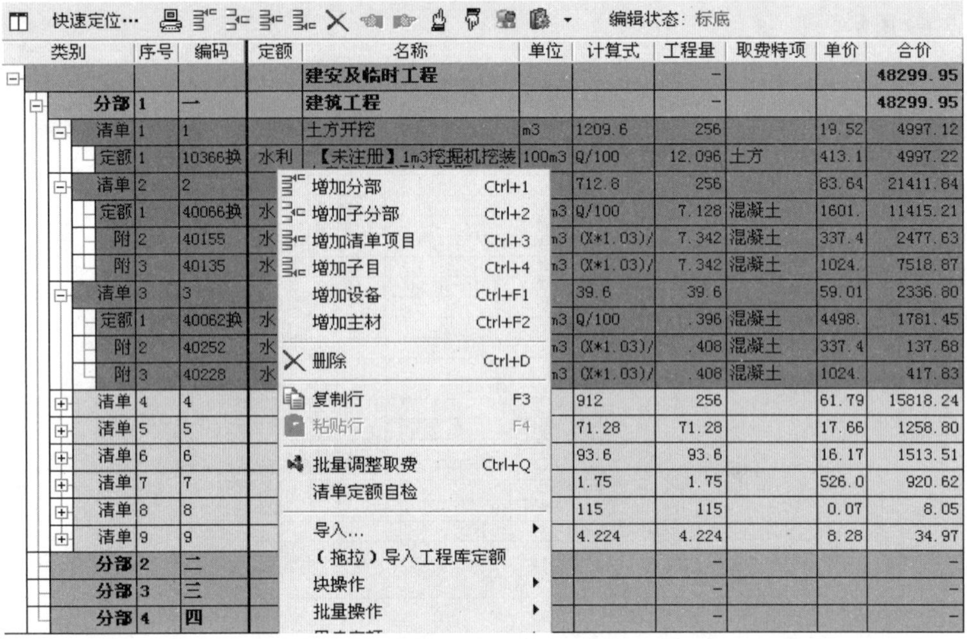

图 3-71 Shift 键连选定额

批量选中定额以后，点击鼠标右键，在快捷菜单中选择“批量调整取费”命令项，在弹出的特项取费窗体中，把基本人工费的“计算基础”修改为“RGF + 100”，并点击“应用”按钮即可进行批量调整取费，如图 3-72 所示。

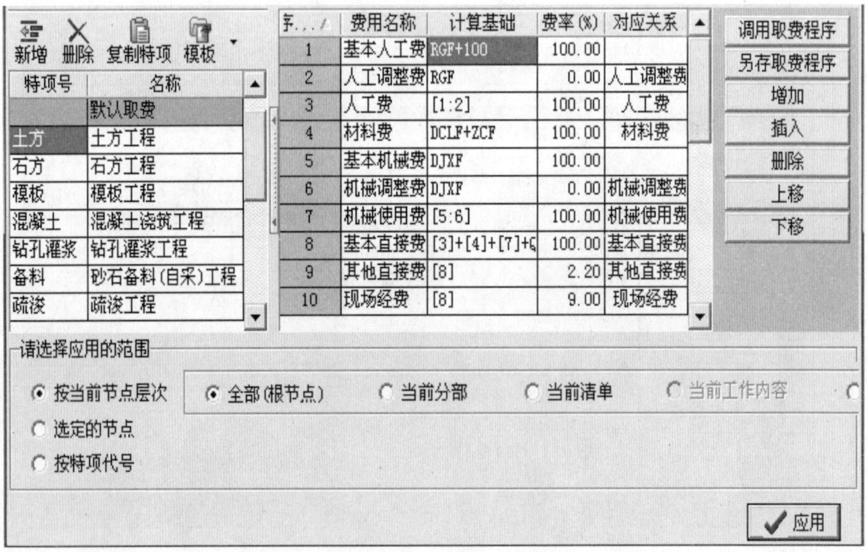

图 3-72 批量调整取费计算基础

修改完基本人工费的“计算基础”后，再返回到“建安及临时工程”界面中的定额含量窗口，点击“子目取费”插页可以看到，凡是选择范围内的定额，其“子目取费”窗口内的“基本人工费”全部被调整为“RGF+ 100”， 如图 3-73 所示。

类别	序号	编码	定额	名称	单位	计算式	工程量	取费特项	单价	合价
定额	1	10366换	水利	【未注册】1m3挖掘机挖装	100m3	Q/100	2.56	土方	546.9	1400.29
清单	2	2		C25砼	m3	712.8	256		33.95	8691.20
定额	1	40066换	水利	【未注册】暗渠 衬砌厚度	100m3	Q/100	2.56	混凝土	1729.	4426.88
附	2	40155	水利	【未注册】机动翻斗车运	100m3	(X*1.03)/	2.637	混凝土	465.2	1226.86
附	3	40135	水利	【未注册】搅拌机拌制混	100m3	(X*1.03)/	2.637	混凝土	1151.	3037.51
清单	3	3		C10混凝土垫层	m3	39.6	39.6		62.93	2492.03
清单	4	4		组合钢模板	m2	912	256		17.34	4439.04
清单	5	5		堵头模板	m2	71.28	71.28		17.66	1258.80
清单	6	6		键槽模板	m2	93.6	93.6		16.17	1513.51
清单	7	7		钢筋制作与安装	t	1.75	1.75		653.8	1144.27
清单	8	8		止水	m	115	115		8.86	1018.90
清单	9	9		伸缩缝	m2	4.224	4.224		9.55	40.34
分部	2	二		机电设备及安装工程			-			-
分部	3	三		金屉结构设备及安装工程			-			-
分部	4	四		施工临时工程			-			-

序号	费用名称	计算基础	费率(%)
1	基本人工费	RGF+100	1(
2	人工调整费	RGF	
3	人工费	[1:2]	1(
4	材料费	DCLF+ZCF	1(

图 3-73　批量调整取费计算基础后的界面

因此，用户可以根据工程实际需要，按当前节点层次、选定的节点、特项代号来选择不同的应用范围，确定修改的计算基础，从而达到快速修改清单项目单价的目的。

（六）清单定额自检

清单定额自检是指系统自动检查工程所套清单、定额的过程。

1. 定额自检

（1）自检内容。定额自检的主要内容包括：“名称为空”、“无单位”、“工程量为 0”、“单价为 0”、“隐藏的换算”等，用户可以根据实际情况进行选择，如图 3-74 所示。

（2）自检结果处理。定额自检结果处理主要包括：“逐条提示”、“汇总显示”、“用红字标记”、“在备注中说明”， 如图 3-74 所示。

1）逐条提示：定额在自动检查时，对所选内容检查出的结果逐一提示。

2）汇总显示：定额在自动检查时，对所选内容检查出的结果统一汇总。

3）用红字标记和在备注中说明：如果这两个功能处于勾选“√”状态，则会在套定额窗口中显示定额自检结束后所对应的红色效果和备注中的说明。

2. 清单自检

（1）自检内容。清单自检的主要内容包括：“名称为空”、“单位为空”、“工程量为 0”、“单价为 0”、“编号重复”、“漏项”、“多项”等，用户可以根据实际情况进行选择，如图 3-75 所示。

（2）自检结果处理。清单自检结果主要包括：“逐条提示”、“汇总显示”、“用红字标记”、“在备注中说明”，如图 3-75 所示，与定额自检结果处理方法相同，这里不再赘述。

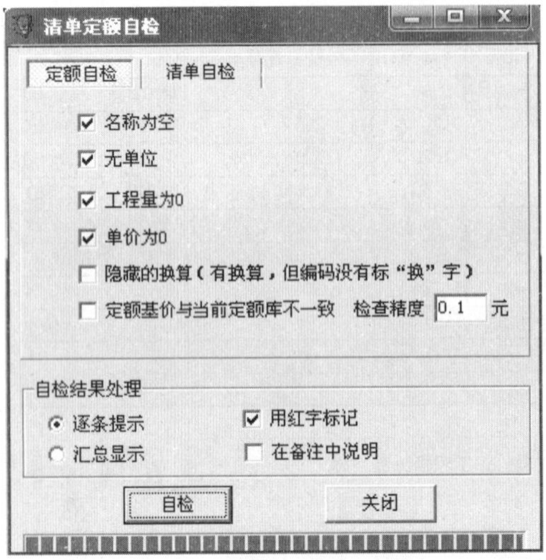

图 3-74　定额自检

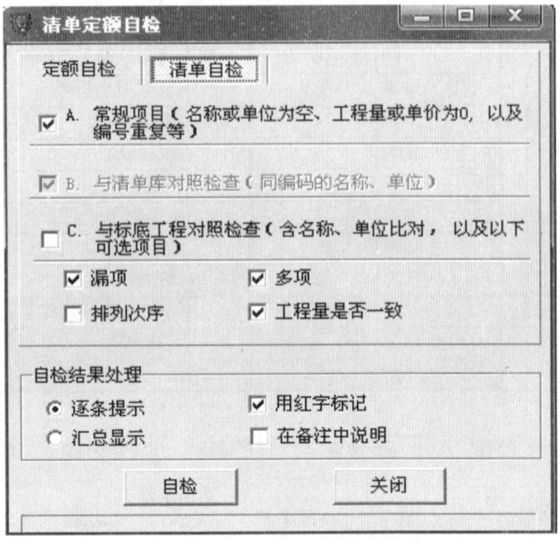

图 3-75　清单自检

（七）导入电子表格

在“套定额”窗口，点击右键菜单中“导入”→“导入电子表格”命令项，可以导入工程量清单项目的电子表格，如图 3-76 所示。

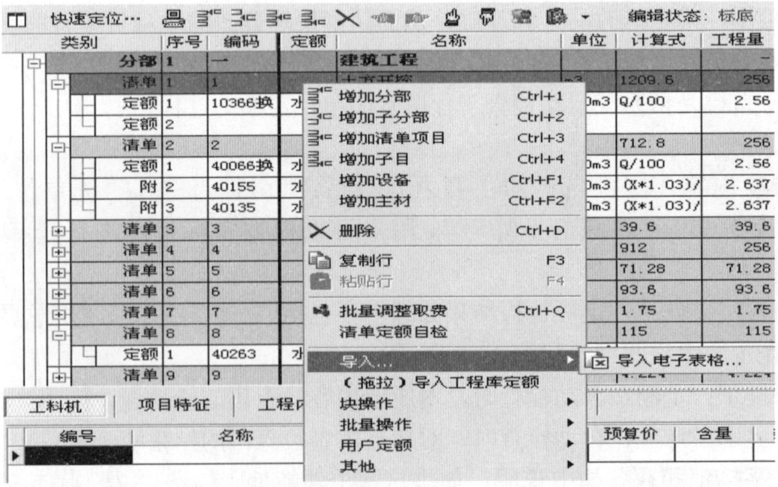

图 3-76　导入电子表格

操作方法：点击“导入…”→“导入电子表格…”命令项，在弹出的“导入EXCEL文件”窗口中选择表格字段：1—编号、2—名称、3—单位、4—工程量，如图 3-77、图 3-78 所示。

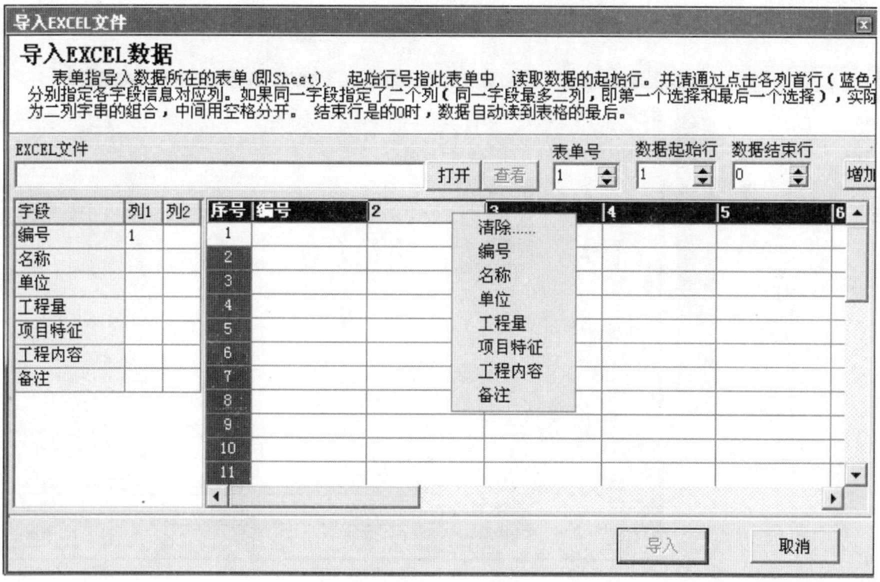

图 3-77 选择表格字段

图 3-78 选择表格字段后的界面

点击如图 3-78 所示界面“打开”按钮，则弹出“打开”窗口，如图 3-79 所示。选择需要打开的 EXCEL 文件，假设选择的文件为“案例 1”，然后点击“打开”按钮即可进入到“导入 EXCEL 文件”界面，如图 3-80 所示。

图 3-79 选择 EXCEL 电子表格文件“案例 1”

图 3-80 已打开的工程量清单 EXCEL 表格

用户可以对导入的数据进行设置，主要设置内容有：表单号、数据起始行与数据结束行的值、增加列等，例如案例 1 中，工程量清单项目的第一个清单是第三行，则选择输入的数据起始行应为“3”、数据结束行的值任何时候都可以设为“0”。另外，用户还可以点击界面上的“查看”按钮，进入到原工程量清单中进行数据的编辑。

数据设置完成后，点击“导入”按钮，即可以导入选择的工程量清单，如图 3-81 所示。

快速定位…　编辑状态：标底

类别	序号	编码	定额	名称	单位	计算式	工程量	取费特项	单价	合价
				建安及临时工程			-			21998.41
分部	1	一		建筑工程			-			21998.41
清单	1	1		土方开挖	m3	1209.6	256		5.47	1400.32
清单	2	2		C25混凝土	m3	712.8	256		33.95	8691.20
清单	3	3		C10混凝土垫层	m3	39.6	39.6		62.93	2492.03
清单	4	4		组合钢模板	m2	912	256		17.34	4439.04
清单	5	5		堵头模板	m2	71.28	71.28		17.66	1258.80
清单	6	6		键槽模板	m2	93.6	93.6		16.17	1513.51
清单	7	7		钢筋制作与安装	t	1.75	1.75		653.8	1144.27
清单	8	8		止水	m	115	115		8.86	1018.90
清单	9	9		伸缩缝	m2	4.224	4.224		9.55	40.34
分部	2	二		机电设备及安装工程			-			-
分部	3	三		金属结构设备及安装工程			-			-
分部	4	四		施工临时工程			-			-

图 3-81　已导入的工程量清单

（八）块操作

“块操作”是通过定义块的方式进行批量套工程项目清单或者套工程定额的操作方法。“块操作”仅适应于连续选中的工程项目清单或者所套定额的区域，对于间隔选中的项目清单或者定额不能用“块操作”的方法，“块操作”命令项如图 3-82 所示。

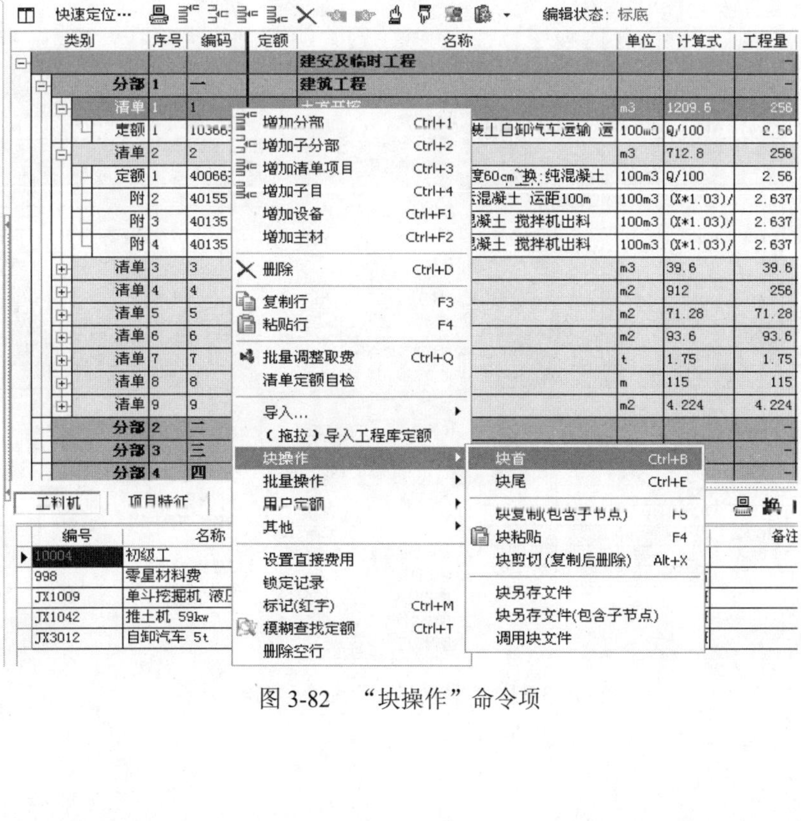

图 3-82　“块操作”命令项

操作方法：在“套定额”窗口，选中要操作的第一个工程项目清单或者所套定额，然后点击鼠标右键，在下拉列项中选中“块操作”命令项→再点击“块首”按钮，则该工程项目清单或者定额即作为要选择的块（即区域）的首部。再选定要操作块（即区域）的最后一个工程项目清单或者所套定额，点击鼠标右键，在下拉列项中选中“块操作”命令项→再点击“块尾”按钮，则该工程项目清单或者定额即作为要选择的块的尾部。点击“块尾”按钮后，块首与块尾包含区域之间所有工程项目清单和所套定额会全部被选中，这就是所要选择的块。

同样，在“套定额”窗口，也可以用 Shift 键和 Ctrl 键进行多选定块。用 Shift 键选择块时，首先左键选中要操作的第一个工程项目清单或者所套定额，按住 Shift 键，再选中要操作块（即区域）的最后一个工程项目清单或者所套定额，则块首与块尾包含区域之间所有工程项目清单和所套定额会全部被选中，这就是所要选择的块。用 Ctrl 键选择块时，按住 Ctrl 键，点击所有要选择的并且是不间断的工程项目清单或者所套定额，被选中的区域就组成了块。

选中块之后，就可以进行“块复制”、“块粘贴”或者“块剪切”操作。还可以进行“块另存文件”（这种文件格式中只包含有项目清单）、“块另存文件(包含子节点)”（这种文件格式中包含有项目清单和所套定额）以及“调用块文件”操作。

通过块操作，可以实现同一工程、不同工程间数据共享、相互调用，提高编制工程单价的效率和质量。

（九）批量操作

“批量操作”是指在套定额窗口，对选中的工程项目、工程项目分部、工程量清单或者所套定额等同时进行成批操作的过程。单击鼠标右键则弹出“批量操作”命令项，其中包含的选项有调价（调工料机含量）、设置特项号、设置经济指标等内容，如图 3-83 所示。

图 3-83 “批量操作”命令项内容

1. 批量调价（调工料机含量）

操作方法：在“套定额”窗口，用 Shift 键或者 Ctrl 键选中要调价的内容，点击如图 3-83 所示“批量操作”命令项→“调价（调工料机含量）”选项，在弹出的“调整工料机消耗量”窗口中，如图 3-84 所示，用指定的系数调整定额子目的人工、材料、机械、主材设备的定额消耗量即可。

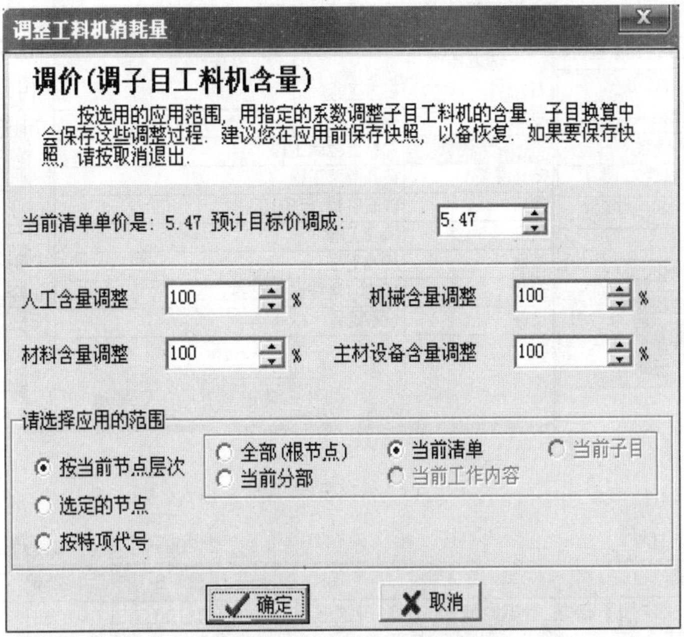

图 3-84 调价（调工料机含量）

在定额子目换算过程中，系统会保存这些调整过程，所以在调价前，最好先保存快照以备恢复。

2. 批量设置特项号

在实际编制水利工程造价文件时，每个工程划分的项目非常多，使用水利水电工程造价软件编制工程单价的时候，如果逐项设置项目的特项号，那么造价编制人员的工作量就非常大，所以，用户可以采用快捷的方法来设置项目的特项号。

操作方法：在“套定额”窗口，用 Shift 键或者 Ctrl 键选中要设置特项号的定额，点击右键菜单中的“批量操作”命令项→“设置特项号”选项，如图 3-83 所示，在弹出的“选择特项号”窗口中，如图 3-85 所示，可以对选中的定额进行批量设置特项号。

采用这种操作方法的特点是速度快、效率高，可以节省用户大量的工作时间 。

3. 批量设置经济指标

在编制水利水电工程造价时，为了反映工程项目的性质特征，可以对工程项目设置经济指标来加以表示。

操作方法：在“套定额”窗口，用 Shift 键或者 Ctrl 键选中要“设置经济指标”的工程清单项目，点击右键菜单中的“批量操作”命令项→“设置经济指标”选项，如图 3-83 所示，在弹出的“从列表中选择”窗口中，如图 3-86 所示，可以对选中的工程清单项目进行批量设置经济指标。

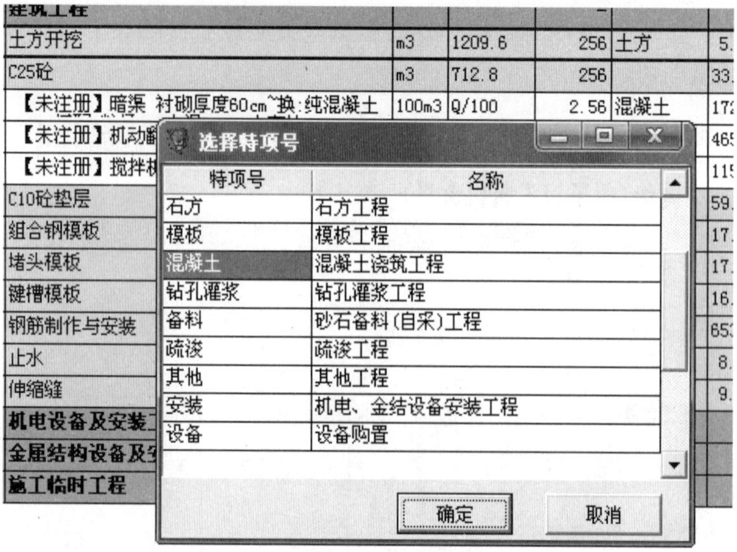

图 3-85 设置特项号

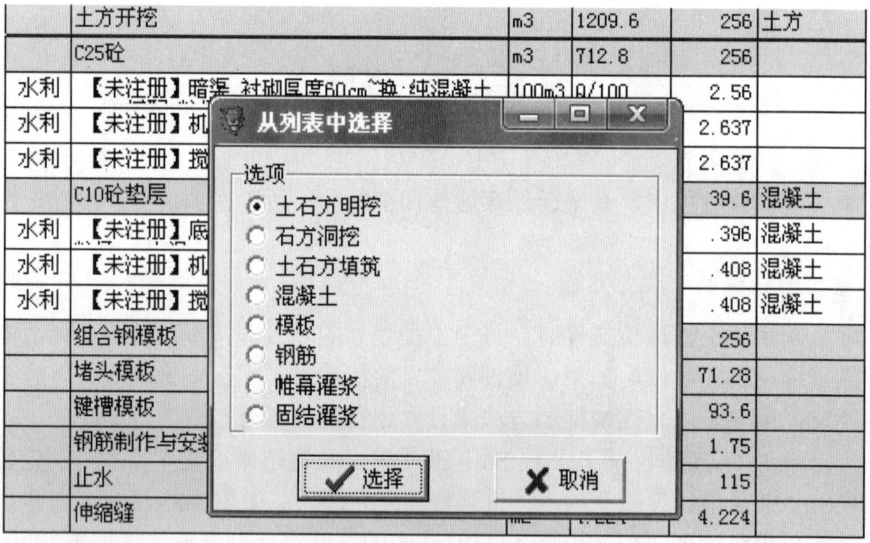

图 3-86 设置经济指标

4. 批量工料换算

在实际工程中，为了满足编制水利水电工程造价文件的需要，有时要对工程项目全部或者部分的清单单价进行调整。如果使用水利水电工程造价软件编制工程项目单价时，就可以利用“工料换算”选项对所套定额工料机的消耗量设置调整系数进行批量换算调整。

操作方法：在“套定额”窗口，用 Shift 键或者 Ctrl 键选中要换算工料机的定额，点击右键菜单中的“批量操作”命令项→“工料换算”选项，如图 3-83 所示，在弹出的“批量子目换算”窗口中，如图 3-87 所示，在“全部”区域或者在类别包括“人工、材料、机械、其他、主材”区域内分部输入数值后点击“批量设置消耗量调整系数”即可。

图 3-87　工料换算

还可以选中并左键双击所要换算的原人材机或者左键点击“选择换算材机”按钮，打开“项目指引”窗口，在项目指引窗口的“系统人材机”、“主材”、“当前工程材机”库中，找到所需替换的人材机，点击“插入”或者“替换”按钮即可。

批量工料机换算时，可以对整个工程项目统一设置工料机消耗量调整系数进行批量换算，也可以对选中定额的工料机设置消耗量调整系数进行批量换算。

5. 批量设置工程量乘以系数

编制水利水电工程造价文件时，或者在工程项目施工过程中，由于各种原因，可能会遇到某些项目的工程量发生变化而需要进行调整的情况。那么利用水利水电工程造价软件就可以达到这个目的、实现快速调整。具体可以采用“工程量乘以系数”的方法对所有需要调整工程量的清单项目进行批量调整。

操作方法：在“套定额”窗口，用 Shift 键或者 Ctrl 键选中要调整的清单项目，点击右键菜单中的“批量操作”命令项→“工程量乘以系数”选项，如图 3-83 所示，在弹出的“工程量乘以系数”窗口中，如图 3-88 所示，根据清单项目工程量实际变化情况直接输入调整系数即可。默认时系数为“1”。

6. 调整定额单位->1 单位

使用水利水电工程造价软件编制工程单价时，为了统一计算单位，使工程量清单单位与所套定额单位一致，编制工程单价过程中，可以将所套定额的单位全部转化成系数为“1”的单位，同时在计算式中要乘以原定额单位的系数。

操作方法：在“套定额”窗口，用 Shift 键或者 Ctrl 键选中要调整的定额，点击右键菜单单中的“批量操作”命令项→“定额单位->1 单位”选项，如图 3-83 所示，则定额单位与工程量清单的单位就可以调整为一致。

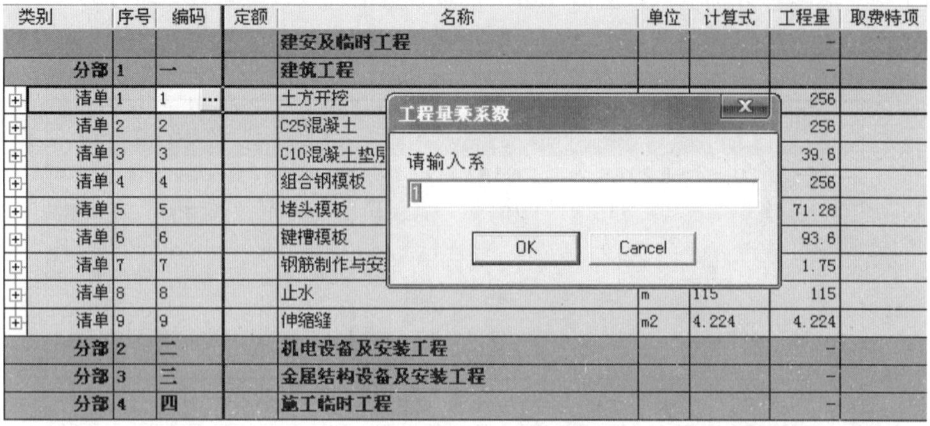

类别	序号	编码	定额	名称	单位	计算式	工程量	取费特项
				建安及临时工程			-	
分部	1	一		建筑工程			-	
清单	1	1 ...		土方开挖			256	
清单	2	2		C25混凝土			256	
清单	3	3		C10混凝土垫层			39.6	
清单	4	4		组合钢模板			256	
清单	5	5		堵头模板			71.28	
清单	6	6		键槽模板			93.6	
清单	7	7		钢筋制作与安			1.75	
清单	8	8		止水	m	115	115	
清单	9	9		伸缩缝	m2	4.224	4.224	
分部	2	二		机电设备及安装工程			-	
分部	3	三		金属结构设备及安装工程			-	
分部	4	四		施工临时工程			-	

图 3-88 工程量乘以系数

例如某水闸工程，其土方开挖工程量 1209.60m^3，Ⅲ类土，采用 1m^3 液压挖掘机挖装土，5t 自卸汽车运至 2km 处弃土。查水利部《水利建筑工程预算定额》（2002）可知，其定额编号为“10366”。该土方工程项目套定额后如图 3-89 所示。

类别	序号	编码	定额	名称	单位	计算式
				建安及临时工程		
分部	1	一		建筑工程		
清单	1	1		土方开挖	m3	1209.6
定额	1	10366换	水利	【未注册】1m3挖掘机挖装土自卸汽车运输 运距	100m3	Q/100
清单	2	2		C25混凝土	m3	712.8
定额	1	40066换	水利	【未注册】暗渠 衬砌厚度60cm~换:纯混凝土C25	100m3	Q/100
附	2	40155	水利	【未注册】机动翻斗车运混凝土 运距100m	100m3	(X*1.03)/100
附	3	40135	水利	【未注册】搅拌机拌制混凝土 搅拌机出料0.8m3	100m3	(X*1.03)/100
清单	3	3		C10混凝土垫层	m3	39.6
清单	4	4		组合钢模板	m2	912
清单	5	5		堵头模板	m2	71.28
清单	6	6		键槽模板	m2	93.6
清单	7	7		钢筋制作与安装	t	1.75
清单	8	8		止水	m	115
清单	9	9		伸缩缝	m2	4.224
分部	2	二		机电设备及安装工程		
分部	3	三		金属结构设备及安装工程		
分部	4	四		施工临时工程		

图 3-89 调整定额单位前界面

在“套定额”窗口，我们可以看到调整以前定额单位是“100m^3”、计算式是“1/100”、“Q”代表清单项目的工程量。

下面进行单位换算操作，操作方法：在“套定额”窗口，选中“10366”定额子目，点击右键菜单中“批量操作”命令项→“定额单位->1 单位”选项，如图 3-83 所示，则选中的定额“10366”单位被进行了调整。在“套定额“窗口中，可以看到调整后的定额单位是“m^3”、计算式是“（Q/100）*100”，如图 3-90 所示。

类别	序号	编码	定额	名称	单位	计算式
				建安及临时工程		
分部	1	一		建筑工程		
清单	1	1		土方开挖	m3	1209.6
定额	1	10366换	水利	【未注册】1m3挖掘机挖装土自卸汽车运输 运距	m3	(Q/100)*100
清单	2	2		C25混凝土	m3	712.8
定额	1	40066换	水利	【未注册】暗渠 衬砌厚度60cm 换:纯混凝土C25	m3	(Q/100)*100
附	2	40155	水利	【未注册】机动翻斗车运混凝土 运距100m	m3	((Q*1.03)/100)*100
附	3	40135	水利	【未注册】搅拌机拌制混凝土 搅拌机出料0.8m3	m3	((Q*1.03)/100)*100
清单	3	3		C10混凝土垫层	m3	39.6
清单	4	4		组合钢模板	m2	912
清单	5	5		堵头模板	m2	71.28
清单	6	6		键槽模板	m2	93.6
清单	7	7		钢筋制作与安装	t	1.75
清单	8	8		止水	m	115
清单	9	9		伸缩缝	m2	4.224
分部	2	二		机电设备及安装工程		
分部	3	三		金属结构设备及安装工程		
分部	4	四		施工临时工程		

图 3-90　调整定额单位后界面

一般情况下，用户不需要再进行定额单位系数的重新换算，因为在编制工程单价过程中，造价软件已经具备了单位系数换算功能，它会根据工程项目清单单位与定额单位自动完成系数换算过程，用户只要直接套工程定额就可以了。

（十）用户定额

在实际编制工程造价时，用户除了直接调用系统定额库里的定额外，还可以自定义定额并保存到用户定额表中，随时对保存的定额进行调用或者进行编辑，“用户定额”命令项包括：“放回用户定额表”、“调用/编辑用户定额”两个选项。

1.“放回用户定额表”选项

操作方法：在“套定额”窗口增加空白子目并输入要补充的定额内容，同时在子目对应的“工料机含量”窗口输入各项人材机数据，然后点击右键菜单中的“用户定额”命令项→“放回用户定额表”选项，如图 3-91 所示，则可以把用户自定义的定额存放在用户建立的补充定额表里面。

在用户没有自定义定额子目之前，“用户定额”下拉选项中的“放回用户定额表”选项则显示为灰色，说明不可用。用户自定义定额子目之后，该按钮的功能即可用。

例如：在“套定额”窗口直接输入定额编码“BCH000”、名称“一般土方开挖 Ⅲ类土”、单位“100m^3”、计算式“Q/100”；在“工料机含量”窗口直接输入编号“BCH999”、名称“初级工”、单位“工时”、定额价“5”、预算价“5”、消耗量“8”、类别“人工”，内容输入完成后，备注栏中自动显示“增”字，说明该定额是补充定额，如图 3-92 所示。点击“放回用户定额表”，则可以建立一个新定额。

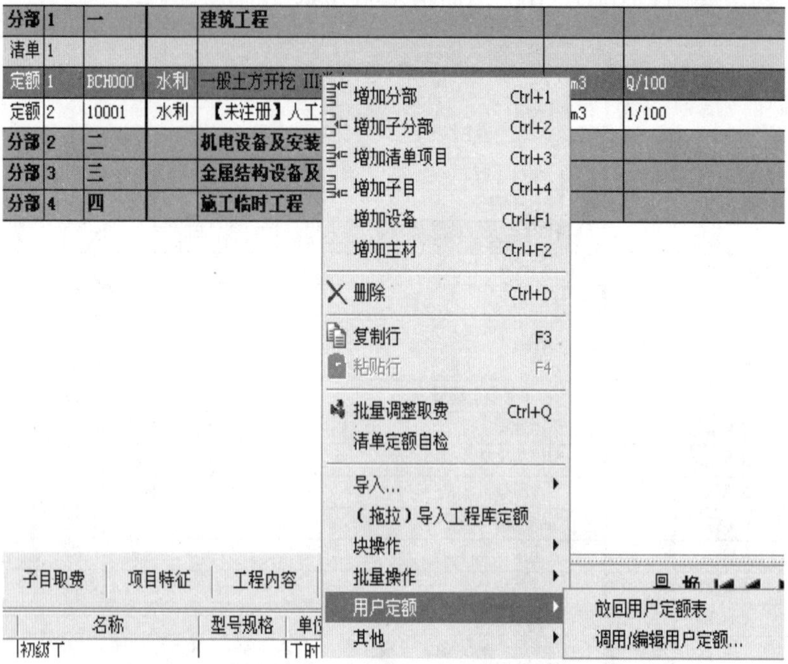

图 3-91 “用户定额”命令项

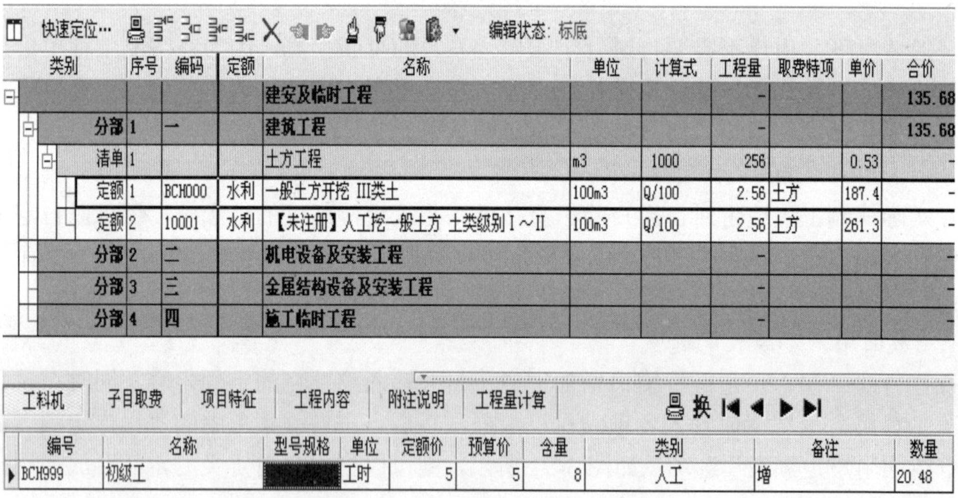

图 3-92 补充的定额内容

再点击右键菜单中的“用户定额”命令项→“调用/编辑用户定额”选项，在打开的“用户补充定额表”窗口中就可以看到新补充的定额“BCH000”，如图 3-93 所示。

2.“调用/编辑用户定额”选项

新建补充定额表后，用户可以根据工程实际需要随时进行调用或者编辑。

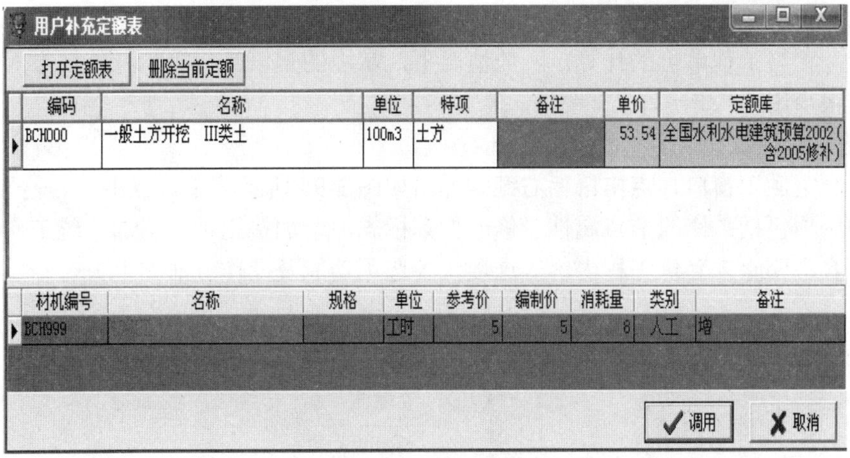

图 3-93　“用户补充定额表”

操作方法：在“套定额”窗口，点击右键菜单中的“用户定额”命令项→“调用/编辑用户定额”选项，在弹出的“用户补充定额表”窗口，如图 3-93 所示，用户可以调用或者编辑所需要的定额。但是对于补充定额工料机含量的编辑仍必须在“工料机含量”窗口中进行。

调用补充定额数据时，若遇到与当前工程的编码、名称、规格、单位相同，但价格不同时，系统会提示“选择处理方式”，如图 3-94 所示。

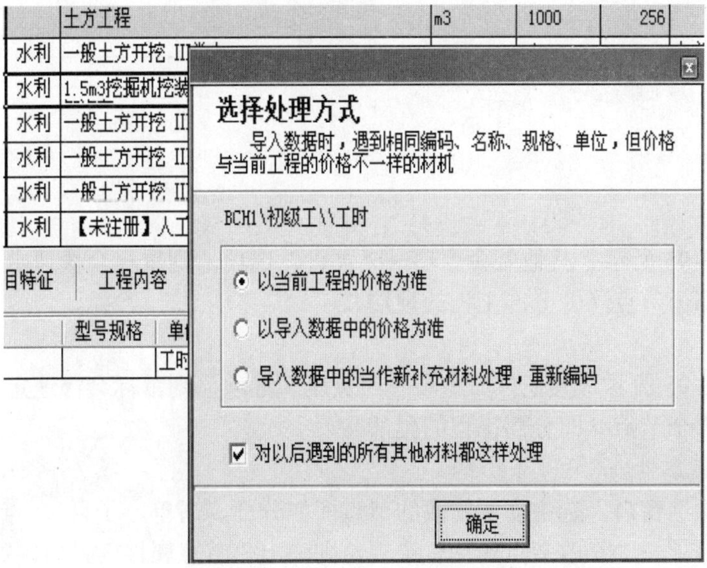

图 3-94　调用用户补充定额时处理方式选择

当选择“以当前工程的价格为准”方式时，则被调用的补充定额会采用当前工程的数据价格作为工程单价的编制基础。当选择“以导入数据中的价格为准”方式时，则被调用的补充定额会采用导入的补充定额的数据价格为基础进行工程单价计算。当选择“导入数据中的当作新补充材料处理，重新编码”处理方式时，则导入的补充定额的数据就作为新补充内容，参与工程单价的计算。一般情况下，常用的是第一、第二种处理方式，第三种处理方式很少用。

（十一）其他

在“套定额”窗口，点击鼠标右键则弹出如图 3-95 所示菜单。点击“其他”命令项，则弹出的选项包括：修改节点属性、修改换算标志、增加费用项、增加系统工作内容、增加工作内容、删除未套价工程内容等选项，各选项功能及操作方法如下。

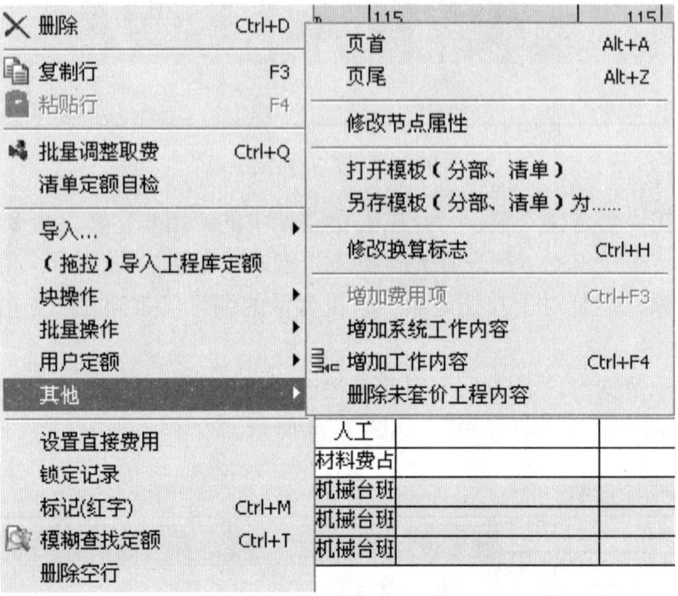

图 3-95 “其他”命令项

1. 页首

点击如图 3-95 所示“其他”命令项→“页首”选项，则鼠标会快速定位到“套定额”窗口最上边的那个节点（即分部工程的顶端）。

2. 页尾

点击如图 3-95 所示“其他”命令项→“页尾”选项，则鼠标会快速定位到“套定额”窗口最下边的那个节点（即分部工程的尾部）。

3. 修改节点属性

在“套定额”窗口，选中需要修改的节点（如分部、清单、子目），点击如图 3-95 所示“其他”命令项→“修改节点属性”选项，则弹出“节点属性”窗口，如图 3-96 所示，用户可以根据工程实际需要对节点属性进行修改。

4. 打开模板（分部、清单）

编制水利水电工程造价文件时，可以根据不同工程需要选择不同的工程模板，“打开模板”命令项如图 3-96 所示。本软件对该选项不支持打开功能，这里暂且不讲。

如果用户要打开工程模板就必须重新回到“创建工程文件”→“设置名称及模板”窗

口，选择要打开的工程模板，如图 3-97 所示。

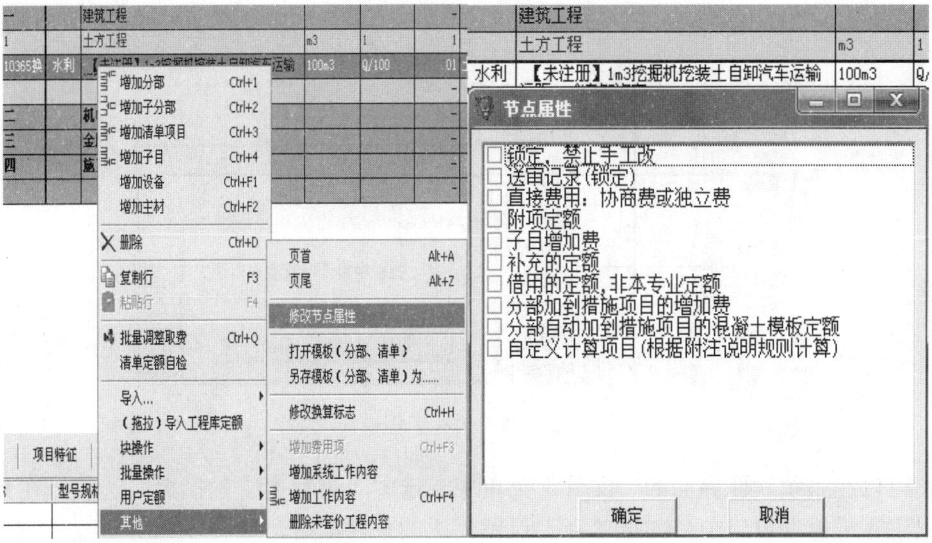

图 3-96　修改节点属性

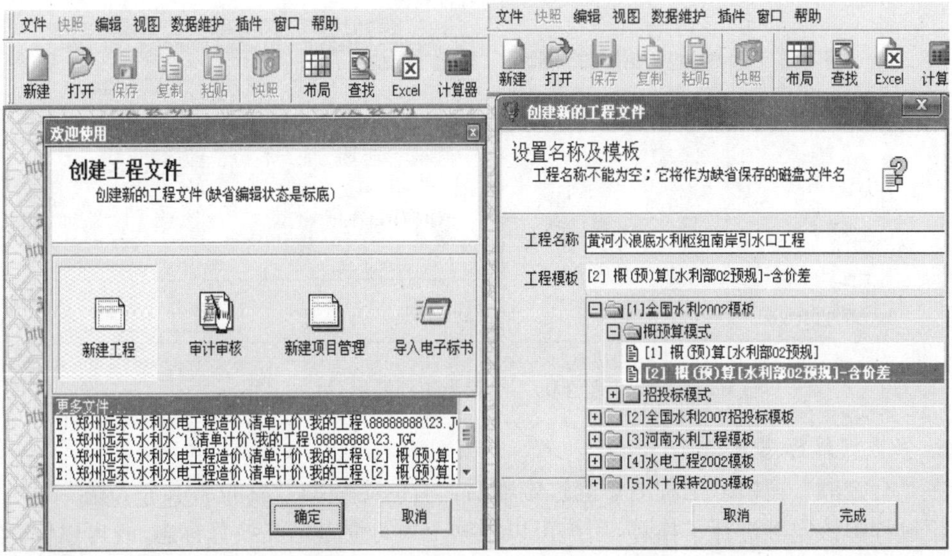

图 3-97　创建工程文件、设置工程及模板

5. 另存模板（分部、清单）为……

在“套定额”窗口，用户编制工程造价文件后，可以根据自己工作需要保存工程模板，以便于在以后的工程中随时调用。

操作方法：在“套定额”窗口，点击右键菜单中如图 3-96 所示的“其他”命令项→“另存模板（分部、清单）为”选项，则弹出“请选择”窗口，如图 3-98 所示，用户可以根据是否需要在模板中保留清单项目来选择保留的模板。如果保留清单项目模板就选择“是”

按钮，否则就选择“否”按钮。

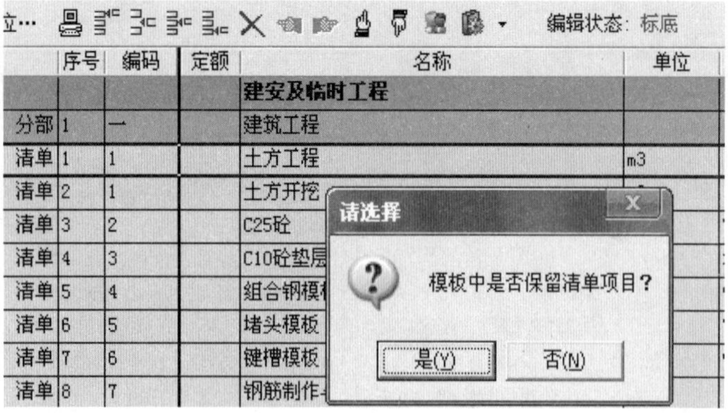

图 3-98 另存工程模板

还可以在系统软件界面的“文件”菜单中，选中“另存为工程模板”选项，在弹出的“导出工程模板”窗口中，勾选“√”保留模板的条件即可，如图 3-99 所示。

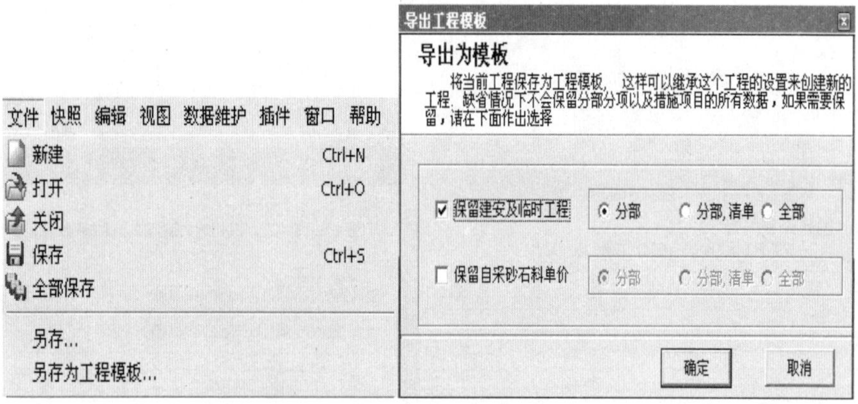

图 3-99 另存为工程模板

6. 修改换算标志

在“套定额”窗口，工程清单套过定额后，有的定额编号后面加了个“换”字，说明套定额过程中该定额进行了换算。用户可以根据个人习惯自定义换算标志，既可以保留“换”字，也可以把“换”字去掉。

操作方法：在“套定额”窗口选中定额子目，点击右键菜单中如图 3-96 所示的“其他”命令项→“修改换算标志”选项，即可把“换”字去掉。一般情况下，用户不需要修改换算标志。

7. 增加费用项

在“套定额窗口”“其他”命令项下“增加费用项”选项，如图 3-96 所示，始终处于灰色状态，表明该功能不可用。一般情况下用户不需用这个功能，所以这里暂且不讲。

8. 增加系统工作内容

随着我国国民经济的不断发展和生产力水平的不断提高，水利工程概预算定额在生产实践过程中就会与工程实际产生不一致的情况。一般来说，水利工程概预算定额每使用 5 年就应当修订一次。如果水利工程定额发生了变化，那么系统定额库数据就需要进行修改与补充，则可以使用 Ctrl+Alt+D 键打开“定额管理库”来进行编辑。但是这项工作是由软件开发人员来做，用户不能随便修改。

9. 增加工作内容

在实际工程施工过程中，有时完成一项工程需要分几个步骤来完成，所以在编制工程单价时会同时用到几个定额，这样就可以用如图 3-96 所示菜单中的“其他”命令项下的“增加工作内容”选项功能来完成。

例如：“某水利工程施工，其土方工程的施工方法是：$1m^3$ 液压挖掘机挖III类土，人工装土机动翻斗车运输 200m 弃土。”。在“套定额”窗口，点击右键菜单中“其他”命令项→“增加工作内容”选项，则增加了“内容 1”、“内容 2”， 如图 3-100 所示。然后在内容 1 中套定额“10002 人工挖一般土方 III类土”、 在内容 2 中套定额“10235 人工装土机动翻斗车运输 运距 200m”，则完成了土方工程的套定额工作。

类别	序号	编码	定额	名称	单位	计算式	工程量
				建安及临时工程			-
分部	1	一		建筑工程			-
清单	1	1		土方开挖	m3	1209.6	1209.6
内容	1			土方开挖			
定额	1	10002	水利	人工挖一般土方 土类级别III	100m3	Q/100	12.096
内容	2			土方运输			
定额	1	10235	水利	人工装土机动翻斗车运输运距200m	100m3	Q/100	12.096
清单	2	2		C25混凝土	m3	712.8	712.8
定额	1	40066换	水利	【未注册】暗渠 衬砌厚度60cm^换:纯混凝	100m3	Q/100	7.128
附	2	40155	水利	【未注册】机动翻斗车运混凝土 运距100m	100m3	(X*1.03)/100	7.342
附	3	40135	水利	【未注册】搅拌机拌制混凝土 搅拌机出料	100m3	(X*1.03)/100	7.342
清单	3	3		C10混凝土垫层	m3	39.6	39.6
清单	4	4		组合钢模板	m2	912	912
清单	5	5		堵头模板	m2	71.28	71.28
清单	6	6		键槽模板	m2	93.6	93.6
清单	7	7		钢筋制作与安装	t	1.75	1.75
清单	8	8		止水	m	115	115
清单	9	9		伸缩缝	m2	4.224	4.224
分部	2	二		机电设备及安装工程			-

图 3-100　增加工作内容

一般情况下，不采用在清单下增加工作内容的方法来套定额，而是采用在清单下直接套定额的方法，如图 3-101 所示。这两种套定额的方法计算结果完全一样。

10. 删除未套价工程内容

在实际工程中，利用造价软件编制水利水电工程造价时，对于有些工程项目会根据具体情况采用“增加工作内容”的方法套工程定额。一个工程项目，由于工程量清单项目较

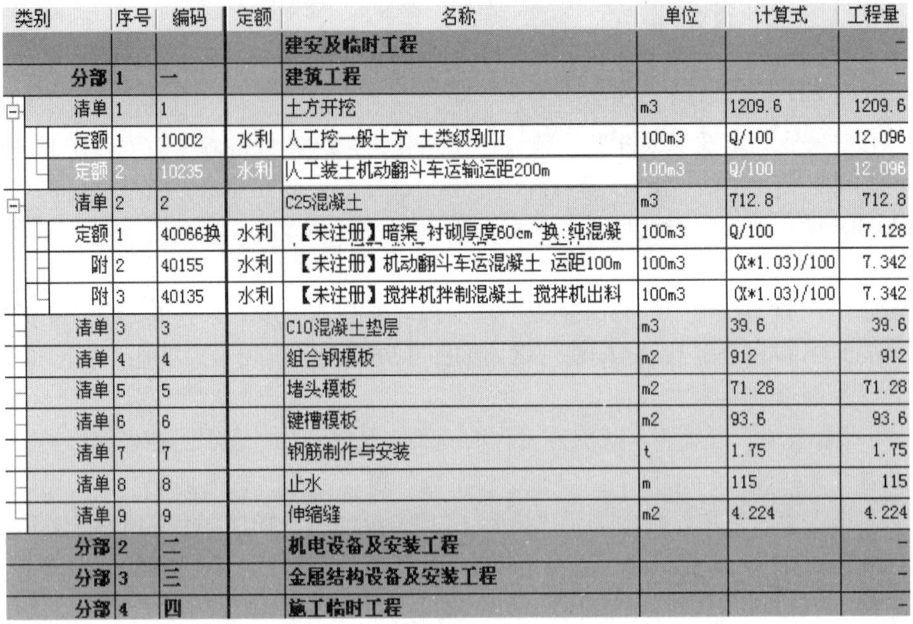

类别	序号	编码	定额	名称	单位	计算式	工程量
				建安及临时工程			-
分部	1	一		建筑工程			-
清单	1	1		土方开挖	m3	1209.6	1209.6
定额	1	10002	水利	人工挖一般土方 土类级别III	100m3	Q/100	12.096
定额	2	10235	水利	人工装土机动翻斗车运输运距200m	100m3	Q/100	12.096
清单	2	2		C25混凝土	m3	712.8	712.8
定额	1	40066换	水利	【未注册】暗渠 衬砌厚度60cm~换:纯混凝	100m3	Q/100	7.128
附	2	40155	水利	【未注册】机动翻斗车运混凝土 运距100m	100m3	(X*1.03)/100	7.342
附	3	40135	水利	【未注册】搅拌机拌制混凝土 搅拌机出料	100m3	(X*1.03)/100	7.342
清单	3	3		C10混凝土垫层	m3	39.6	39.6
清单	4	4		组合钢模板	m2	912	912
清单	5	5		堵头模板	m2	71.28	71.28
清单	6	6		键槽模板	m2	93.6	93.6
清单	7	7		钢筋制作与安装	t	1.75	1.75
清单	8	8		止水	m	115	115
清单	9	9		伸缩缝	m2	4.224	4.224
分部	2	二		机电设备及安装工程			-
分部	3	三		金属结构设备及安装工程			-
分部	4	四		施工临时工程			-

图 3-101 在“套定额”窗口直接套定额

多，所以编制工程单价的工作量也较大。套完定额后，清单中会存在一些没套定额的“内容”，如果一一删除这些“内容”，工作量较大，因此用户可以采用“删除未套价工程内容”选项进行快速删除。

操作方法：在“套定额”窗口，点击右键中如图 3-96 所示“其他”命令项→“删除未套价工程内容”选项，则“套定额”窗口中所有没套定额的“内容”全部被删除。

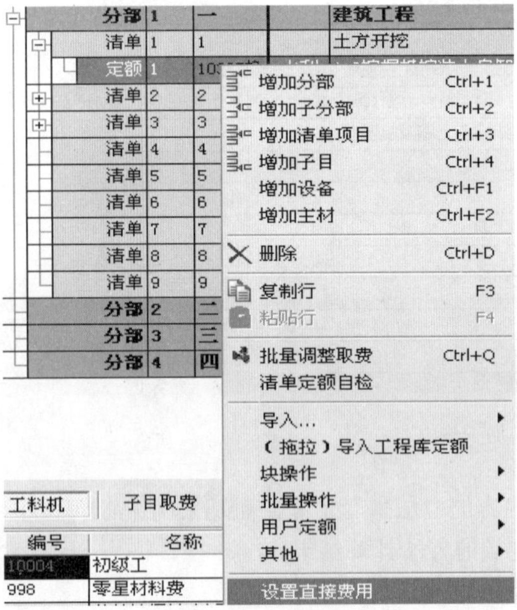

图 3-102 设置直接费命令项

（十二）设置直接费用

所谓直接费用，即是构成工程单价中的直接费（包括人工费、材料费、机械费）或其他费均可手工直接输入，不需要通过子目工料机和取费程序计算生成。

在实际编制工程单价时，为了满足工程需要，对有些工程清单项目可以采用“直接费用”来编制单价的方法以达到工程目的。那么利用水利水电工程造价软件就可以快速的进行编制。

操作方法：在“套定额”窗口左键选中所套定额，再点击右键菜单中如图 3-102 所示“设置直接费”命令项，在弹出的“设置直接费”窗口中的单价输入区内输入“直接费用”的数值并点击“确定”按钮即可，如图 3-103 所示。返回到“套定额”窗口打开被设置直接费的定额，就可以看到“类别”列的“定额”两字变成了“费”字，说明定额已被设置成了直接费，而定额所对应的“工料机含量”也同时被删除。那么系统会按照输入的“直接费用值”和“设定的取费程序”进行取费并计算工程单价。

如果想还原被设置成直接费用的定额，可以在“套定额”窗口选中定额，点击右键菜单中“设置成普通条目”命令项，在“设置直接费用”窗口，如图 3-103 所示，勾选“设置成普通条目”并点击“确定”按钮，再返回到“工料机含量”窗口点击“换”按钮，即可进行定额的还原。

下面举例说明定额“设置直接费”与“定额还原”的操作步骤。

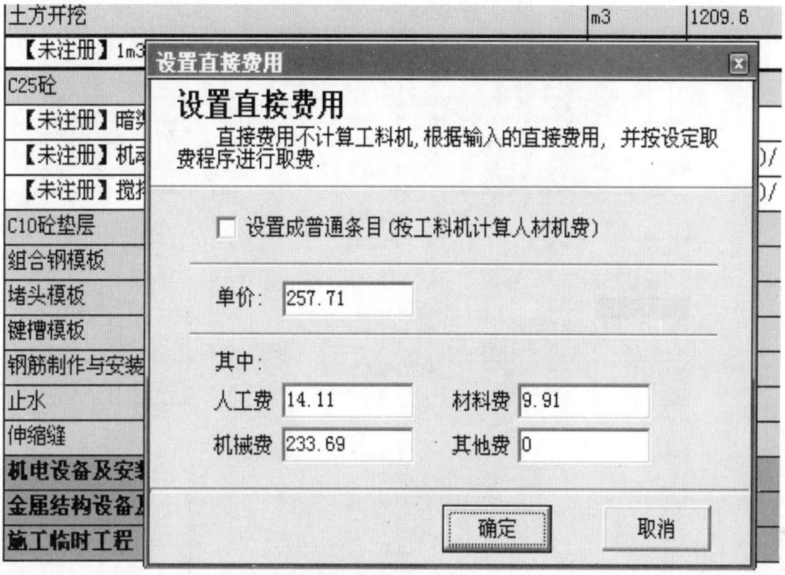

图 3-103　设置直接费用

【例 3-8】编制某水利工程项目土方工程单价时，所套工程定额为“编号 10365”，施工方法为“1m^{3}挖掘机挖装土，5t 自卸汽车运输 1km 弃土”。编制该土方工程单价时，所采用的直接费是 200 元/100 m^3。

【解】　“设置直接费用”命令项使用方法操作步骤如下：

第一步：套工程定额。在“套定额”窗口，输入工程量清单“土方开挖”，并套入工程定额“编号 10365”，如图 3-104 所示。

第二步：设置直接费用。选中工程定额“10365”，点击右键打开菜单中“设置直接费用”命令项，如图 3-105 所示，则弹出“设置直接费用”窗口，如图 3-106 所示。

第三步：输入直接费用。在“设置直接费用”窗口如图 3-106 所示，把单价 257.71（元/m^3）改为单价 200（元/m^3），如图 3-107 所示，再点击“确定”按钮，则自动返回到“套定额”窗口。

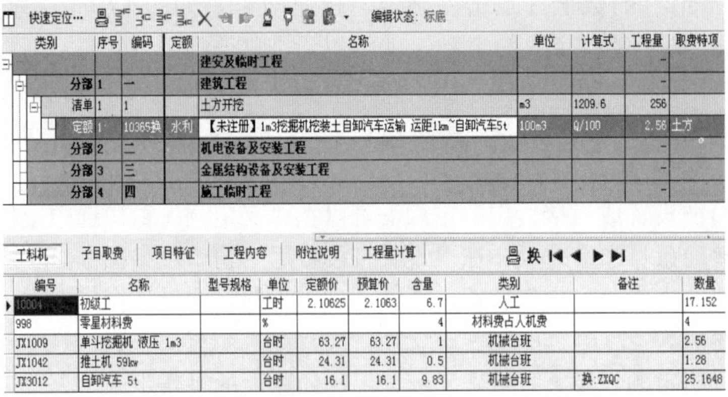

图 3-104 套定额

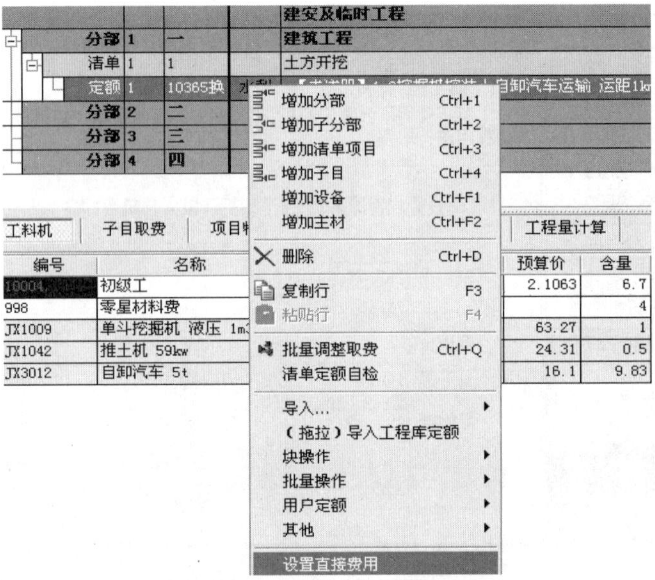

图 3-105 设置直接费用

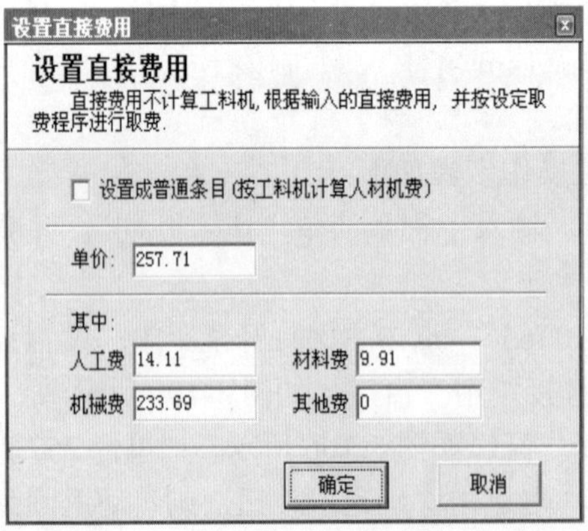

图 3-106 设置直接费用窗口

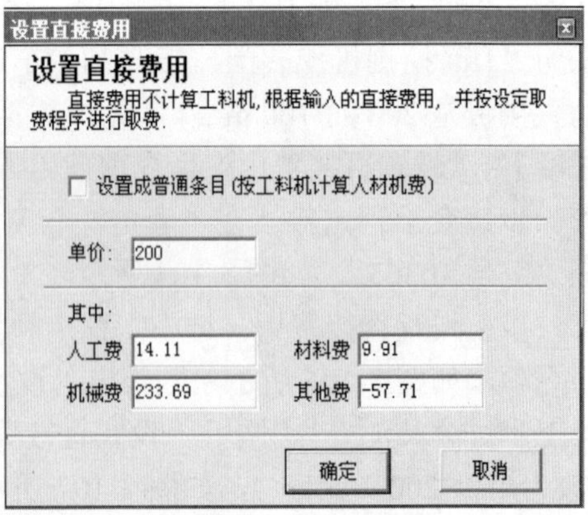

图 3-107 设置直接费用窗口

在“工料机含量”窗口，可以看到被“设置直接费用”的定额工料机已经被删除，如图 3-108 所示。

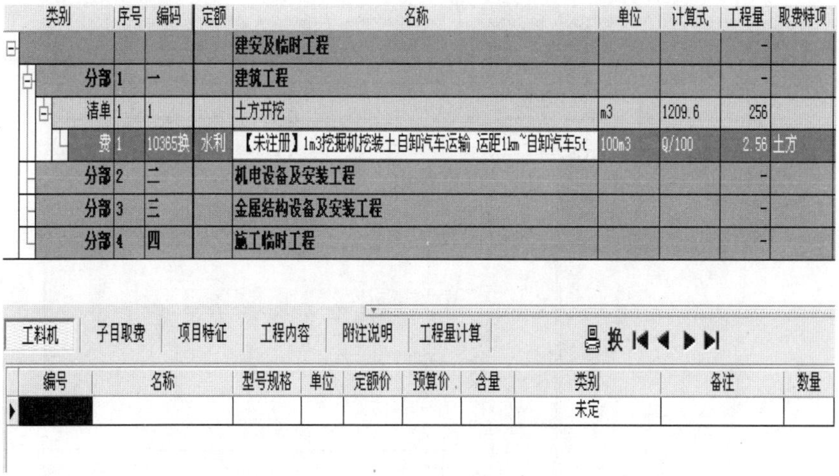

图 3-108　“工料机含量”已经被删除

第四步：还原定额。在套定额窗口，选中已被“设置直接费用”的定额“编号 10365”，点击右键，在下拉菜单中“设置成普通条目”命令项，如图 3-109 所示，则弹出“设置直接费用”窗口，如图 3-107 所示。

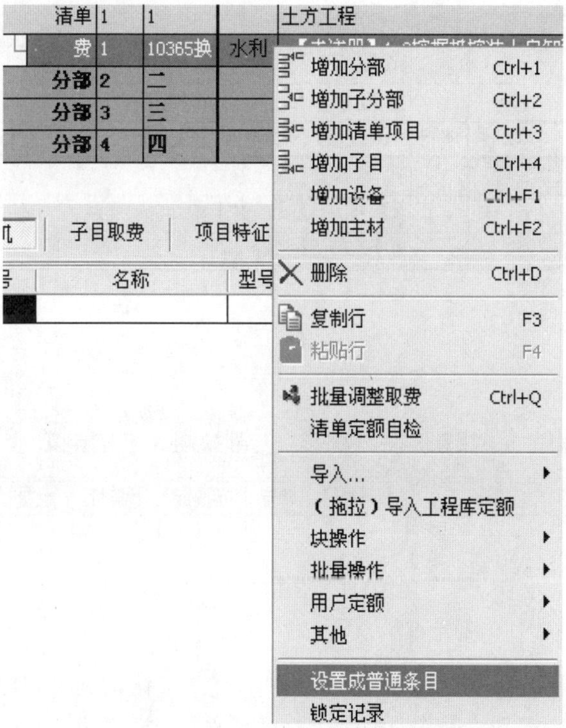

图 3-109　选中“设置成普通条目”

勾选“设置成普通条目”按钮，如图 3-110 所示，再点击“确定”按钮就可以返回到“套定额”窗口，如图 3-111 所示。

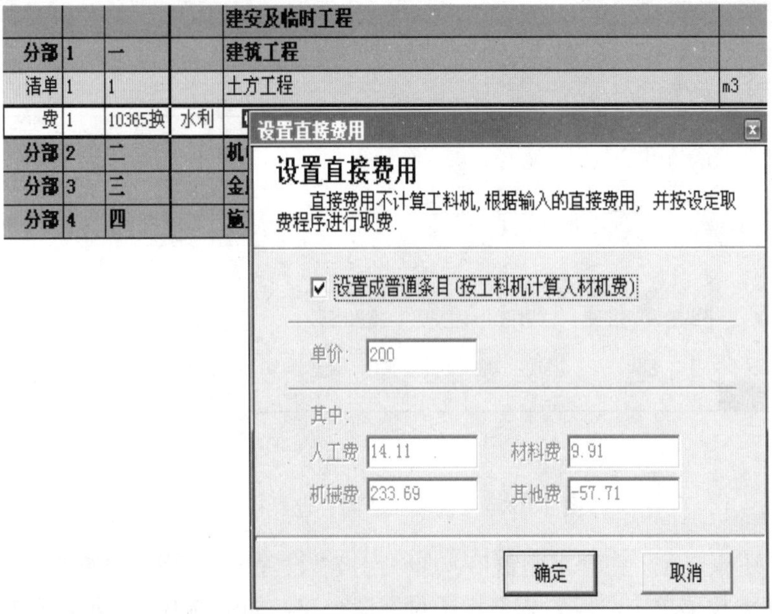

图 3-110 勾选“设置成普通条目”

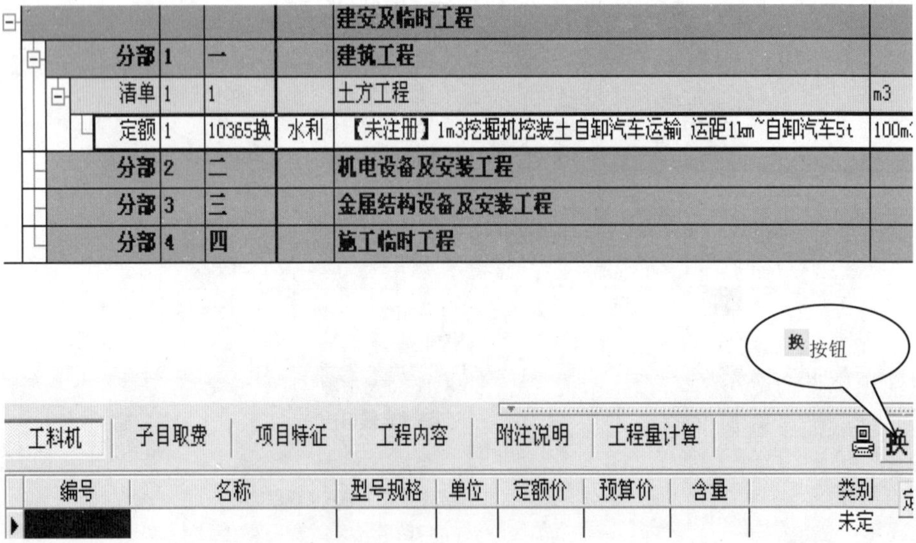

图 3-111 点击“换”按钮

第五步：在套定额窗口，点击如图 3-111 所示 换 按钮，则又弹出如图 3-112 所示套定额时的条件选择窗口，选择“5t 自卸汽车、Ⅲ类土”，然后点击“确定”按钮，则定额又被还原为如图 3-104 所示的原始定额。

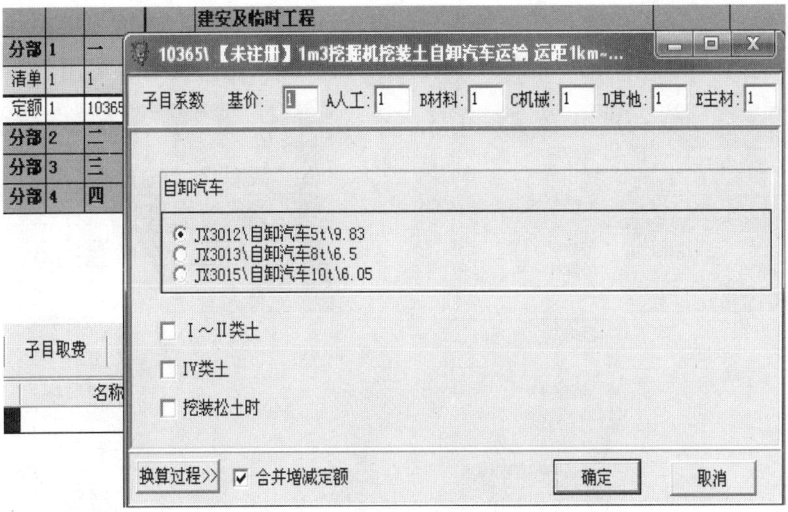

图 3-112　选择 5t 自卸汽车及土类级别

（十三）锁定记录

“锁定记录”是指使记录处于锁定状态，并用粗体显示，同时其计算基础、引用号等部分被锁定的内容不能修改。

在“套定额”窗口，锁定记录仅仅是针对分部工程而言，分部工程都处于系统默认的锁定状态。用户可以根据工程实际情况，对分部工程进行增加或删除。但是删除分部工程时，必须对该分部工程解除锁定，否则不能删除。处于锁定状态下的记录，“删除”命令项显示的是灰色，如图 3-113 所示，说明该记录不能被删除。

一般情况下，锁定记录是不允许取消锁定的。如果记录被取消了锁定，记录里面起“链接程序”的内容可能会被用户不小心删除掉，这样该记录里面的数据就不会再被引用了。

如果要取消记录的锁定，可以在“套定额”窗口选中需要被取消锁定的记录，点击右键菜单中“取消锁定”命令项，如图 3-114 所示，则选择的记录被取消了锁定。

例如，取消“分部 1 建筑工程”锁定的操作方法。选中“分部 1 建筑工程”，点击鼠标右键显示如图 3-114 所示菜单，选中菜单中“取消锁定”命令项，则“分部 1 建筑工程”被取消了锁定。记录在取消锁定状态下，菜单中的“删除”命令项则显示为红色，说明可用。如果要重新锁定“分部 1 建筑工程”，可以选中已被取消锁定的“分部 1 建筑工程”，点击鼠标右键显示如图

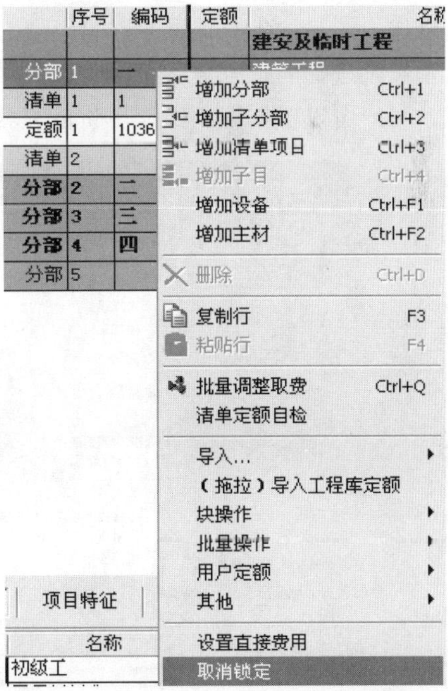

图 3-113　“取消锁定”命令项

3-115 所示菜单，选中菜单中“锁定记录”命令项，则“分部 1 建筑工程”被重新锁定。记录在锁定状态下，菜单中的“删除”命令项则显示为灰色，说明不可用。

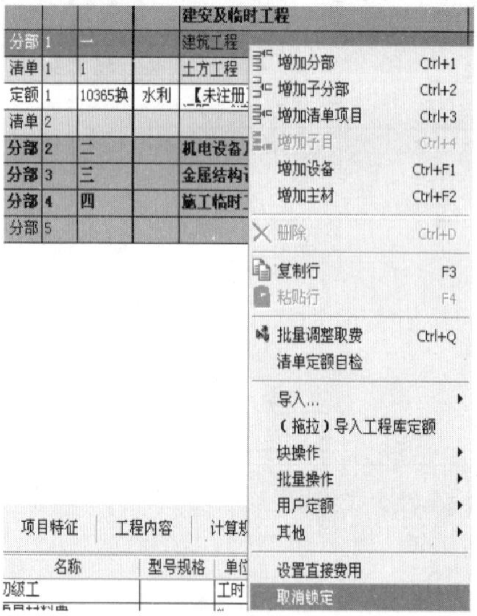

图 3-114 “取消锁定”命令项

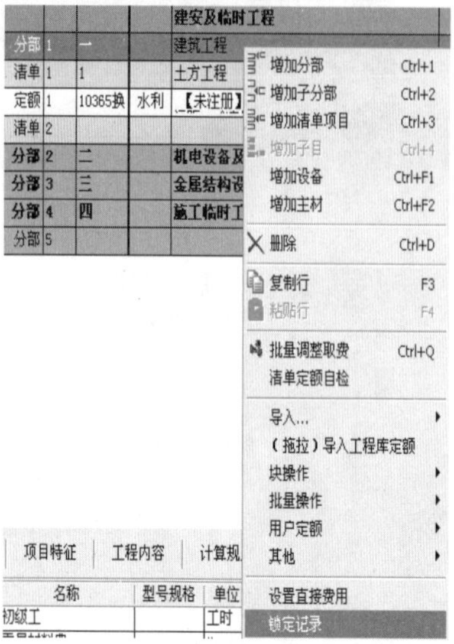

图 3-115 “锁定记录”命令项

（十四）标记（红字）

在实际编制工程造价时，对工程量清单、所套的工程定额等内容会根据工程的实际情况经常进行修改，对于修改过的内容可以用红色标记来进行提示。

在“套定额”窗口，如果用户增加、修改了记录，那么想要为变动过的记录做标记，其操作方法是：选中需要标记的记录，点击右键菜单中“标记（红字）”命令项，如图 3-116 所示，则选择的记录被做了标记，做了标记的记录全部以红色字体显示，这样便于用户查找。用户可以根据编制工程单价的具体情况实时选择标记功能。

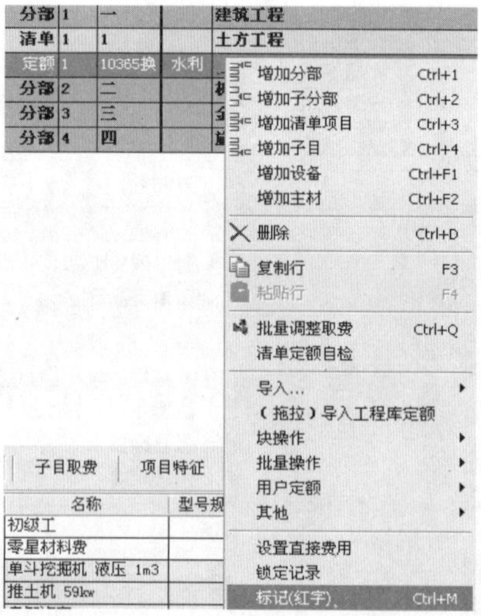

图 3-116 标记命令项

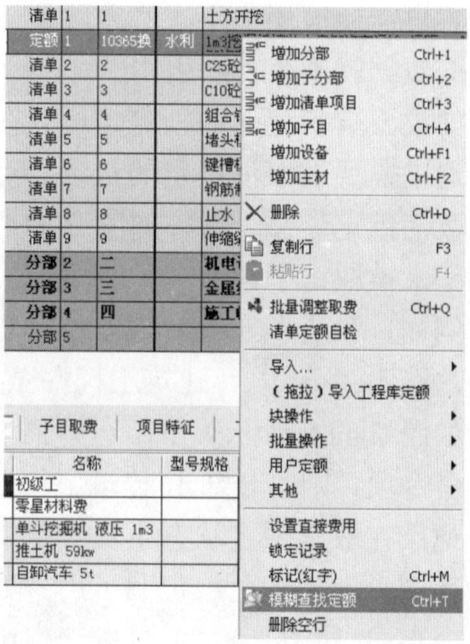

图 3-117 “模糊查找定额”命令项

（十五）模糊查找定额

在“套定额”窗口，点击鼠标右键显示“模糊查找定额”命令项，如图3-117所示。左键单击“模糊查找定额”命令项，则弹出“搜索”窗口，如图3-118所示。在“关键词”区域内输入要查找定额的关键词，例如：在关键词区域内输入“1m^{3}挖掘机挖装土自卸汽车运输”关键词，再点击“查找”按钮，则可以在搜索界面内列出所有与关键词有关的定额：

10365\1m^{3}挖掘机挖装土自卸汽车运输 运距1km\100m^3；

10366\1m^{3}挖掘机挖装土自卸汽车运输 运距2km\100m^3；

⋮

B10370\1m^{3}挖掘机挖装土自卸汽车运输 运距>10km 增运1km \100m^3；

用户可以根据工程实际需要，在选中的定额上双击或者选中定额后点击“选择”按钮可将该定额输入到当前工程中。利用“模糊查找定额”功能则可以快速的找到所需要的定额。

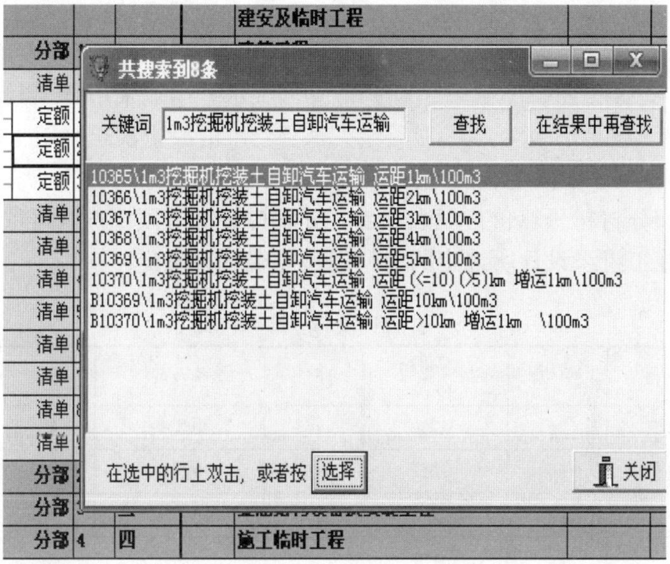

图3-118　定额搜索窗口

（十六）删除空行

在如图3-117所示的菜单中，利用“删除空行”命令项，可以同时删除“套定额”窗口中所有无意义的多个空行。

（十七）复制行、粘贴行

在如图3-117所示的菜单中，利用“复制行”或者“粘贴行”命令项，可以同时多行复制或者粘贴“套定额”窗口中所需要操作的工程清单项目和所套的定额。

五、软件程序的运用

在“建安及临时工程”插页，重点介绍了界面“工具栏”按钮的功能及其使用方法，“项目指引”窗口的主要内容，“套定额”窗口右键菜单中命令项的功能及其使用方法等。

下面结合工程实例详细的介绍如何运用造价软件套工程定额。

【例 3-9】中南地区某引水涵洞工程，其基础土质为Ⅲ类土，涵洞全长 120m，横断面如图 3-119 所示。涵洞混凝土强度等级为 C25（三级配 42.5 号水泥，骨料采用碎石、粗砂），垫层混凝土强度等级为 C10（二级配 32.5 号水泥，骨料采用碎石、粗砂），每 10m 设一伸缩缝（三毡四油），内设止水（橡胶止水）。

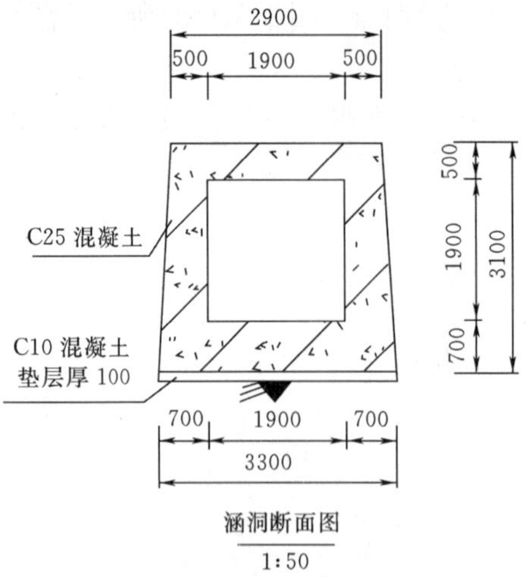

图 3-119 涵洞横断面图

其他基础资料如下。

1. 土方开挖工程

施工方法：采用 $1m^3$ 挖掘机挖装土，5t 自卸汽车运至 1km 处弃土。

2. 涵洞 C25 混凝土工程

施工方法：混凝土拌制采用搅拌楼拌制混凝土 搅拌楼容量 $2\times1.0m^3$；混凝土水平运输采用 5t 自卸汽车运 1km 入仓；混凝土浇筑采用 1.1kW 插入式振动器振捣，$6.0m^3/min$ 风水枪凿毛、清洗。

工程中所用部分材料预算价格见表 3-3，所需其他材料预算价格可依据工程所在地区实际情况，以及施工组织设计所选定的材料运输方式进行确定。

表 3-3 **材料预算价格表**

序号	名称及规格	单位	预算价格(元)	序号	名称及规格	单位	预算价格(元)
1	水泥 32.5	kg	0.31	15	电焊条	kg	5.00
2	水泥 42.5	kg	0.35	16	锯材	m^3	1200.00
3	柴油	kg	5.569	17	PVC 管	m	25.00
4	汽油	kg	6.414	18	铁件	kg	4.50
5	电	kW·h	0.85	19	铁钉	kg	5.00
6	水	m^3	1.00	20	油毛毡	m^2	3.40
7	风	m^3	0.15	21	沥青	t	3000.00
8	碎石	m^3	85	22	木柴	t	800.00
9	砂子	m^3	70	23	钢棒	kg	4.60
10	合金钻头	个	35.00	24	橡胶止水带	m	85
11	土工布	m^2	5.00	25	预埋铁件	kg	4.50
12	组合钢模板	kg	4.50	26	钢筋	t	3100
13	卡扣件	kg	4.00	27	铁丝	kg	4.5
14	型钢	kg	4.50	28	混凝土	m^3	301.95

4. 工程量清单见表3-4。

表3-4 工 程 量 清 单

编号	项目名称	单位	数量	单价（元）	合价（元）
1	土方开挖	m^3	1209.60		
2	C25混凝土	m^3	712.80		
3	C10混凝土垫层	m^3	39.60		
4	组合钢模板	m^2	912.00		
5	堵头模板	m^2	71.28		
6	键槽模板	m^2	93.60		
7	钢筋制作与安装	t	1.75		
8	止水	m	115		
9	伸缩缝	m^2	4.22		
合 计________元					

要求依据水利部现行《水利建筑工程预算定额》（2002年），运用水利水电工程造价软件给表3-4所示的工程量清单套定额。

【解】使用水利水电工程造价软件套工程定额的操作步骤如下：

第一步：套工程量清单。

在“套定额”窗口，输入（或者导入）表3-4所示的工程量清单。如果工程量清单有电子表格的形式，则可以导入，否则就直接输入。本例题有电子表格形式的工程量清单，所以可以直接导入。

在“套定额”窗口，点击鼠标右键可显示下拉菜单，如图3-120所示。点击“导入”命令项→“导入电子表格”选项。

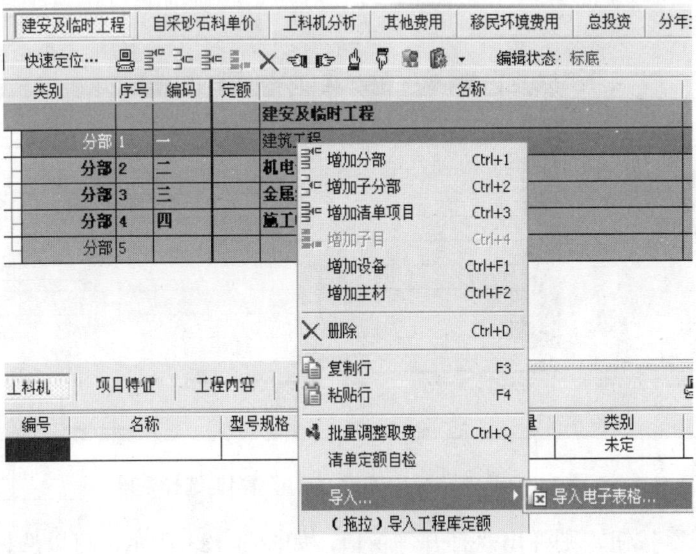

图3-120 “导入”命令项

第二步：导入 Excel 数据（即工程量清单）。

在“套定额”窗口，点击如图 3-120 所示“导入电子表格”选项后，则弹出“导入 EXCEL 文件”窗口，如图 3-121 所示。

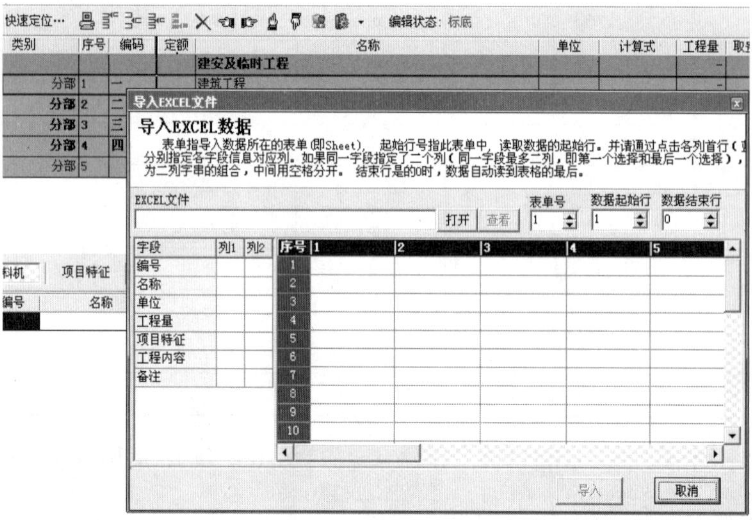

图 3-121 “导入 EXCEL 文件”窗口

在如图 3-121 所示“导入 EXCEL 文件”窗口，选择与工程量清单一致的需要导入的列字段：“1-编号”、“2-名称”、“3-单位”、“4-工程量”， 如图 3-122 所示。

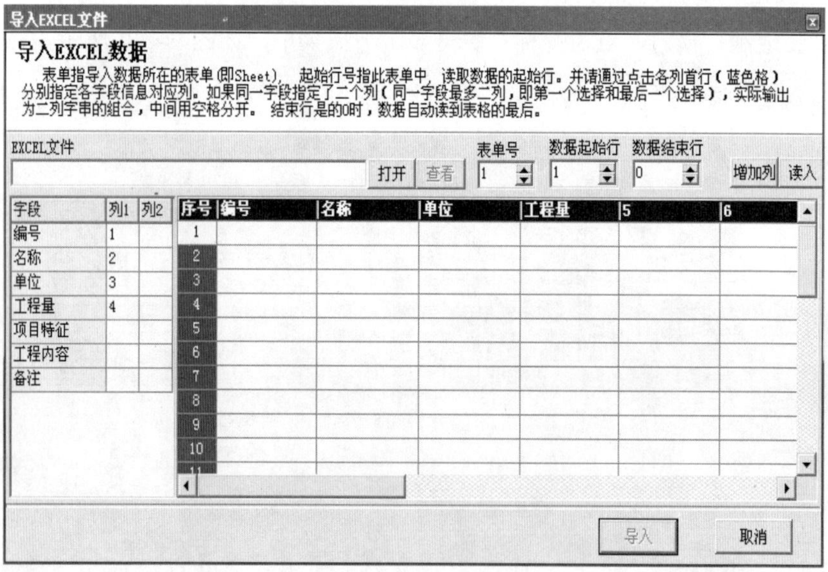

图 3-122 “导入 EXCEL 文件”窗口-选择字段

点击“打开”按钮，则弹出“打开”窗口，如图 3-123 所示，可以选择要导入的工程量清单，如“案例 1.xls”。

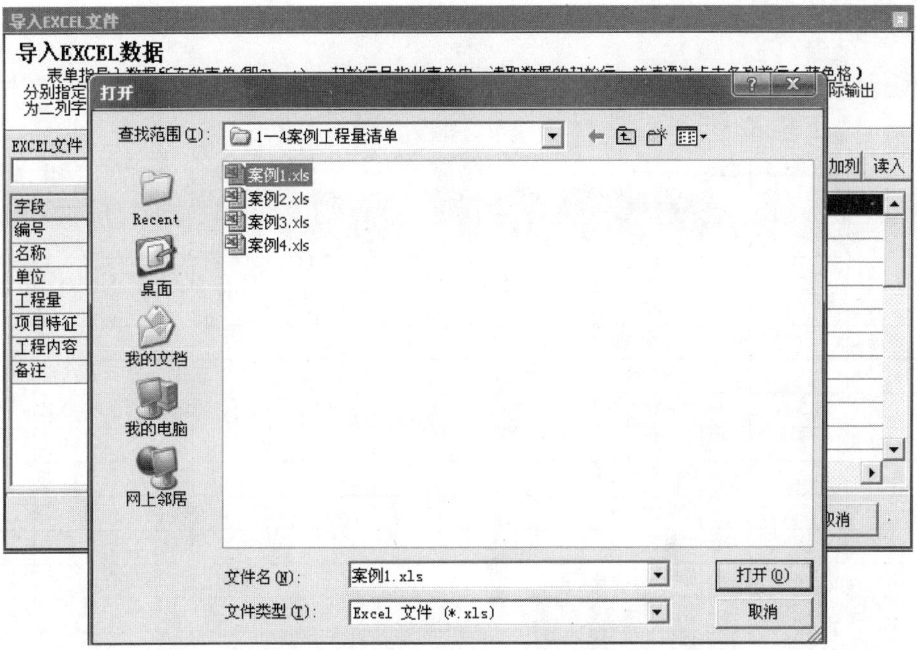

图 3-123　导入工程量清单 EXCEL 表格

点击“打开”按钮，则弹出“导入 EXCEL 文件”窗口，如图 3-124 所示。要导入的工程量清单的起始行是第三行“土方开挖”，所以数据起始行确定为“3”，数据结束行任何时候都可以设为“0”。最后再点击“导入”按钮，即可以导入工程量清单。

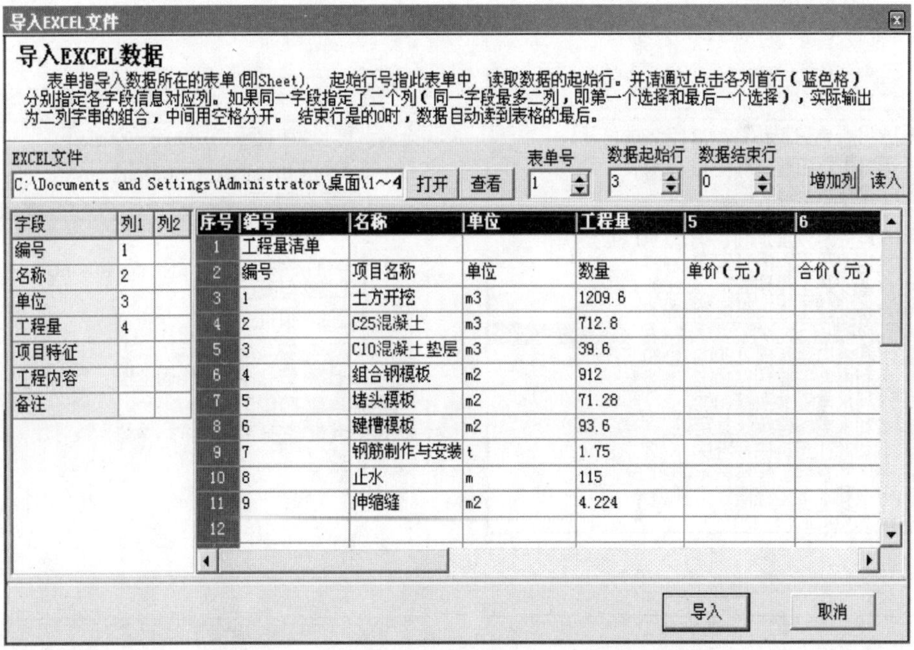

图 3-124　打开后的工程量清单 EXCEL 表格

导入后的工程量清单如图 3-125 所示。

图 3-125 导入后的工程量清单

第三步：利用水利水电工程造价软件套工程定额。

在“项目指引”窗口列表中选择需要的定额库：《全国水利水电建筑预算 2002（含 2005 修补）》定额，如图 3-126 所示。

图 3-126 选择定额窗口

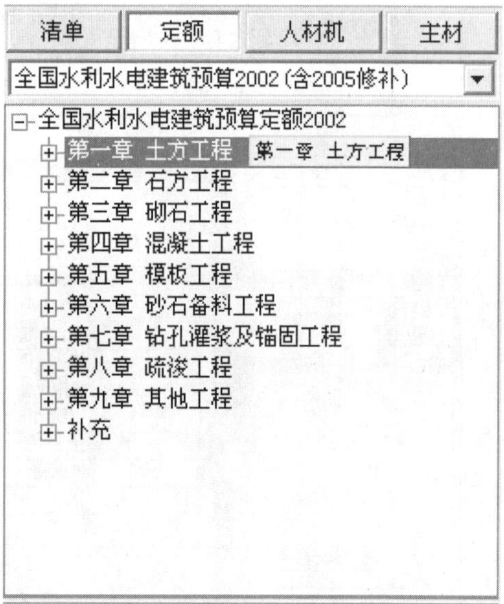

图 3-127 定额列表窗口

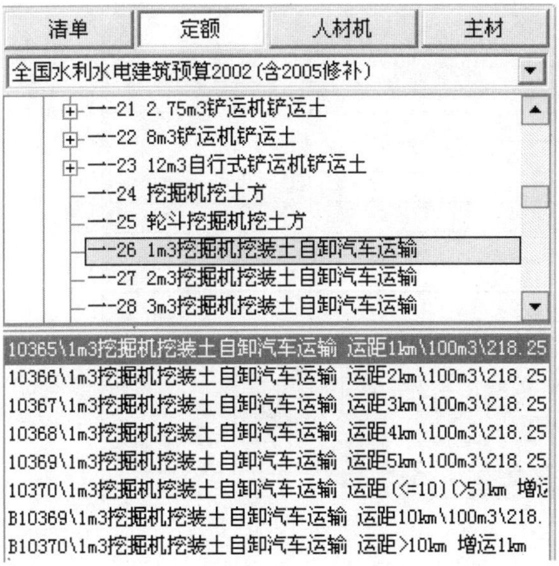

图 3-128　定额子目窗口

1. 清单 1 套定额

在“套定额”窗口，选中清单 1，再在“定额列表”窗口选择“第一章 土方工程”，如图 3-127 所示。打开“第一章 土方工程”后，选择“一-26\1m^3 挖掘机挖装土自卸汽车运输”，在如图 3-128 所示“定额子目窗口”选择定额“10365\1m^3 挖掘机挖装土自卸汽车运输运距 1km\100m^3”后双击，则弹出如图 3-129 所示窗口。

在如图 3-129 所示窗口中，选择“5t 自卸汽车”后点击“确定”按钮，清单 1 下就套入了定额“10365”，如图 3-130 所示。

2. 清单 2 套定额

在“套定额”窗口，选中清单 2，再在“定额列表”窗口选择“第四章 混凝土工程”，如图 3-131 所示。打开“第四章 混凝土工程”后，选择“四-12 暗渠”，在“定额子目”窗口选择定额子目“40066 暗渠 衬砌厚度 60cm\100m^3”后双击，则弹出如图 3-132 所示“选择混凝土配合比”窗口。

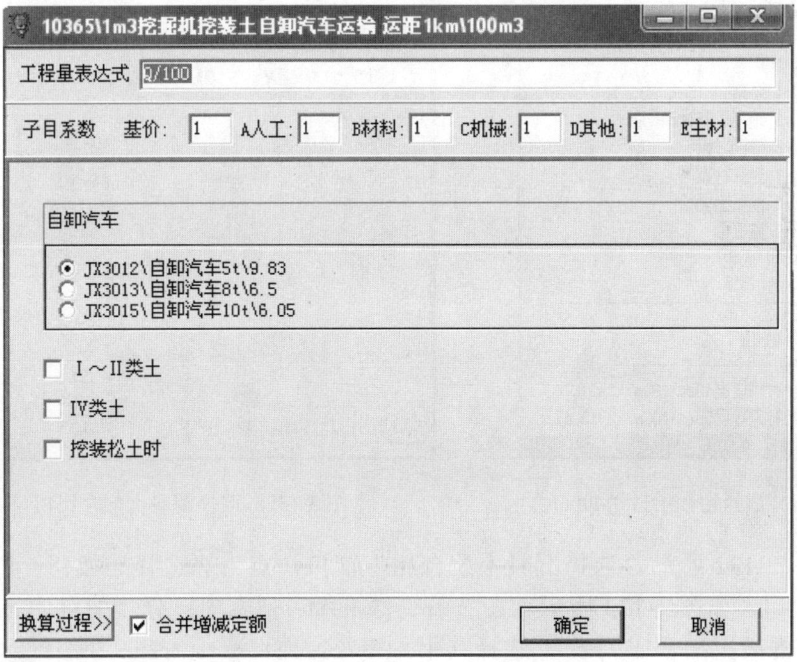

图 3-129　选择自卸汽车、土类级别窗口

图 3-130 清单 1 套定额“10365”

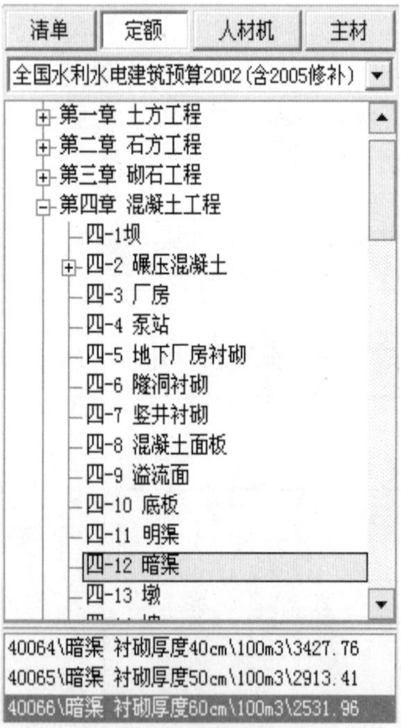

图 3-131 选择定额子目“40066”

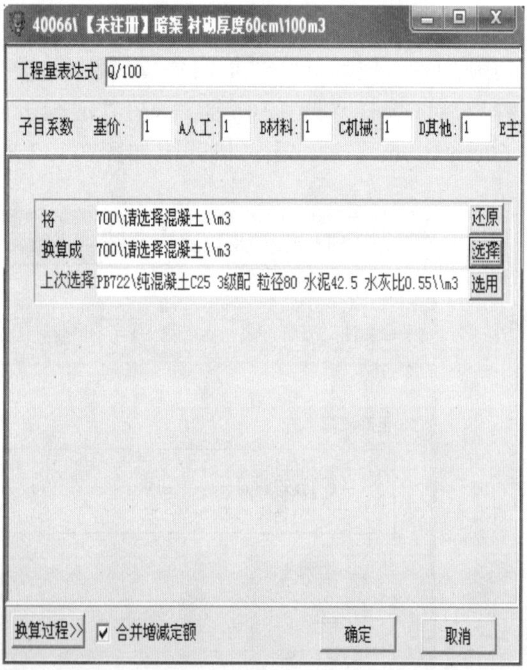

图 3-132 选择混凝土配合比窗口

在如图 3-132 所示“选择混凝土配合比”窗口，点击“选择”按钮，则弹出“项目指引”窗口，如图 3-133 所示。在“系统材机库”列表中选择“配合比-纯混凝土”，可以打开“混凝土配合比列表”，选择其中“PB722 纯混凝土 C25　3 级配 粒径 80 水泥 42.5 水灰比 0.55”后双击或者点击“插入”按钮即可插入混凝土 C25，如图 3-134 所示。

图 3-133　选择混凝土配合比 PB722

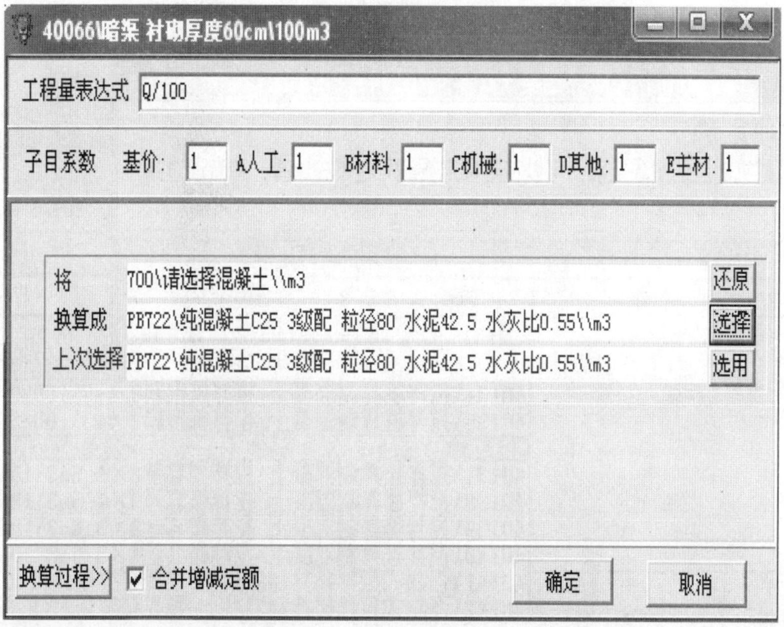

图 3-134　选择后插入的混凝土配合比 PB722

在如图 3-134 所示窗口中，点击“确定”按钮，弹出“选用附项定额”窗口，如图 3-135 所示。

在如图 3-135 所示“混凝土拌制”后面的编号列，点击“▼”图标按钮，打开“混凝土拌制”定额列表，如图 3-136 所示。选择“混凝土拌制”定额“40136 搅拌楼拌制混凝

土 搅拌楼容量 $2\times1.0m^3\backslash100m^3$” 后，点击进行选用。

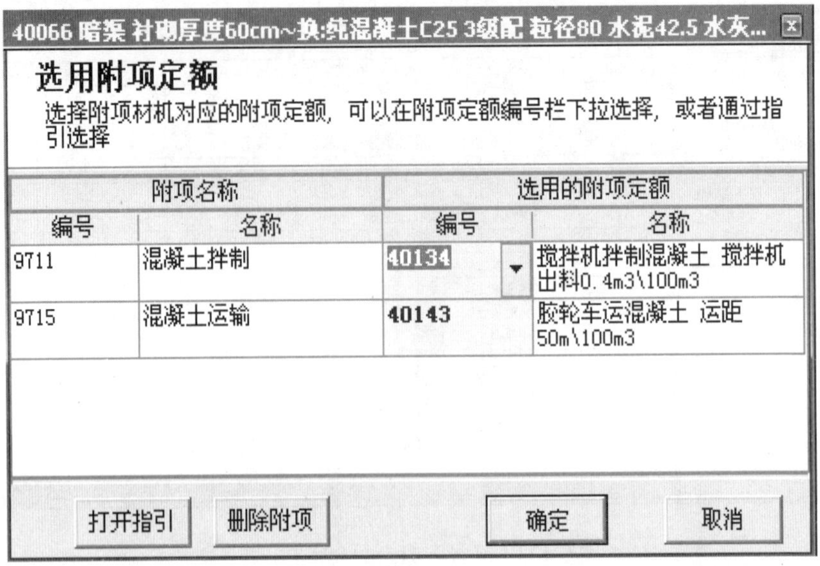

图 3-135 “混凝土拌制”、“混凝土运输”

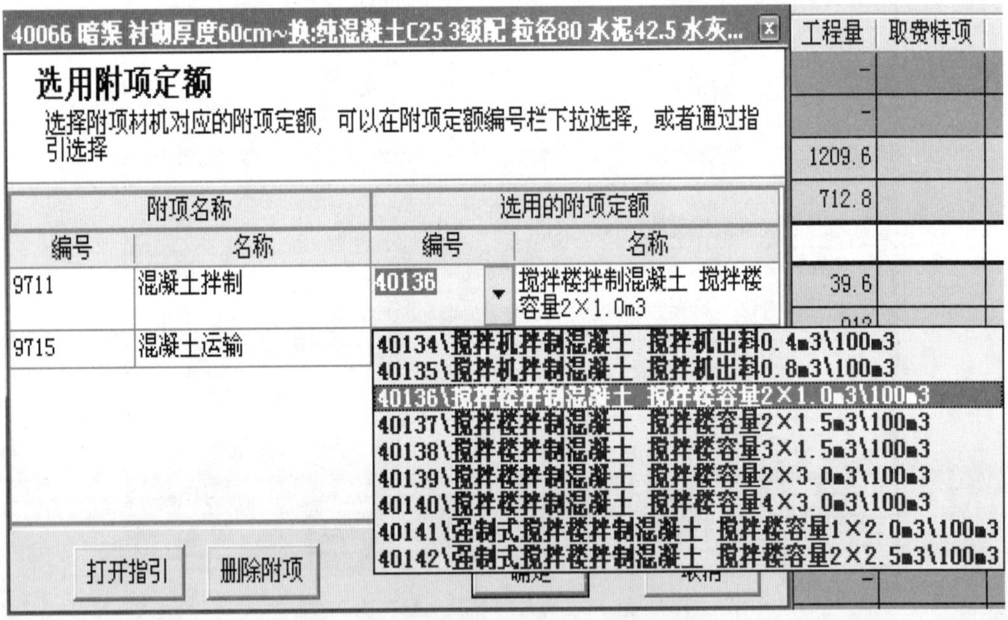

图 3-136 选择混凝土拌制定额

在如图 3-135 所示“混凝土运输”后面的编号列，也可以点击▼图标按钮打开“混凝土运输”定额列表，如图 3-137 所示。选择“混凝土运输”定额“40167 自卸汽车运输混凝土 运距 $1km\backslash100m^3$” 后，点击进行选用。

选择混凝土浇筑定额附项后的窗口如图 3-138 所示。点击“确定”按钮，弹出“混凝土运输”附项的选择条件窗口，如图 3-139 所示。

图 3-137 选择混凝土运输定额

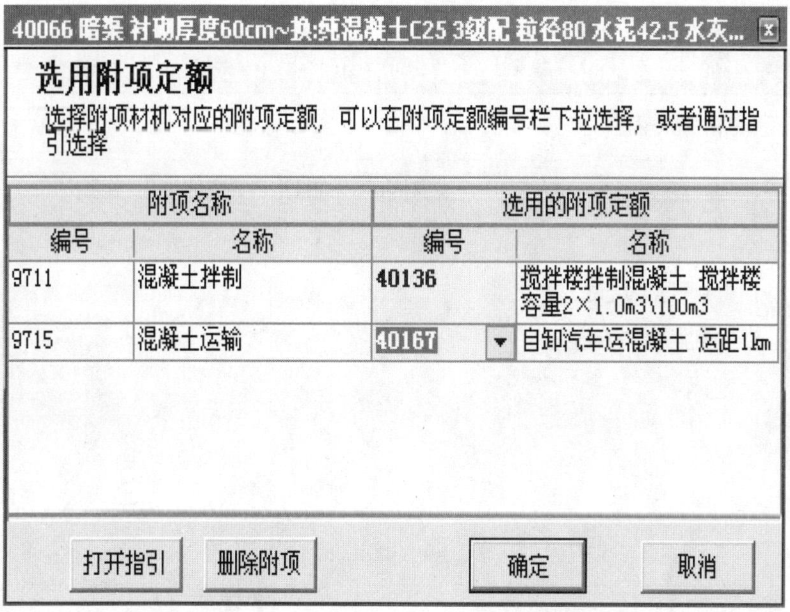

图 3-138 选择“混凝土拌制”、“混凝土运输”后的窗口

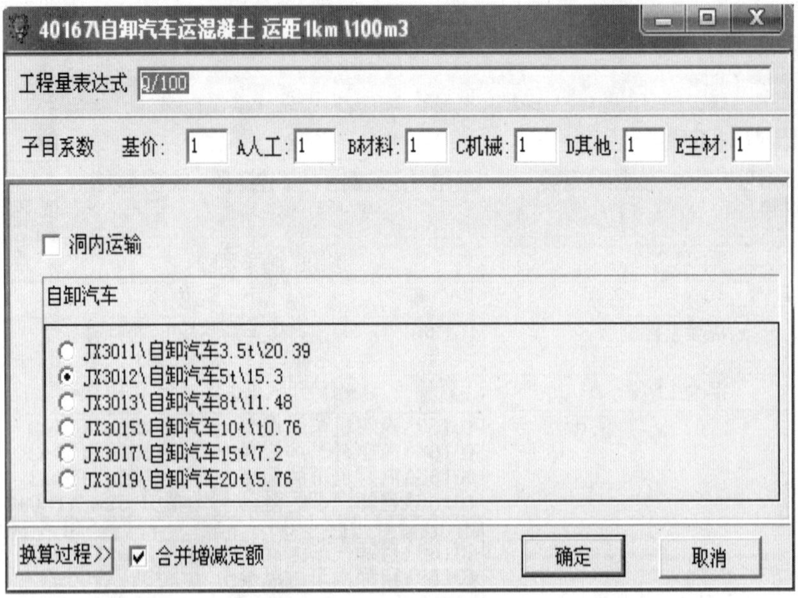

图 3-139 选择混凝土运输机械自卸汽车 5t 型号

在如图 3-139 所示窗口，选择“自卸汽车 5t”，混凝土运输为露天，所以“洞内运输”不用勾选，然后点击“确定”按钮即进入“混凝土拌制“附项的选择条件“拌制碾压混凝土”或者“拌制加粉煤灰混凝土”， 如图 3-140 所示。根据本题条件，两者都不勾选，最后点击“确定“按钮，则完成了工程项目清单 2 的套定额操作，工程项目清单 2 套完定额后的窗口，如图 3-141 所示。

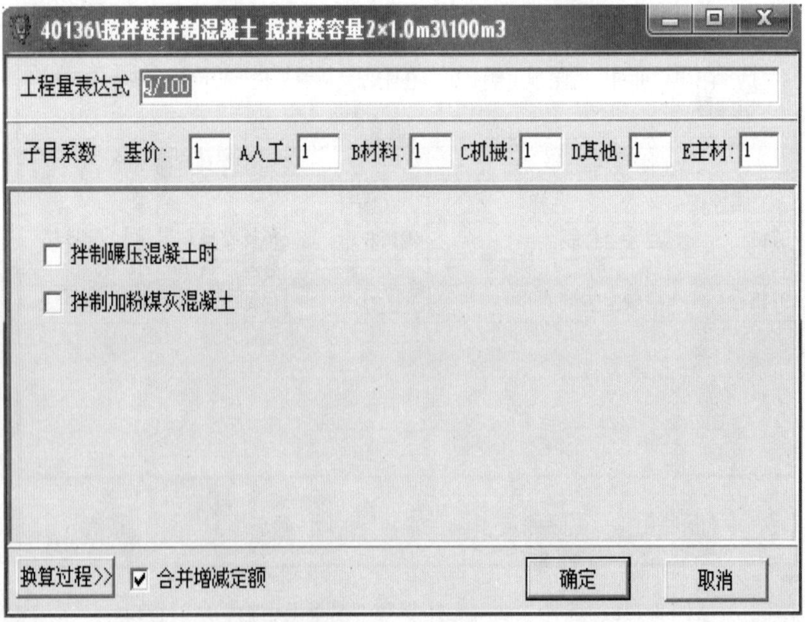

图 3-140 选择混凝土种类

快速定位…　编辑状态：标底

类别	序号	编码	定额	名称	单位	计算式	工程量
				建安及临时工程			-
分部	1	一		建筑工程			-
清单	1	1		土方开挖	m3	1209.6	1209.6
清单	2	2		C25混凝土	m3	712.8	712.8
定额	1	40066换	水利	暗渠 衬砌厚度60cm~换:纯混凝土C25 3级配 粒径80	100m3	Q/100	7.128
附	2	40167换	水利	自卸汽车运混凝土 运距1km ~自卸汽车5t	100m3	(X*1.03),	7.342
附	3	40136	水利	搅拌楼拌制混凝土 搅拌楼容量2×1.0m3	100m3	(X*1.03),	7.342
清单	3	3		C10混凝土垫层	m3	39.6	39.6
清单	4	4		组合钢模板	m2	912	912
清单	5	5		堵头模板	m2	71.28	71.28
清单	6	6		键槽模板	m2	93.6	93.6
清单	7	7		钢筋制作与安装	t	1.75	1.75
清单	8	8		止水	m	115	115
清单	9	9		伸缩缝	m2	4.224	4.224
分部	2	二		机电设备及安装工程			-
分部	3	三		金属结构设备及安装工程			-
分部	4	四		施工临时工程			-

图 3-141　清单 2 套定额

速定位…　编辑状态：标底

类别	序号	编码	定额	名称	单位	计算式	工程量	取费特项
				建安及临时工程			-	
分部	1	一		建筑工程			-	
清单	1	1		土方开挖	m3	1209.6	1209.6	
清单	2	2		C25混凝土	m3	712.8	712.8	
清单	3	3		C10混凝土垫层	m3	39.6	39.6	
定额	1	40062换	水利	底板 垫层~换:纯混凝土C10 2级配 粒径40 水泥32.5	100m3	Q/100	.396	混凝土
附	2	40264换	水利	自卸汽车运混凝土 运距1km 配合搅拌楼或设有贮料箱	100m3	(X*1.03),	.408	混凝土
附	3	40232	水利	搅拌楼拌制混凝土 搅拌楼容量2×1.0m3	100m3	(X*1.03),	.400	混凝土
清单	4	4		组合钢模板	m2	912	912	
定额	1	50099	水利	矩形涵洞模板--制作 组合钢模板	100m2	Q/100	9.12	模板
定额	2	50102	水利	矩形涵洞模板--安装、拆除 组合钢模板	100m2	Q/100	9.12	模板
清单	5	5		堵头模板	m2	71.28	71.28	
定额	1	50100	水利	矩形涵洞模板--制作 堵头	100m2	Q/100	.713	模板
定额	2	50103	水利	矩形涵洞模板--安装、拆除 堵头	100m2	Q/100	.713	模板
清单	6	6		键槽模板	m2	93.6	93.6	
定额	1	50101	水利	矩形涵洞模板--制作 键槽	100m2	Q/100	.936	模板
定额	2	50104	水利	矩形涵洞模板--安装、拆除 键槽	100m2	Q/100	.936	模板
清单	7	7		钢筋制作与安装	t	1.75	1.75	
定额	1	40289	水利	钢筋制作与安装 数量	1t	Q	1.75	混凝土
清单	8	8		止水	m	115	115	
定额	1	40262	水利	止水 塑料止水	100延长米	Q/100	1.15	混凝土
清单	9	9		伸缩缝	m2	4.224	4.224	
定额	1	40287	水利	伸缩缝 沥青油毛毡 三毡四油	100m2	Q/100	.042	混凝土
分部	2	二		机电设备及安装工程			-	
分部	3	三		金属结构设备及安装工程			-	

图 3-142　清单 3～清单 9 套定额

采用同样的操作方法，可以对清单 3～清单 9 套入工程定额，工程量清单套定额后的窗口如图 3-142 所示。

工程量清单所套定额编号如下：

清单 3：所套定额“40062 40264 40232”（河南省水利 2006 定额）。

清单 4：所套定额“50099 50102”。

清单 5：所套定额“50100 50103”。

清单 6：所套定额“50101 50104”。

清单 7：所套定额“40289”。

清单 8：所套定额“40262”。

清单 9：所套定额“40287”。

六、工料机窗口

工程清单套定额后，子目（定额）下列出的对应工料机是单位子目含量的人材机消耗量，缺省状态下与定额所列数值一样，其他类别（包括分部、清单）节点下的工料机则是该节点下所有子目工料机的汇总。

（一）工料机调价

为了计算工程量清单单价，工程套定额之后，可以在“工料机”窗口直接填写工料机定额价和预算价，或者修改工料机的定额价和预算价。如果其他定额包括与之相同的人材机时，价格也自动跟着调整，子目“工料机”窗口如图 3-143 所示。

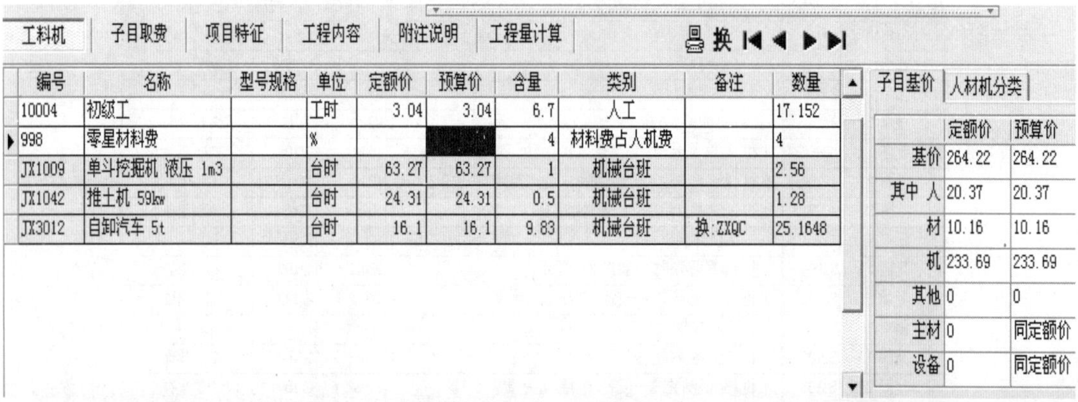

图 3-143 工料机含量窗口

另外也可以在“工料机分析”插页的“工料机汇总”窗口里，对人材机进行统一填写定额价和预算价，或者修改工料机的定额价和预算价。

工料机调价分以下几种情况。

1. 修改参考价

在“工料机”窗口或者在“工料机分析”插页窗口，如果要修改参考价（即定额价），需要取消“锁定参考价/定额价”设置。一般情况下，“锁定参考价/定额价”选项，编程人员已经设置为“取消锁定”状态，如图 3-144 所示，用户不需要再进行修改，否则有可能影响计算结果。

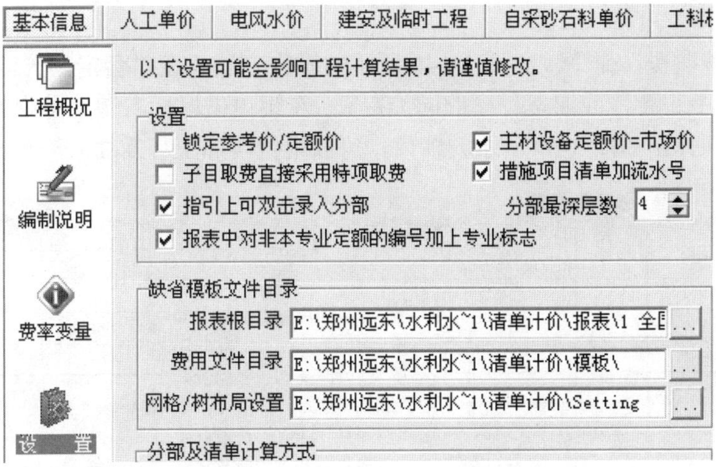

图 3-144　“基本信息”插页-设置

2. 给定市场价

用户可以直接在“工料机”窗口中给定市场价（即预算价），也可以在“工料机分析”插页窗口中给定市场价，两者计算结果一样。

3.混凝土配合比或机械台时调价

对于混凝土配合比或者机械台时，只有当不分解时，即取消勾选即 □ 分解机械台班 、□ 分解配合比材料 时，才能作为材机直接修改它们的参考价（即定额价）和编制价（即市场价），如图 3-145 所示，否则不能修改它们的参考价和编制价。

基本信息				消耗量			单价		合计	
主要	编号	名称	型号规格	单位	合计	其中甲供	定额价	预算价	定额价	预算价
□	10001	工长		工时	155.0536		7.1038	7.1038	1101.46	1101.46
□	10002	高级工		工时	343.9815		6.61	6.61	2273.72	2273.72
□	10003	中级工		工时	1827.168		5.6225	5.6225	10273.25	10273.25
□	10004	初级工		工时	743.016		3.0425	3.0425	2260.63	2260.63
□	106	卡扣件		kg	82.8721					
□	112	铁钉		kg	18.5531					
□	116	铁件		kg	0.512					
□	117	铁件及预埋铁件		kg	195.9936					
□	118	铁丝		kg	7					
□	157	塑料止水带		kg	118.45					
□	164	电焊条		kg	17.0894					
□	217	油毛毡		m2	14.28					
□	224	预制混凝土柱		m3	0.4864					

图 3-145　工料机分析窗口

（二）子目取费

在“子目取费”窗口列出了子目的各项费用的计算基础及相关的参数值与费率，用户可以通过采用“批量调整取费”、“选择取费”或者“调用取费程序”的方法进行子目取费的调整与修改。

“批量调整取费”命令项如图3-146所示的操作方法：在“套定额”窗口，用Ctrl键或者Shift键选中需要修改取费程序的同类定额，左键单击鼠标右键菜单中的“批量调整取费”命令项，则弹出如图3-69所示的窗口，可以根据实际工程需要统一修改取费程序。

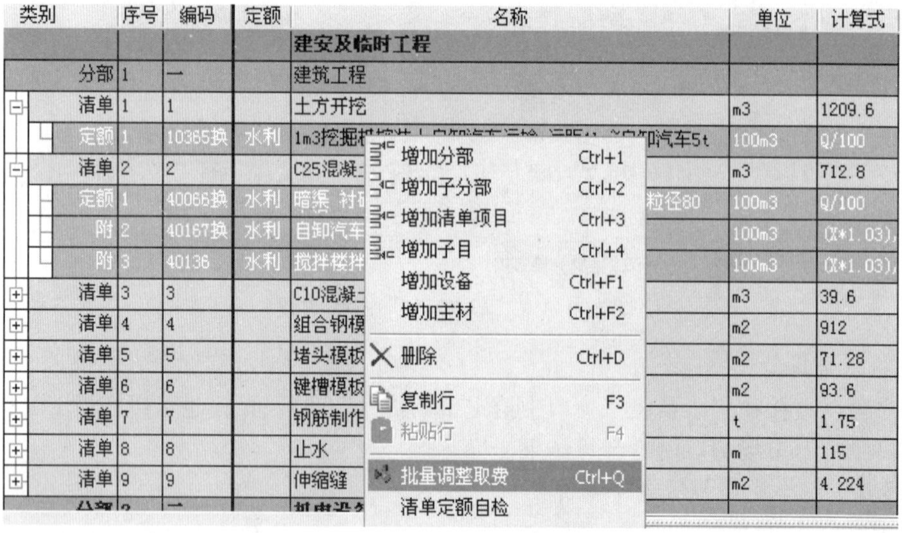

图3-146 批量修改子目取费

如果要修改单个子目（定额）的取费程序，首先在“基本信息”插页中打开“设置”子插页，把“子目取费直接采用特项取费”按钮的锁定取消（即“取消勾选”），如图3-144所示，然后就可以修改取费程序，修改取费程序的界面，如图3-147所示。界面各选项功能如下。

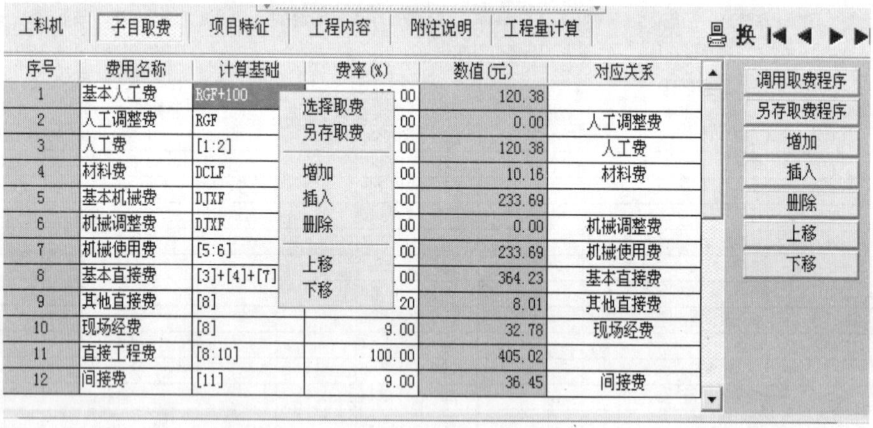

图3-147 修改单个子目取费界面

1. 选择取费

在“工料机”窗口界面，打开“子目取费”选项，点击右窗体中的“调用取费程序”按钮或者点击右键菜单中“选择取费”选项，在弹出的“选择打开子目取费文件”窗口中选择相应的子目取费文件并“打开”即可，如图3-148所示。

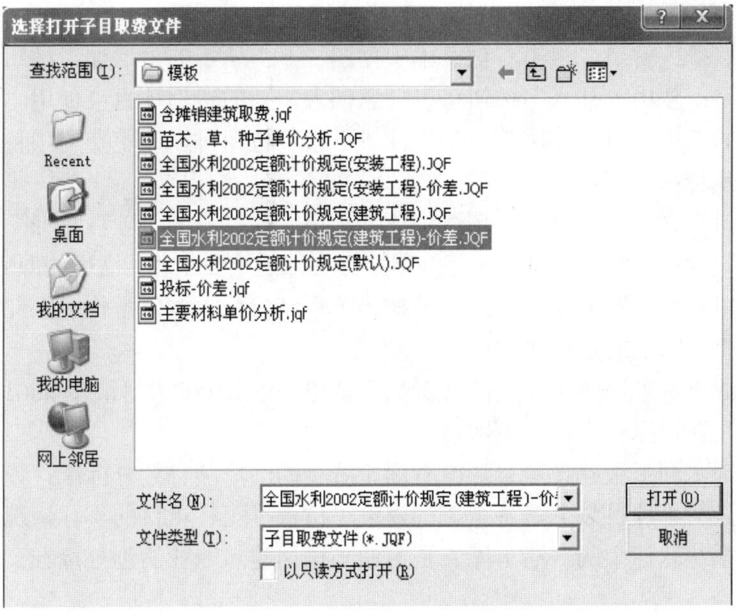

图 3-148 选择打开子目取费文件

还可以在打开的“子目取费”窗口，根据工程实际需要进行子目取费程序的编辑。

2. 另存取费程序

点击如图 3-147 所示“子目取费”右窗体中的“另存取费程序”按钮，或者点击右键菜单中“另存取费”选项，在弹出的“选择保存子目取费的文件名”窗口中输入保存的“子目取费”文件名即可，如图 3-149 所示。用户可以根据工程的实际需要随时调用。

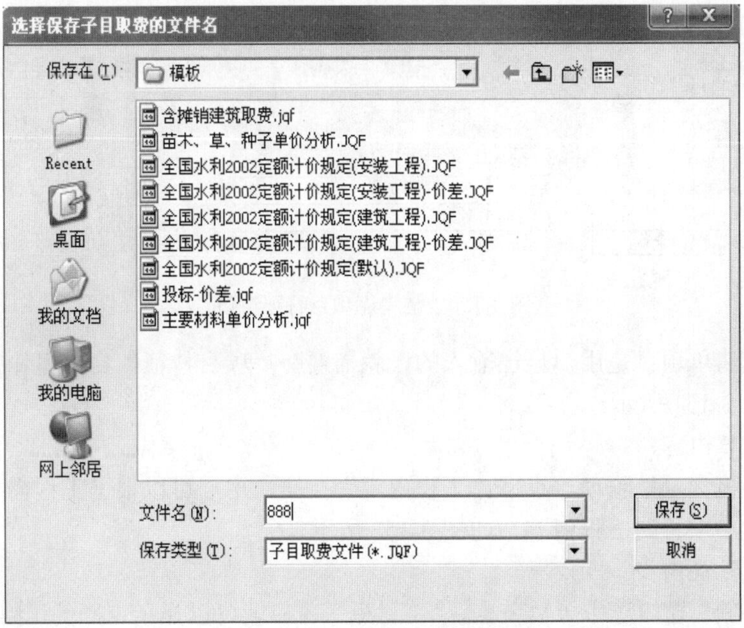

图 3-149 选择保存子目取费文件

3. 其他按钮功能

在“子目取费”窗口，点击右键菜单中如图 3-147 所示的“增加”按钮，即可以增加需要的费用项目；使用“插入”按钮可以任意插入需要的费用项目；使用“删除”按钮可以删除不需要的费用项目；使用“上移”和“下移”按钮可以调整费用项目的顺序。

（三）项目特征

点击“工料机含量”窗口中“项目特征”选项，在打开的“项目特征”窗口，可以对工程清单项目进行项目特征描述，这是编制招标文件的重要工作。描述的原则是详细全面、准确简洁、通俗易懂。对清单项目特征的描述关系到投标人如何报价，因此对清单项目特征的描述状况也反映了清单编制的水平。

如果工程清单是采用清单库里的，例如“清单 500101002”、“清单 500109001”，只需在“项目特征”窗口里输入特征值即可，如图 3-150 所示。

目前，我国水利工程建设项目还没有国家统一的清单项目划分标准，设计文件、招标文件中的工程量清单项目划分是各个工程建设单位根据工程项目的实际情况、招标工作的需要进行的。系统软件中的“清单库”是工业与民用建筑专业的划分标准。

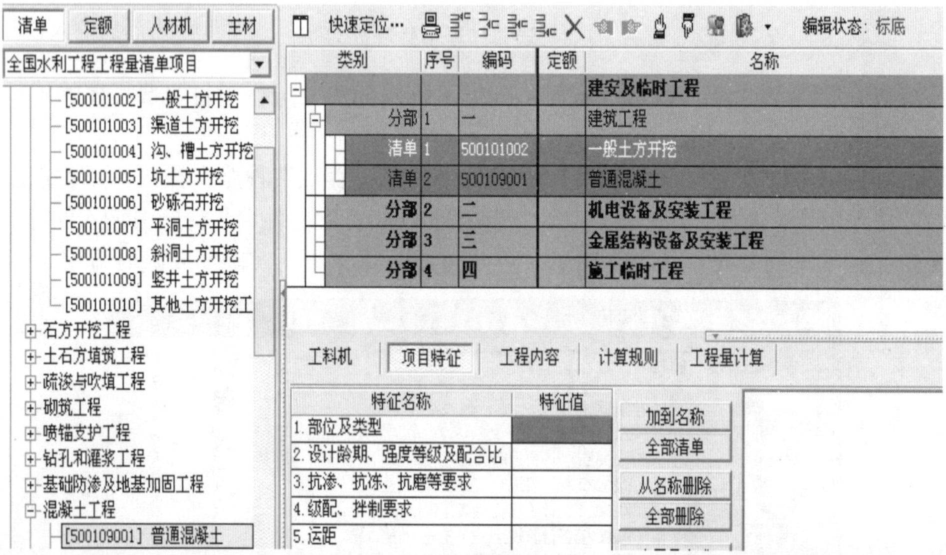

图 3-150 清单库项目特征窗口

如果工程清单项目是用户自己输入的，就需要在“项目特征”窗口里输入特征内容及特征值，如图 3-151 所示。

（四）工程内容

在“工料机含量”窗口，点击“工程内容”按钮，用户可以根据工程需要，在打开的窗口内编辑清单项目的工程内容，如图 3-152 所示。

（五）附注说明

在“套定额”窗口选中子目节点，“工料机”窗口就可以显示定额的“附注说明”，如图 3-153 所示。

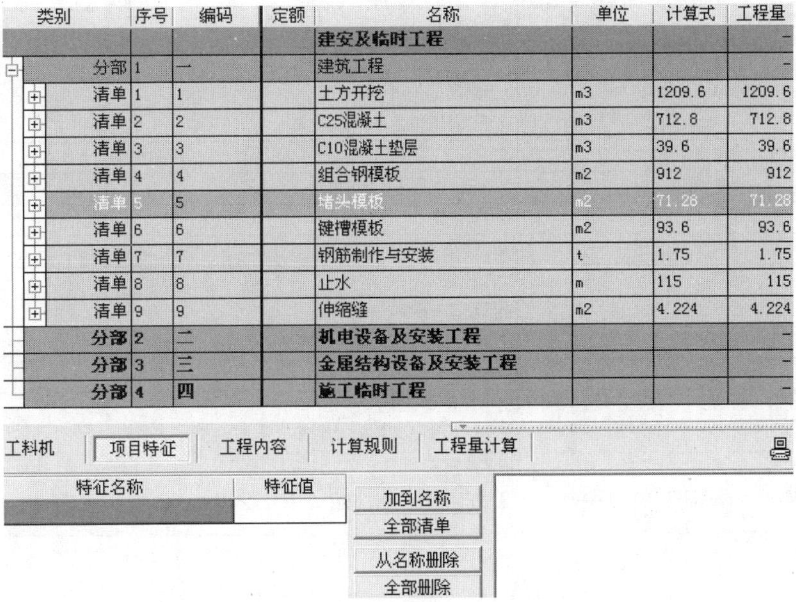

图 3-151 用户输入清单项目特征内容及特征值窗口

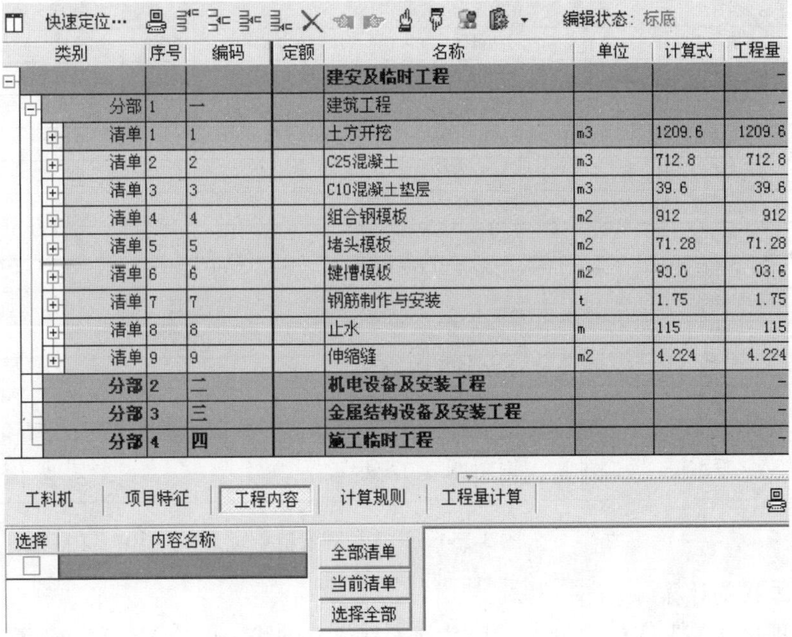

图 3-152 用户输入清单项目工程内容窗口

（六）计算规则

在“套定额”窗口工程清单项目节点下，“工料机”窗口可以显示定额的“计算规则”按钮，打开此按钮，可以在“计算规则”窗口对工程量计算情况进行详细的说明，如图 3-154 所示。

类别	序号	编码	定额	名称	单位	计算式	工程量	取费特项
				建安及临时工程			-	
分部	1	一		建筑工程			-	
清单	1	1		土方开挖	m3	1209.6	1209.6	
定额	1	10365换	水利	1m3挖掘机挖装土自卸汽车运输	100m3	Q/100	12.096	土方
清单	2	2		C25混凝土	m3	712.8	712.8	
清单	3	3		C10混凝土垫层	m3	39.6	39.6	
清单	4	4		组合钢模板	m2	912	912	
清单	5	5		堵头模板	m2	71.28	71.28	
清单	6	6		键槽模板	m2	93.6	93.6	
清单	7	7		钢筋制作与安装	t	1.75	1.75	
清单	8	8		止水	m	115	115	
清单	9	9		伸缩缝	m2	4.224	4.224	
分部	2	二		机电设备及安装工程			-	
分部	3	三		金属结构设备及安装工程			-	
分部	4	四		施工临时工程			-	

图 3-153 定额附注说明窗口

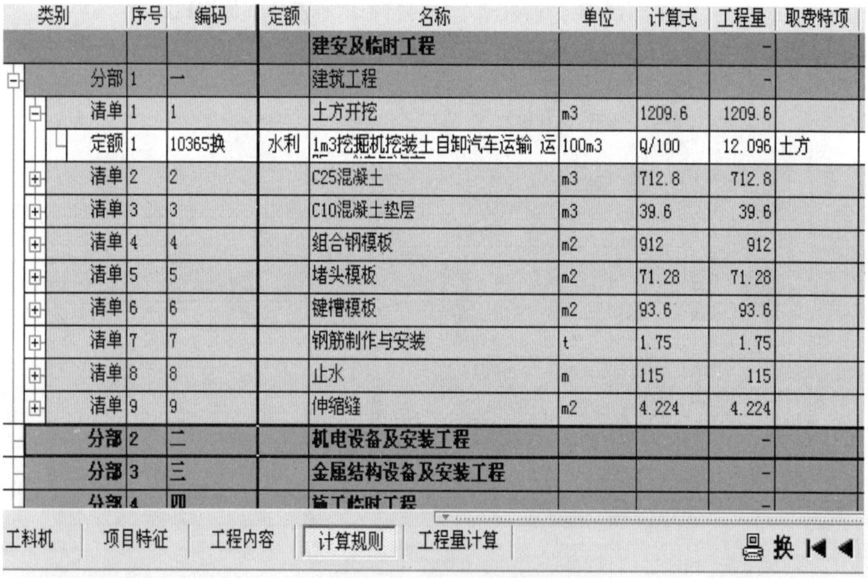

类别	序号	编码	定额	名称	单位	计算式	工程量	取费特项
				建安及临时工程			-	
分部	1	一		建筑工程			-	
清单	1	1		土方开挖	m3	1209.6	1209.6	
定额	1	10365换	水利	1m3挖掘机挖装土自卸汽车运输 运	100m3	Q/100	12.096	土方
清单	2	2		C25混凝土	m3	712.8	712.8	
清单	3	3		C10混凝土垫层	m3	39.6	39.6	
清单	4	4		组合钢模板	m2	912	912	
清单	5	5		堵头模板	m2	71.28	71.28	
清单	6	6		键槽模板	m2	93.6	93.6	
清单	7	7		钢筋制作与安装	t	1.75	1.75	
清单	8	8		止水	m	115	115	
清单	9	9		伸缩缝	m2	4.224	4.224	
分部	2	二		机电设备及安装工程			-	
分部	3	三		金属结构设备及安装工程			-	
分部	4	四		施工临时工程			-	

图 3-154 计算规则窗口

（七）工程量计算

在“工程量计算”窗口中输入工程名称、部位、轴线，再输入变量和计算式，在“类别”下拉列表中选择类别后,再点击“提取结果”按钮，即可以将计算结果提取到“套定额”窗口的工程量表达式栏，如图 3-155 所示。

在实际编制水利工程造价文件过程中，如果需要计算清单项目工程量，可以在“工程量计算”窗口中进行，如图 3-156 所示。下面对“工程量计算”窗口中的“类别”下拉选项作简要介绍。

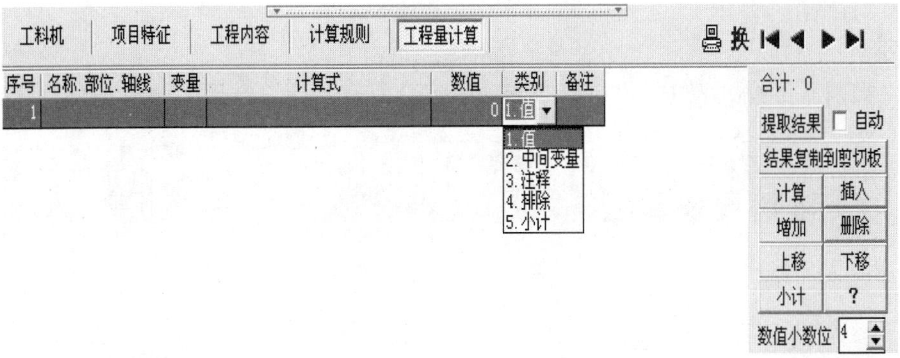

图 3-155 “类别”下拉列表

图 3-156 计算工程量并提取结果

1. 值

在“类别”下拉列表中，“值”选项是把这一行的计算式或者数值作为一个“值”参与计算的。

2. 中间变量

在“类别”下拉列表中,“中间变量”选项是把这一行的计算式或者数值作为“中间变量”参与计算的。

3. 注释

在“类别”下拉列表中,“注释”选项是对数值或计算式的注释，不参与计算。

4. 排除

在“类别”下拉列表中,“排除”选项是把这一行的计算式或者数值排除在计算结果之外，不参与计算。

5. 小计

在“类别”下拉列表中，“小计“选项是汇总所有的计算结果，如图 3-157 所示。

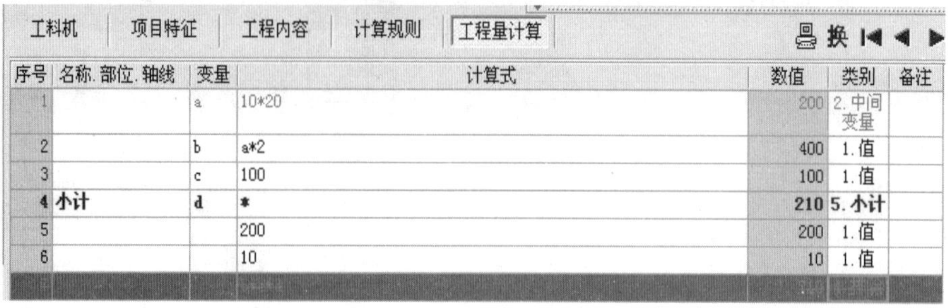

序号	名称.部位.轴线	变量	计算式	数值	类别	备注
1		a	10*20	200	2.中间变量	
2		b	a*2	400	1.值	
3		c	100	100	1.值	
4	小计	d	*	210	5.小计	
5			200	200	1.值	
6			10	10	1.值	

图 3-157 计算工程量并提取结果

七、工料机窗口右键菜单功能

在“工料机”窗口，点击鼠标右键，则弹出如图 3-158 所示菜单，其中包括的命令项及其功能如下。

（一）自动换算选项

右键菜单中“自动换算选项”命令项，是系统根据用户所套工程定额，自动进行“编辑缺省单选材料项”、“编辑缺省附项定额对应关系”的命令项，如图 3-159 所示。

1. 编辑缺省单选材料项

单选是指在定额材机的同类产品中，只能选用其中一种的换算方式。例如，“$1m^3$ 挖掘机挖装土自卸汽车运输”定额，其中列出了各种规格型号的自卸汽车“5t、8t、10t”，在工程项目套用定额时，只能选用其中的一种规格及相应的消耗量。

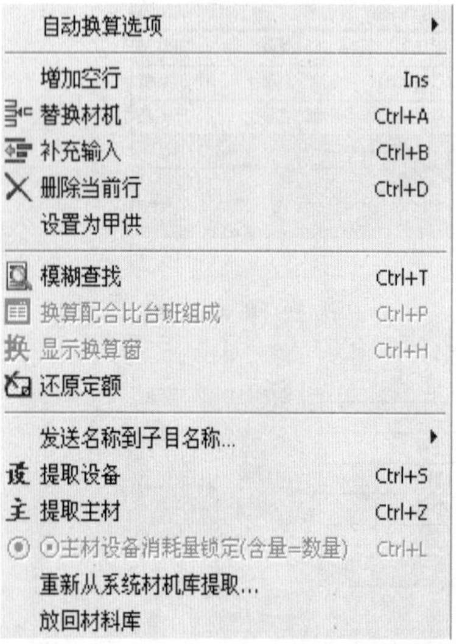

图 3-158 “工料机”窗口右键菜单

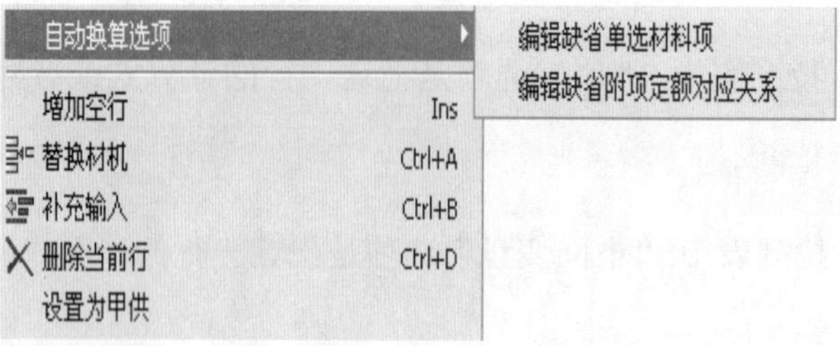

图 3-159 “自动换算选项”命令项

在工程项目套定额的过程中，用户需要根据工程项目的施工方法选择定额，如图 3-160 所示，例如“选择 5t 自卸汽车”，那么系统软件会按照用户选择的单选项目进行编辑。

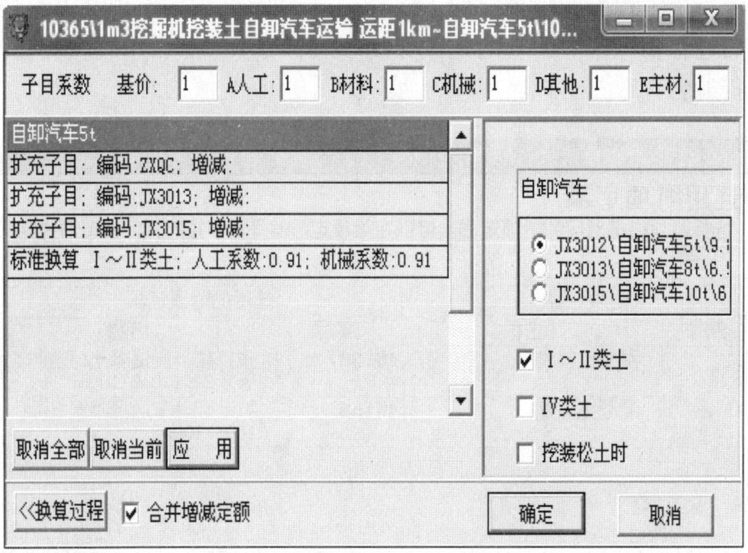

图 3-160　套定额-单项选择（选择 5t 自卸汽车）

在“工料机”窗口，点击右键菜单中“自动换算选项”→“编辑缺省单选材料项”，在弹出的“单选项编辑”窗口中，可以看到用户选择的单选项目系统软件会自动作为缺省项（即默认项）增加到此处并且进行自动换算，如图 3-161 所示。

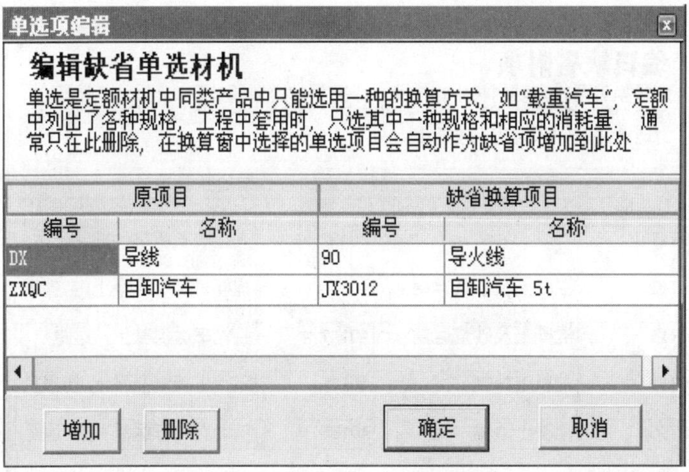

图 3-161　“编辑缺省单选材机”窗口

2. 编辑缺省附项定额对应关系

附项换算是指在定额材机中指向另外一个定额类型的处理。例如“某现浇钢筋混凝土涵洞工程，采用混凝土为 C25（三级配、42.5 水泥，碎石、粗砂），混凝土拌制采用“2×1.0m^3”搅拌楼、混凝土运输采用机动翻斗车运 100m。”。用户在套定额的时候，就可以依据混凝土工程的施工方法、施工部位选择定额子目，而“混凝土拌制”、“ 混凝土运输”就是“涵洞现浇混凝土工程”的附项定额，“混凝土运输”的相关定额是“编号 40155”。

在套定额的过程中，用户所套的定额如图 3-162 所示，那么系统软件会按照用户选择的附项定额进行编辑。

图 3-162 “选用附项定额”窗口

同样，在“编辑缺省附项定额对应关系”换算窗口中，用户选用的附项定额系统软件会自动作为默认项增加到此处并进行自动换算，如图 3-163 所示。

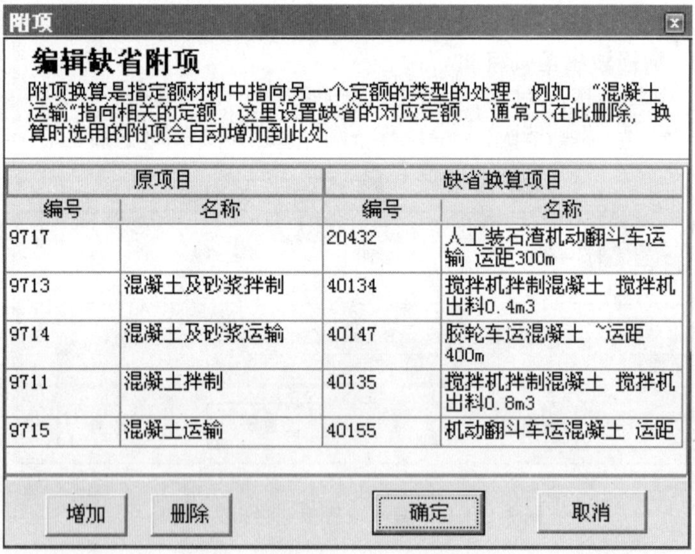

图 3-163 “编辑缺省附项”窗口

（二）增加空行、删除当前行

在“工料机”窗口，点击右键菜单中如图 3-158 所示的“增加空行”命令项，则可以默认增加到最后一行空行。同样，点击“删除当前行”命令项，用户就可以把选中的不需要的当前行删除掉。

（三）替换材机

在实际编制水利水电工程造价时，为了满足水利水电工程造价编制需要，用户有时候需要对工程项目所套定额中人材机进行替换。因此可以根据工程实际情况，利用“替换材机”命令项进行操作。

操作方法：在“套定额”窗口选中要进行材机替换的定额，在“工料机”窗口，左键选中需要进行替换的人材机，例如“替换5t自卸汽车为8t”，点击右键菜单中的“替换材机”命令项，如图3-164所示，则弹出如图3-165所示“项目指引”窗口。打开“系统人材机库”并在列表中选择“机械”选项，勾选 节点过滤 按钮，选中“JX3013 自卸汽车8t”，再点击“替换”按钮并“关闭”“项目指引”窗口，则在“工料机”窗口中的“JX3012 自卸汽车 5t”就被换成了“JX3013 自卸汽车8t”。用户可以根据实际工程需要，对需要替换的人材机采用同样的方法进行换算。

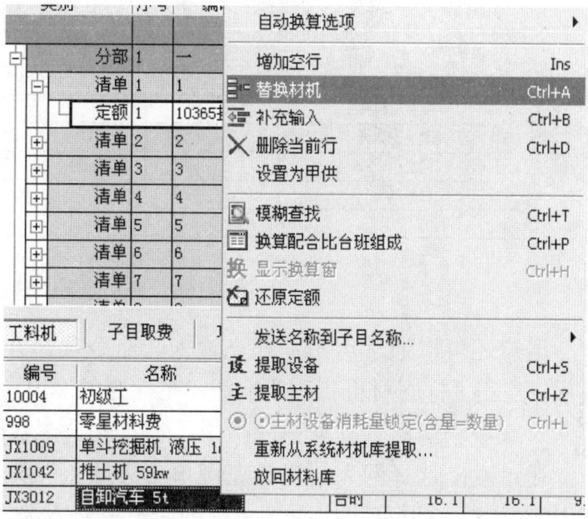

图3-164　“替换材机”命令项

图3-165　替换自卸汽车由5t变为8t

（四）补充输入

在实际编制水利水电工程造价时，用户为了满足工程造价编制需要，有时要对所套定额增加人材机，那么可以利用“补充输入”命令项，结合工程实际进行补充。

操作方法：在“套定额”窗口，选中需要补充人材机的定额，在“工料机”窗口增加空行，直接输入所补充的人材机的“编号”、“名称”等相关内容即可，如图 3-166 所示。

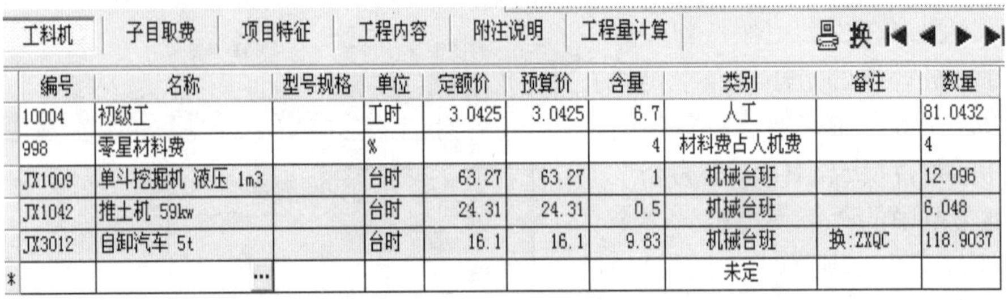

编号	名称	型号规格	单位	定额价	预算价	含量	类别	备注	数量
10004	初级工		工时	3.0425	3.0425	6.7	人工		81.0432
998	零星材料费		%			4	材料费占人机费		4
JX1009	单斗挖掘机 液压 1m3		台时	63.27	63.27	1	机械台班		12.096
JX1042	推土机 59kw		台时	24.31	24.31	0.5	机械台班		6.048
JX3012	自卸汽车 5t		台时	16.1	16.1	9.83	机械台班	换:ZXQC	118.9037
*	...						未定		

图 3-166 增加空行—直接补充输入

用户还可以通过点击“补充输入”命令项，在弹出的“补充材料”窗口，如图 3-167 所示，点击“打开材机指引”按钮，在打开的“项目指引”窗口中的“系统人材机库”、“主材库”或者“当前工程材机库”中，通过勾选“过滤节点”快速查找到用户所需要的人材机。通过双击选择的人材机或左键单击“插入”按钮，并点击“关闭”按钮关闭掉“项目指引”窗口，这时就可以看到选中的人材机进入到“补充材料”窗口，再点击该窗口中“确定”按钮，则所选人材机即被补充输入到了“工料机”窗口。

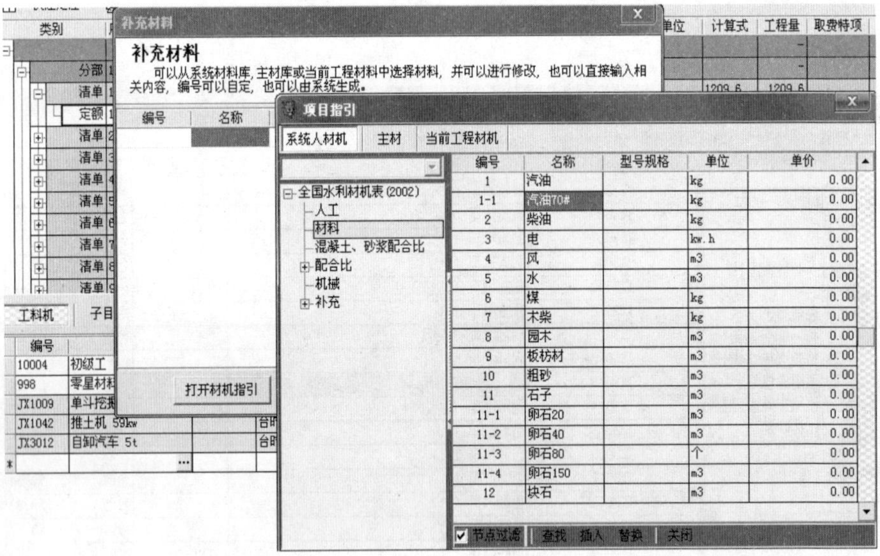

图 3-167 从“人材机库”补充输入人材机

（五）设置为甲供

有些水利工程项目，在工程发包的时候有明确的规定，对工程施工所用的建筑材料（一般为主要建筑材料）由建设管理单位（称为甲方）提供，即所谓的甲供。作为甲方供应的材料，在编制水利工程清单项目单价时有两种处理情况：第一种情况是把材料价格考虑进去参与单价编制，但在工程实际施工过程中，还要把这部分材料费用从拨付给施工单位的进度款中扣除掉；第二种情况是计算清单项目单价时，材料不参与工程单价编制。

利用水利水电工程造价软件编制清单项目单价时，系统软件默认的提供工程材料方为“乙供”。如果建设管理单位为了控制工程质量，降低工程成本，节约工程投资，需要自己提供施工所用材料（即为甲供材料），那么他们会在招标文件里明确规定所提供材料的明细项，通常情况下编制工程单价时采用第一种情况。因此可以利用如图 3-168 所示右键菜单中“设置为甲供”命令项来进行设置。

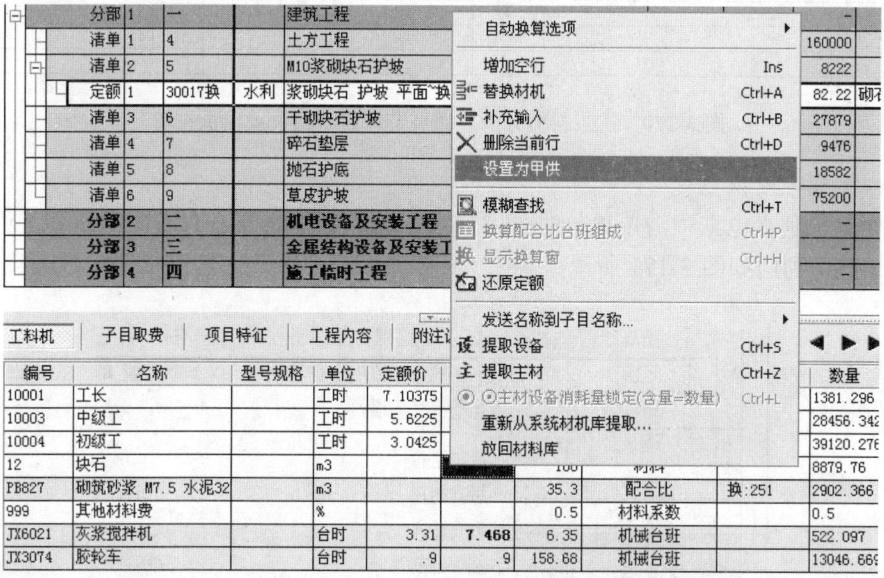

图 3-168 设置甲供材料

操作方法：在“套定额”窗口选择含有“甲供”材料的定额，在“工料机”窗口选中“甲供的材料”，例如“块石 ”，点击如图 3-168 所示菜单中“设置为甲供”命令项，则“块石”被设置为“甲供”，在类别列内显示“材料（甲供）”字样，如图 3-169 所示。

工料机 | 子目取费 | 项目特征 | 工程内容 | 附注说明 | 工程量计算

编号	名称	型号规格	单位	定额价	预算价	含量	类别	备注	数量
10001	工长		工时	7.10375	7.1038	16.8	人工		1381.296
10003	中级工		工时	5.6225	5.6225	346.1	人工		28456.342
10004	初级工		工时	3.0425	3.0425	475.8	人工		39120.276
12~1	块石		m3			108	材料(甲供)	换:12:块石	8879.76
PB827	砌筑砂浆 M7.5 水泥32		m3			35.3	配合比	换.251	2902.366
999	其他材料费		%			0.5	材料系数		0.5
JX6021	灰浆搅拌机		台时	3.31	7.468	6.35	机械台班		522.097
JX3074	胶轮车		台时	.9	.9	158.68	机械台班		13046.669

图 3-169 类别列显示“甲供”字样

设置为甲供后的材料仍然参与清单项目单价的编制，并且在“工料机分析”插页中，可以看到“其中甲供”列显示了设置为甲供材料的消耗量，例如“块石（甲供）的消耗量为：8879.76m^3”，如图 3-170 所示。

基本信息				消耗量			单价		合计	
主要	编号	名称	型号规格	单位	合计	其中甲供	定额价	预算价	定额价	预算价
□	12~1	块石		m3	8879.76	8879.76				
□	10	粗砂		m3	3221.6263					
□	10001	工长		工时	1381.296		7.1038	7.1038	9812.38	9812.38
□	10003	中级工		工时	28456.342		5.6225	5.6225	159995.78	159995.78
□	10004	初级工		工时	39120.276		3.0425	3.0425	119023.44	119023.44
□	10005	机械工		工时	678.7261					
□	3	电		kw.h	3289.2111			.66		2170.88
□	5	水		m3	455.6715					

图 3-170 “工料机分析”插页窗口显示的设置甲供材料

（六）模糊查找

在编制水利水电工程清单单价时，用户为了满足工程需要，有时要对所套工程定额内容进行调整，利用如图 3-171 所示菜单中“模糊查找”命令项，可以实现定额查找与调整。

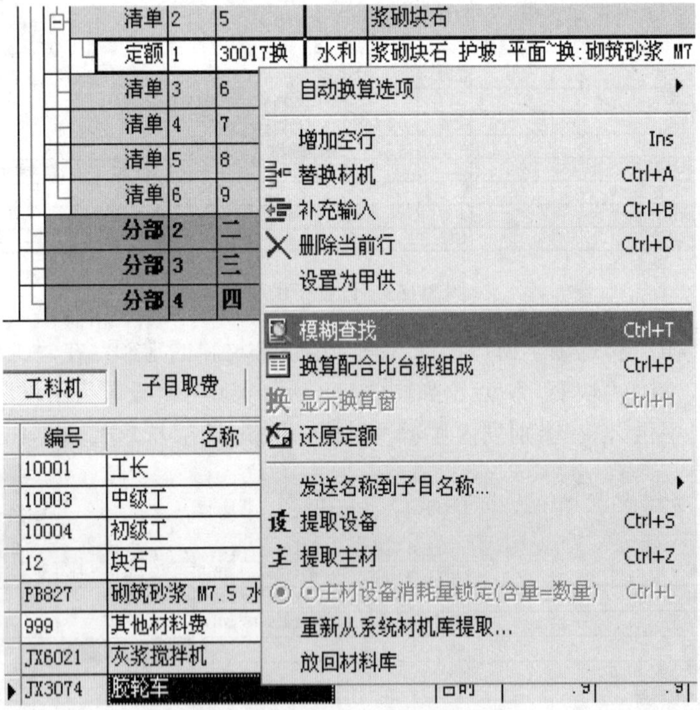

图 3-171 “模糊查找”命令项

操作方法：在“套定额”窗口选择需要调整内容的定额，在“工料机”窗口，点击“模糊查找”命令项，在弹出的”搜索”窗口中，如图 3-172 所示，在“关键词”区域内输入需要搜索的内容，例如："砌筑砂浆"关键词，点击"查找"按钮，则可以在搜索界面内列出所有与关键词有关的内容。

用户可以根据实际工程需要，在选定的内容上双击或者点击"选择"按钮，即可将选中的内容添加到当前工程的"工料机含量"窗口。利用"模糊查找"功能可以快速的找到所需要的人材机。

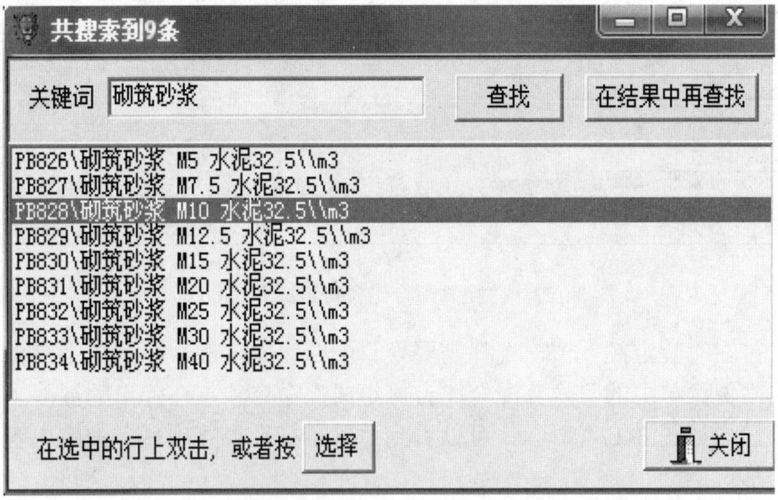

图 3-172 "模糊查找"命令项下—搜索人材机窗口

（七）换算混凝土配合比与台班的组成

现行《水利建筑工程概算定额》附录 7 列出了不同强度混凝土配合比。在使用附录混凝土材料配合比表时，表中混凝土材料配合比是按卵石、粗砂拟定的，如改用碎石或中、细砂，应对配合比表中的各材料用量按表 3-5 系数换算（注：粉煤灰的换算系数同水泥的换算系数）。

表 3-5 **碎石或中、细砂配合比换算系数**

项　目	水泥	砂	石子	水
卵石换为碎石	1.10	1.10	1.06	1.10
粗砂换为中砂	1.07	0.98	0.98	1.07
粗砂换为细砂	1.10	0.96	0.97	1.10
粗砂换为特细砂	1.16	0.90	0.95	1.16

注 1. 水泥按重量计，砂、石子、水按体积计。
2. 若实际采用碎石及中细砂时，则总的换算系数应为各单项换算系数的乘积。

采用水利工程造价软件编制工程单价时，如果工程中实际采用的配合比与定额混凝土配合比不一致时要进行换算，可以采用如图 3-173 所示"换算配合比台班组成"命令项进行换算操作。

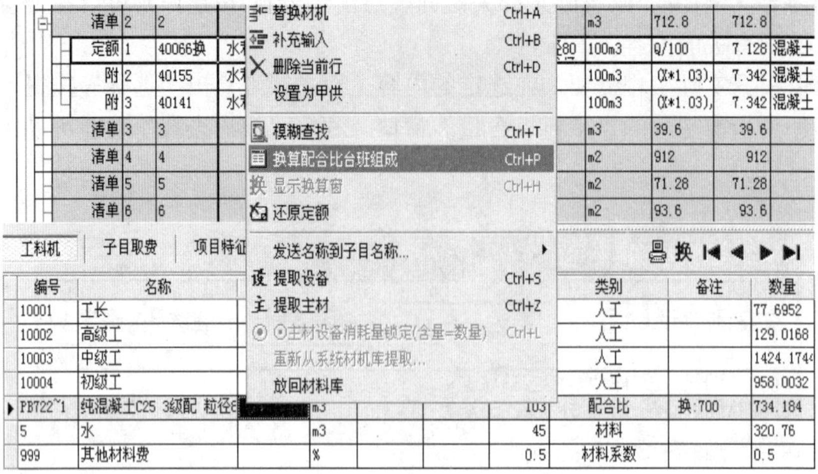

图 3-173 “换算配合比台班组成”命令项

操作方法：在“套定额”窗口选择需要换算配合比的定额，再到“工料机”窗口选中配合比，点击右键菜单中的“换算配合比台班组成”命令项，在弹出的混凝土配合比“工料机含量”窗口，如图 3-174 所示，可以看到“含量标准换算项目”中的内容与表 3-3 所列内容完全一样。

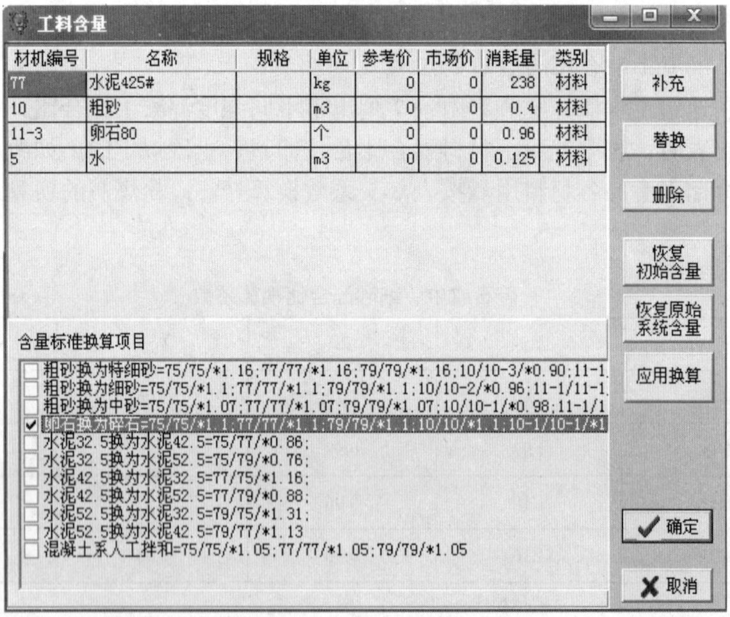

图 3-174 混凝土配合比“工料含量”窗口

具体换算方法：例如某小型涵洞工程，衬砌采用混凝土 C25（三级配 42.5 水泥 碎石 粗砂）。实际工程中 C25 混凝土材料配合比中所用的碎石与现行《水利建筑工程概算定额》中所采用的卵石不一致，所以编制工程单价时，要对实际工程混凝土配合比进行换算。在

“工料含量”窗口中，选择“卵石换为碎石=75/75/*1.1……”选项，再点击“确定”按钮即可完成配合比换算。

同样还可以在“工料机分析”窗口，对所有需要配合比换算的混凝土进行统一换算，操作方法与在“工料机”窗口对单个定额混凝土配合比的换算方法完全一样。

编制水利工程清单项目单价时，施工机械台时的组成内容一般不需要进行调整，所以有关施工机械台时的换算就不再细讲。

（八）显示换算窗

在“工料机”窗口，如图 3-173 所示的右键菜单中“显示换算窗”命令项始终显示为灰色，说明此按钮不可用。如果要显示所套定额、配合比等的换算过程，可以选中要显示的内容，直接点击 换 图标按钮，即打开了选择项目的换算过程窗口，可以检查换算过程是否有错误。

（九）还原定额

在编制工程单价时，用户会根据工程的实际需要对所套定额进行“替换材机”、“补充输入”、“设置为甲供”等换算。如果要取消这些换算，可以使用如图 3-171 所示菜单中的“还原定额”命令项进行定额的还原。

操作方法：在“套定额”窗口，选中经过换算又要被还原的定额，再到“工料机”窗口，点击右键菜单中的“还原定额”命令项，则之前所有的换算操作被取消，并把结果还原到定额的初始状态。

（十）发送名称到子目名称...

“发送名称到子目名称”命令项包括：“替换”和“追加”两个选项，如图 3-175 所示“工料机”窗口右键菜单中。

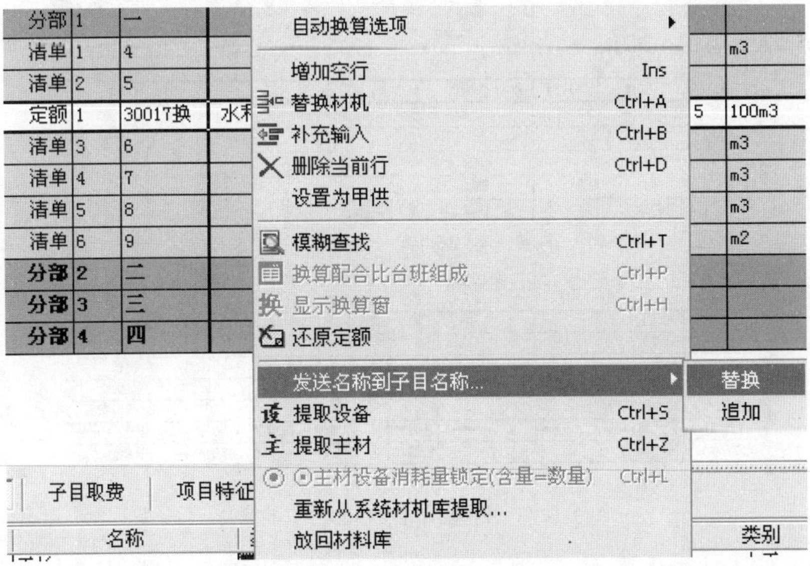

图 3-175 “发送名称到子目名称”命令项

1. 替换

替换是指把当前选定子目（即定额）的名称替换为对应子目中人材机的名称。例如，在“套定额”窗口选定当前子目“定额编号 30017”，在其对应的“工料机”窗口中选中“块石”材料，点击右键菜单中“发送名称到子目名称”命令项→“替换”选项，此时子目名称变为“块石”。

替换前子目名称如图 3-176 所示。

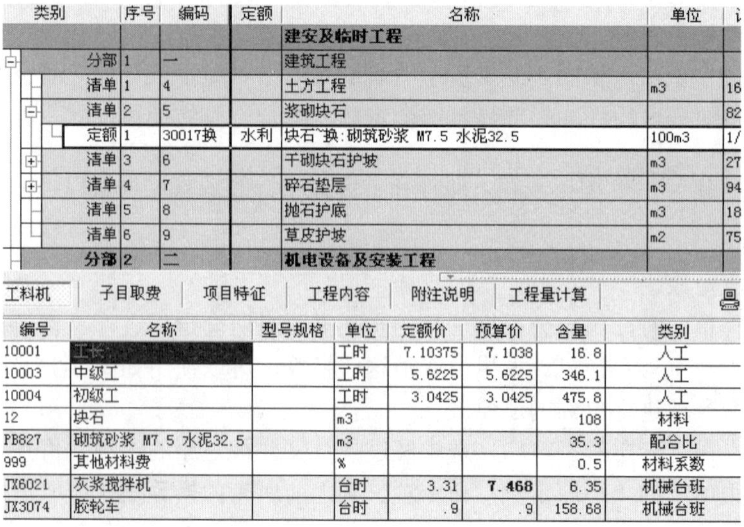

类别	序号	编码	定额	名称	单位
				建安及临时工程	
分部	1	一		建筑工程	
清单	1	4		土方工程	m3
清单	2	5		浆砌块石	
定额	1	30017换	水利	块石~换:砌筑砂浆 M7.5 水泥32.5	100m3
清单	3	6		干砌块石护坡	m3
清单	4	7		碎石垫层	m3
清单	5	8		抛石护底	m3
清单	6	9		草皮护坡	m2
分部	2	二		机电设备及安装工程	

编号	名称	型号规格	单位	定额价	预算价	含量	类别
10001	工长		工时	7.10375	7.1038	16.8	人工
10003	中级工		工时	5.6225	5.6225	346.1	人工
10004	初级工		工时	3.0425	3.0425	475.8	人工
12	块石		m3			108	材料
PB827	砌筑砂浆 M7.5 水泥32.5		m3			35.3	配合比
999	其他材料费		%			0.5	材料系数
JX6021	灰浆搅拌机		台时	3.31	**7.468**	6.35	机械台班
JX3074	胶轮车		台时	.9	.9	158.68	机械台班

图 3-176　替换前子目“30017”的名称

替换后子目名称如图 3-177 所示。

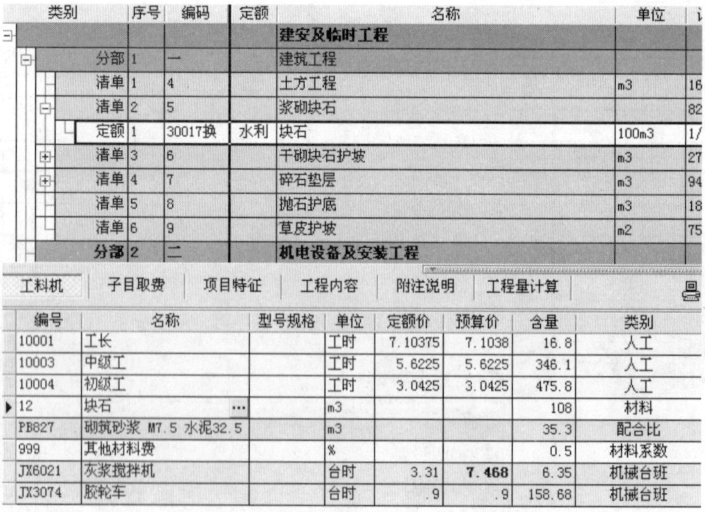

类别	序号	编码	定额	名称	单位
				建安及临时工程	
分部	1	一		建筑工程	
清单	1	4		土方工程	m3
清单	2	5		浆砌块石	
定额	1	30017换	水利	块石	100m3
清单	3	6		干砌块石护坡	m3
清单	4	7		碎石垫层	m3
清单	5	8		抛石护底	m3
清单	6	9		草皮护坡	m2
分部	2	二		机电设备及安装工程	

编号	名称	型号规格	单位	定额价	预算价	含量	类别
10001	工长		工时	7.10375	7.1038	16.8	人工
10003	中级工		工时	5.6225	5.6225	346.1	人工
10004	初级工		工时	3.0425	3.0425	475.8	人工
12	块石		m3			108	材料
PB827	砌筑砂浆 M7.5 水泥32.5		m3			35.3	配合比
999	其他材料费		%			0.5	材料系数
JX6021	灰浆搅拌机		台时	3.31	**7.468**	6.35	机械台班
JX3074	胶轮车		台时	.9	.9	158.68	机械台班

图 3-177　替换后子目“30017”的名称

2. 追加

追加是指把子目对应工料机中人材机的名称添加到子目名称后面。又分为“缺省追加”

和“替换追加”。

（1）缺省追加。缺省追加是指把当前子目对应工料机中人材机的名称，添加到原定额子目名称后面的操作。例如，在如图 3-176 所示“套定额”窗口选定当前子目“定额编号 30017”，在其对应的“工料机”窗口选中“块石”材料，点击右键菜单中的“发送名称到子目名称”命令项→“追加”选项，此时子目名称后面就增加了“块石”，如图 3-178 所示。

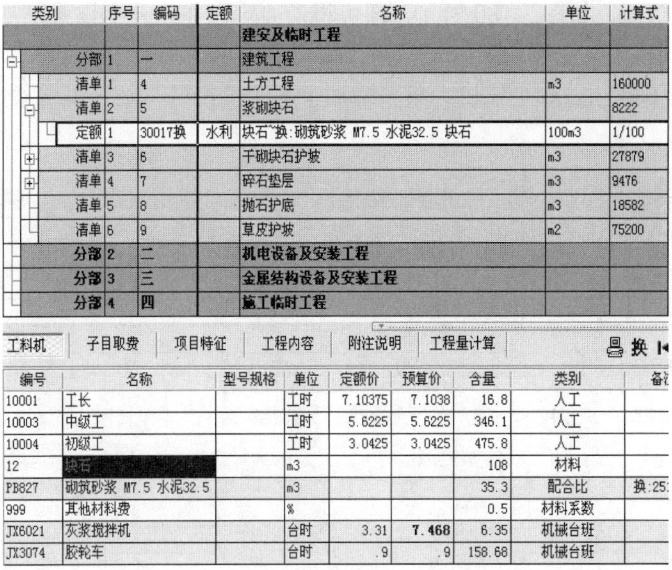

类别	序号	编码	定额	名称	单位	计算式
				建安及临时工程		
分部	1	一		建筑工程		
清单	1	4		土方工程	m3	160000
清单	2	5		浆砌块石		8222
定额	1	30017换	水利	块石~换:砌筑砂浆 M7.5 水泥32.5 块石	100m3	1/100
清单	3	6		干砌块石护坡	m3	27879
清单	4	7		碎石垫层	m3	9476
清单	5	8		抛石护底	m3	18582
清单	6	9		草皮护坡	m2	75200
分部	2	二		机电设备及安装工程		
分部	3	三		金属结构设备及安装工程		
分部	4	四		施工临时工程		

工料机 | 子目取费 | 项目特征 | 工程内容 | 附注说明 | 工程量计算

编号	名称	型号规格	单位	定额价	预算价	含量	类别	备注
10001	工长		工时	7.10375	7.1038	16.8	人工	
10003	中级工		工时	5.6225	5.6225	346.1	人工	
10004	初级工		工时	3.0425	3.0425	475.8	人工	
12	块石		m3			108	材料	
PB827	砌筑砂浆 M7.5 水泥32.5		m3			35.3	配合比	换:25:
999	其他材料费		%			0.5	材料系数	
JX6021	灰浆搅拌机		台时	3.31	7.468	6.35	机械台班	
JX3074	胶轮车		台时	.9	.9	158.68	机械台班	

图 3-178 缺省追加后子目“30017”的名称

（2）替换追加。替换追加是指在已经替换过名称的定额子目后面再追加子目对应的工料机中人材机的名称。例如，在如图 3-177 所示已经替换过子目“ 30017”名称为“块石”的后面，又追加了名称为“砌筑砂浆 M7.5 水泥 32.5”的名称，如图 3-179 所示。

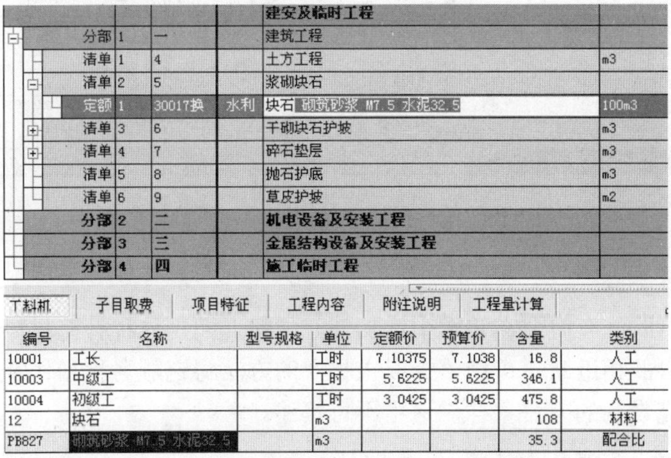

				建安及临时工程	
分部	1	一		建筑工程	
清单	1	4		土方工程	m3
清单	2	5		浆砌块石	
定额	1	30017换	水利	块石 砌筑砂浆 M7.5 水泥32.5	100m3
清单	3	6		干砌块石护坡	m3
清单	4	7		碎石垫层	m3
清单	5	8		抛石护底	m3
清单	6	9		草皮护坡	m2
分部	2	二		机电设备及安装工程	
分部	3	三		金属结构设备及安装工程	
分部	4	四		施工临时工程	

工料机 | 子目取费 | 项目特征 | 工程内容 | 附注说明 | 工程量计算

编号	名称	型号规格	单位	定额价	预算价	含量	类别
10001	工长		工时	7.10375	7.1038	16.8	人工
10003	中级工		工时	5.6225	5.6225	346.1	人工
10004	初级工		工时	3.0425	3.0425	475.8	人工
12	块石		m3			108	材料
PB827	砌筑砂浆 M7.5 水泥32.5		m3			35.3	配合比

图 3-179 替换追加后子目“30017”的名称

无论是采用“替换”还是“追加”操作，用户可以根据自己实际工作的需要进行选择。

（十一）提取设备

在“机电设备及安装工程”和“金属结构设备及安装工程”中，有时要将所套定额的相应设备编制进去，而定额中又没有带相应的设备，为了加快其录入速度，运用“提取设备”按钮就可自动增加设备。

操作方法：在“套定额”窗口套入安装工程定额，再返回到“工料机”窗口，单击右键菜单中“提取设备”按钮，如图3-180所示，即可将当前定额作为补充设备增加至该条定额的子目中。例如“水轮机安装工程”所套定额为“编号 01093”，在“工料机”窗口单击“提取设备”按钮后，可以看到在定额工料机含量中增加了水轮机设备“水轮机/水泵 设备自重50t”。

图3-180 在安装工程定额中增加“设备”

（十二）提取主材

编制工程单价时，有时要在定额中增加补充材料，而当这种补充材料的名称、规格、数量等与定额子目的相近时，可用“提取主材”的方法将定额名称当作补充材料处理，其操作方法与作补充设备的方法一样，这里不再赘述。

（十三）主材设备消耗量锁定

主材设备消耗量锁定是指把消耗量值锁定在某一个值上不能更改的操作。

操作方法：在“工料机”窗口，“提取设备”和“提取主材”后，左键单击主材设备“含量”列中“ ”图标按钮，则可以在“请选择”窗口中选择是否锁定主材设备消耗量，如图 3-181 所示。

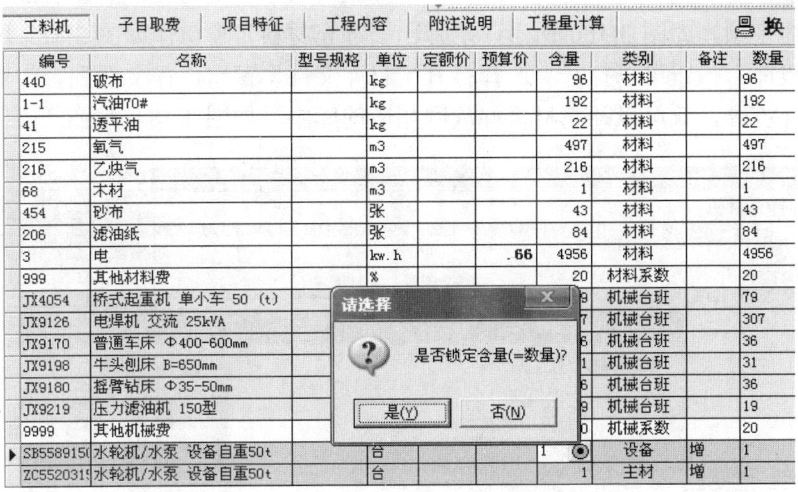

图 3-181　确定主材设备消耗量是否锁定窗口

（十四）重新从系统材机库中提取…

用户为了满足编制工程单价的需要，在“工料机”窗口对人材机的属性进行了修改。如果要想重新恢复为与系统人材机相同的属性，可以用如图 3-173 所示“工料机”窗口右键菜单中的“重新从系统材机库中提取”命令项进行操作。

操作方法：在“工料机”窗口，点击右键菜单中“重新从系统材机库中提取…”命令项，则弹出如图 3-182 所示“选项”窗口，在选项列表中选择与系统材机库一致的属性并且点击“确定”按钮就可以恢复被修改过的定额。

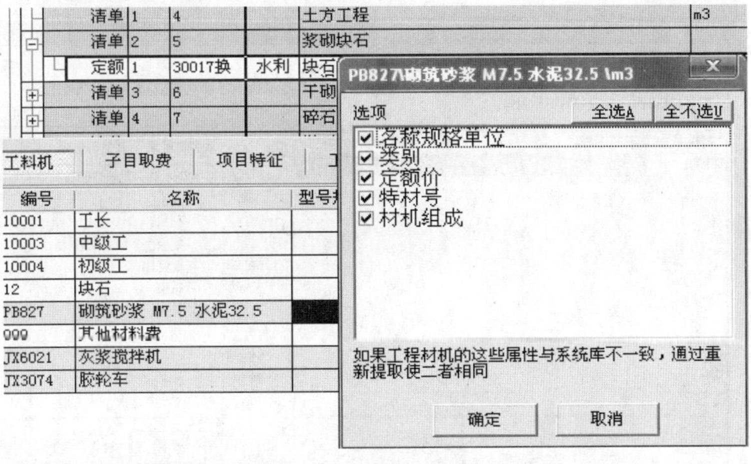

图 3-182　“重新从系统材机库中提取…”命令项

（十五）放回材料库

放回材料库是指把所选材料添加到材料库中便于以后工程调用的操作。添加的材料号不能和原主材号的材料号相同，并且材料编号不能是临时的材料编号。

操作方法：在“工料机”窗口，选择要添加到材料库中的材料，点击右键菜单中“放回材料库”命令项，如图 3-180 所示，则弹出“补充材料”窗口，如图 3-183 所示，再选择“其他材机库”按钮可以打开“选择打开主材库文件”窗口，在文件列表中选择要补充材料的文件并打开，就可以补充材机并放回相应的库中，如图 3-184 所示。

图 3-183 “打开主材库文件”

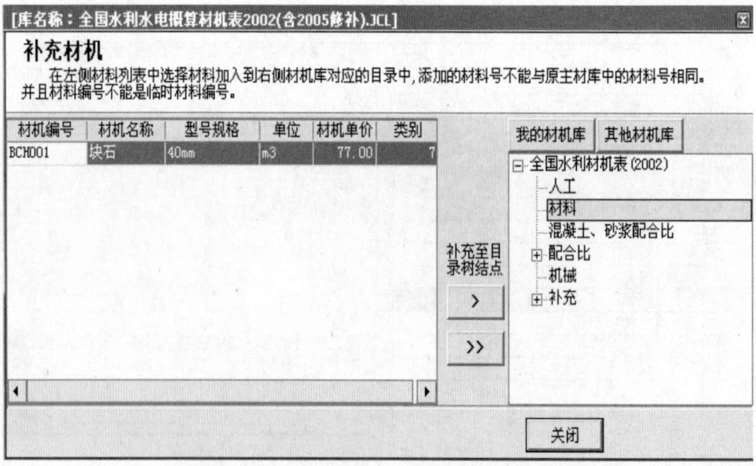

图 3-184 “其他材机库”补充材机窗口

第六节　工 料 机 分 析

在“套定额”窗口，当前工程定额套完后，需要对工程定额所含的各种人材机进行汇总分析，所有的工料机分析都可以在“工料机分析”插页中进行。“工料机分析”插页中汇总的数据都是由计算机自动生成，用户可以选择“工料机分析”窗口左边目录中的人工、材料和机械等进行分类查看。

一、预算价格的输入

利用水利水电工程造价软件编制工程清单项目单价时，在“套定额”窗口套完定额后，即可进入“工料机分析”插页对所有的“工料机”输入“市场价”，即在单价下的“定额价”和“预算价”列分别输入“市场价”，这是编制工程单价的基础。“工料机”全部单价输入完成后，系统软件会自动计算清单项目单价。

如果“参考价（即定额价）”初始值为空，则自动等于市场价，即参考价与市场价平衡， 材料价差为零。但是在实际工程中，如果参考价不等于市场价，则要在“定额价”列修改市场价，即体现“材料价差”。

水利部颁发的《水利工程设计概（估）算编制规定》（水总〔2002〕116 号）中规定，在编制工程单价时，凡遇到含有砂、卵（砾）石、碎石、块石、料石等材料的建筑工程单价，其材料预算价格如超过限价 70 元/ m^3，应按限价进入工程单价计费，余额部分以补差形式计算税金后列入本相应部分之后，所以对于砂石料就存在价差问题。使用水利水电工程造价软件编制建筑工程单价，在“工料机分析”窗口输入材料价格时要注意体现价差。

例如：“某水利工程施工，采用块石的预算价格（市场价格）为 75 元/m^3”。在打开的“工料机分析”窗口，块石的单价列“定额价输入 75 元/m^3、则预算价自动输入 75 元/m^3，由于要限价计入工程单价，所以要修改定额价为 70 元/m^3 即可。”那么定额价与预算价的价差为 5 元/m^3，如图 3-185 所示。

基本信息				消耗量			单价		
主要	编号	名称	型号规格	单位	合计	其中甲供	定额价	预算价	定额价
□	10001	工长		工时	5904.747		7.1038	7.1038	41945.85
□	10002	高级工		工时	2086		6.61	6.61	13788.46
□	10003	中级工		工时	81890.923		5.6225	5.6225	460431.71
□	10004	初级工		工时	192733.055		3.0425	3.0425	586390.32
□	10005	机械工		工时	940.0261				
□	119	铜材		kg	20				
□	12	块石		m3	41219.4		70	75	2885358.00
□	15	碎石		m3	9665.52		70	85	676586.40
□	164	电焊条		kg	384		5	5	1920.00
□	200	油漆		kg	144				
□	206	滤油纸		张	84				

图 3-185　套定额后“工料机分析”插页界面

二、机械台班与配合比的分解

在如图 3-185 所示“工料机分析”窗口，“分解机械台班”和“分解配合比材料”按钮具有“是”或“否”显示其组成成分(抽料成分)的功能。

混凝土配合比与机械台班（现行定额为台时）如果分解的话，即处于勾选“√”状态时，只能对其组成成分(抽料成分)输入价格，而不能直接对混凝土配合比与机械台班输入价格。如果不分解的话，即处于“取消勾选”状态，可以直接对混凝土配合比与机械台班输入价格，两种状态可以通过勾选☑ 分解机械台班 ☑ 分解配合比材料开关按钮来实现。

在分解状态下，可以看到组成混凝土配合比与机械台班的所有分解后的“人材机”组成成分；在未分解状态下，则不能看到分解出来的混凝土配合比与台班的“人材机”组成成分。例如“某底板现浇混凝土工程，其底板厚度 100cm ，混凝土强度等级 C20（二级配 水泥 42.5 卵石 粗砂）”。其套完定额后的窗口如图 3-186 所示。

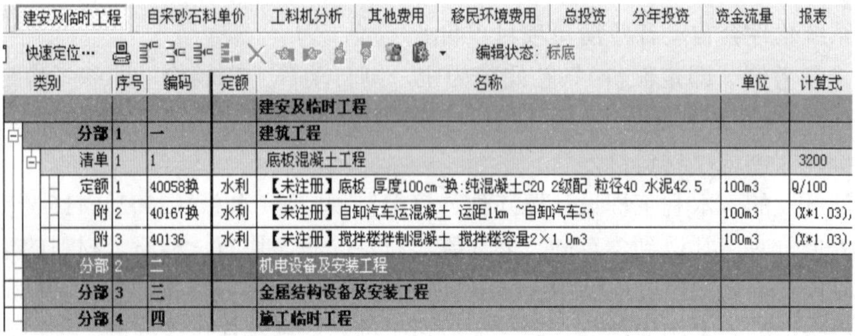

类别	序号	编码	定额	名称	单位	计算式
				建安及临时工程		
分部	1	一		建筑工程		
清单	1	1		底板混凝土工程		3200
定额	1	40058换	水利	【未注册】底板 厚度100cm~换:纯混凝土C20 2级配 粒径40 水泥42.5	100m3	Q/100
附	2	40167换	水利	【未注册】自卸汽车运混凝土 运距1km ~自卸汽车5t	100m3	(X*1.03),
附	3	40136	水利	【未注册】搅拌楼拌制混凝土 搅拌楼容量2×1.0m3	100m3	(X*1.03),
分部	2	二		机电设备及安装工程		
分部	3	三		金属结构设备及安装工程		
分部	4	四		施工临时工程		

图 3-186 底板混凝土工程套定额后窗口

打开“工料机分析”插页，如图 3-187 所示，当“分解配合比材料”处于勾选“√”状态时，在“工料机分析”窗口中可以看到混凝土 C20 的材料组成成分：“编号 10 粗砂”、“编号 11-2 卵石 40”、“编号 77 水泥 425#”、“编号 5 水”，在这种情况下就可以对这 4 种材料输入价格，而不能对 C20 混凝土输入价格。

基本信息				消耗量			单价	
主要	编号	名称	型号规格	单位	合计	其中甲供	定额价	预算价
☐	10	粗砂		m3	134.4768			
☐	10001	工长		工时	46.0011		7.1038	7.1038
☐	10002	高级工		工时	59.5691		6.61	6.61
☐	10003	中级工		工时	789.8353		5.6225	5.6225
☐	10004	初级工		工时	616.0113		3.0425	3.0425
☐	10005	机械工		工时	107.6977			
☐	11-2	卵石40		m3	213.5808			
☐	2	柴油		kg	367.1495			
☐	3	电		kw.h	536.1138			
☐	4	风		m3	7734.528			
☐	5	水		m3	503.3523			
☐	77	水泥425#		kg	68820.48			
☐	FY11	折旧费		元	1180.7745		1	1
☐	FY12	修理费		元	553.8765		1	1

图 3-187 “分解配合比材料”处于“勾选”状态时

当“分解配合比材料”处于“取消勾选”状态时，如图 3-188 所示，在“工料机分析”

窗口中则不显示混凝土 C20 的材料组成成分：“编号 10 粗砂、编号 11-2 卵石 40、编号 77 水泥 425#”，“ 编号 5 水(能显示的那部分水是施工机械里面用到的而不是混凝土中的)”。在这种情况下就可以对 C20 混凝土进行输入价格。

基本信息				消耗量			单价	
主要	编号	名称	型号规格	单位	合计	其中甲供	定额价	预算价
☐	10001	工长		工时	46.0011		7.1038	7.1038
☐	10002	高级工		工时	59.5691		6.61	6.61
☐	10003	中级工		工时	789.8353		5.6225	5.6225
☐	10004	初级工		工时	616.0113		3.0425	3.0425
☐	10005	机械工		工时	107.6977			
☐	2	柴油		kg	367.1495			
☐	3	电		kw.h	536.1138			
☐	4	风		m3	7734.528			
☐	5	水		m3	463.8003			
☐	FY11	折旧费		元	1180.7745		1	1
☐	FY12	修理费		元	553.8765		1	1

图 3-188 “分解配合比材料”处于“取消勾选”状态时

三、材料单价分析

水利水电工程建设中所使用的材料品种繁多、规格型号各异，在编制材料的预算价格时没必要也不可能逐一详细计算，而是按其用量的多少及对工程投资的影响程度大小，将材料划分为主要材料和次要材料。对于主要材料要逐一详细的计算其材料预算价格，而对于次要材料则采用简化的方法进行计算。

（一）单价计算

主要材料预算价格一般包括材料原价、包装费、运杂费、运输保险费、采购及保管费五项内容。利用水利水电工程造价软件编制工程单价时，对主要材料进行预算价格分析处理，可以在“工料机分析”窗口中选择指定材料，然后在材料“预算单价”窗口进行编辑，如图 3-189 所示，例如在“工料机分析”窗口选择主要材料为“柴油”，在“预算单价”窗

基本信息				消耗量			单价		合计	
主要	编号	名称	型号规格	单位	合计	其中甲供	定额价	预算价	定额价	预算
☐	10003	中级工		工时	924.8745		3.8713	3.8713	3580.42	35
☐	10004	初级工		工时	688.5588		2.1063	2.1063	1450.28	14
☐	10005	机械工		工时	113.3273					
☐	11-2	卵石40		m3	32.2225					
☐	11-3	卵石80		个	253.1328					
☐	2	柴油		kg	88.3811		6.7015	6.7015	592.29	5
☐	3	电		kw.h	380.977					
									8461.95	84

序号	费用名称	计算公式	费率(%)	数值(元)
1	单位毛重	1.1	100.000	1.10
2	每吨运费	1000	100.000	1000.00
3	运杂费	2000	100.000	2000.00
4	原价	4500	100.000	4500.00
5	包装费	0		0.00
6	运到工地仓库价格	[3:5]	100.000	6500.00
7	采购及保管费	[6]	3.000	195.00
8	运输保险费	[6]	0.100	6.50
9	预算价	[6:8]	100.000	6701.50

图 3-189 主要材料预算单价计算程序

口“计算公式”列分别填入相应的费用：单位毛重系数 1.1、每吨运输费 1000 元/t、运杂费 2000 元/t、原价 4500 元/t 等，那么对柴油预算价格分析处理的结果为 6.7015 元/kg。

（二）单位运价计算

在“预算单价”窗口，打开“单位运价计算”按钮，如图 3-190 所示，输入各种运输方式的参数及权重，点击“计算”按钮即可计算加权的运价，其代号为 YJ。

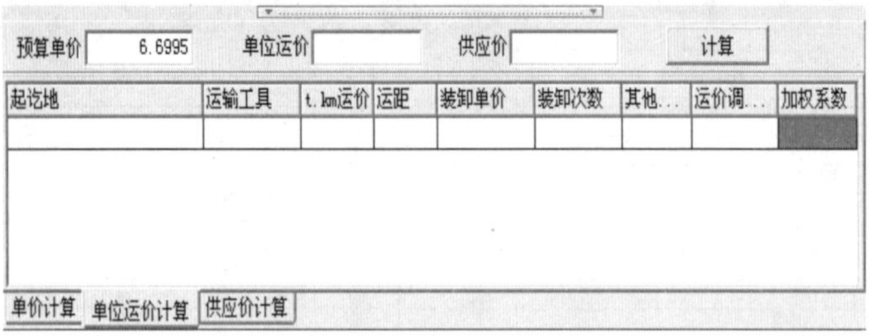

图 3-190 主要材料预算价格-单位运价计算

（三）供应价计算

在“预算单价”窗口，打开“供应价计算”按钮，如图 3-191 所示，输入各供应商的供应价及权重，点击“计算”按钮即可计算加权的供应价，其代号为 GYJ。

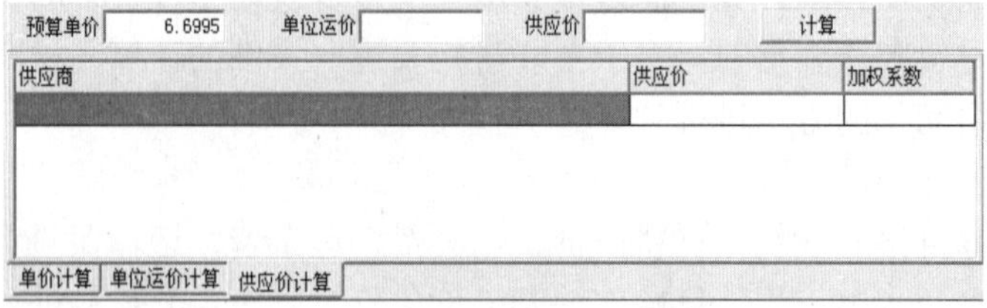

图 3-191 主要材料预算价格-供应价计算

四、设定为主要材料

在“工料机分析”窗口，选择要设定为“主要材料”的材料，单击鼠标右键，执行“设定为主要材料”命令项，则可以将选中的材料放入“预设工料机—主要材机”结点下，在报表中作为“主要材料”打印输出，如图 3-192 所示。例如，把“粗砂、柴油”设定为主要材料时，在“主要”列处的 “粗砂、柴油”就被勾选“√”。另外还可以采用对选择的材料直接在“主要”列下区域内勾选“√”的方法设定主要材料。

图 3-192 已被设定为主要材料“粗砂、柴油”界面

已设定为“主要材料”并放入“预设工料机—主要材机”节点的“粗砂、柴油”，如图 3-193 所示。

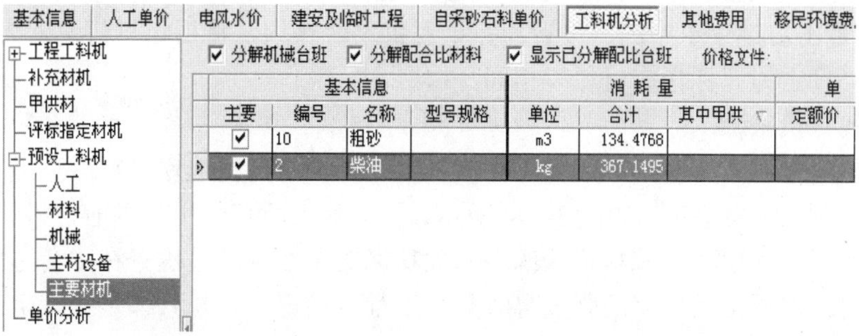

图 3-193　被设为“主材”后节点下显示的材料“粗砂、柴油”

如果要把材料“取消设定为主要材料”，可以进入“预设工料机→主要材机”结点，如图 3-193 所示界面，选择指定的材料后点击鼠标右键，执行“取消设定主要材料”命令项，这样该材料的设置就被取消。另外还可以在“工料机分析”窗口，直接“取消勾选”的方法取消主材的设定，方便快捷，简单易行。

五、设定为评标指定材料

在“工料机分析”窗口，选择要设定为“评标指定材料”的材料，点击右键菜单中“设定为评标指定材料”命令项，则可将材料设置为评标指定材料，如图 3-194 所示。

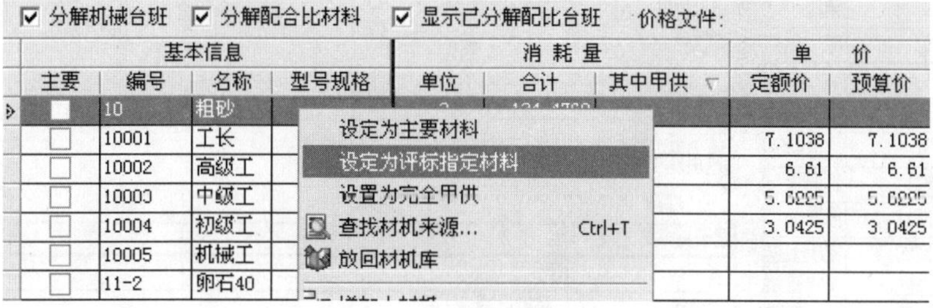

图 3-194　“评标指定材料设定”命令项

例如，将“粗砂”设定为评标指定材料后，进入“工程工料机—评标指定材机”结点下，可以看到“粗砂”已被设定，如图 3-195 所示。同样，也可以在节点下点击右键菜单中的“取消设定为评标指定材料”命令项来取消该材料的设定。

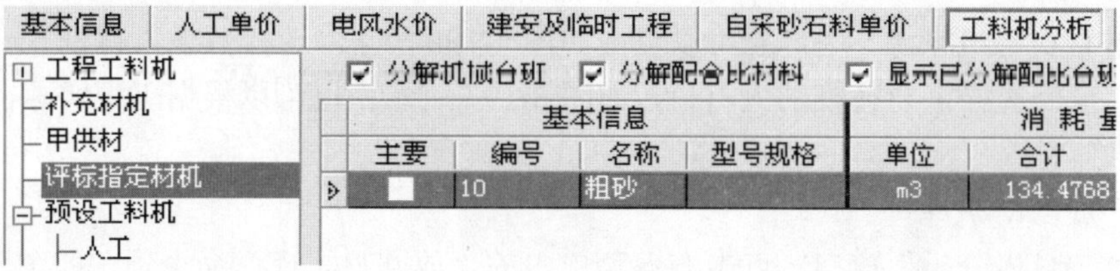

图 3-195　被设定为评标指定材料后节点下显示的材料“粗砂”

六、设置为完全甲供

如果有甲供材料的，可以在“工料机分析”窗口，通过选择指定材料后，执行如图 3-194 所示右键菜单中“设置为完全甲供”命令项进行设置。如果要取消该设置的话，则可以在“甲供材”节点下点击右键菜单中的“设置为完全乙供”命令项，将指定材料设置为乙供即可。操作方法与“设定为评标指定材料”相同。

七、查找材机来源…

要查找材料来源于哪些定额，可以在“工料机分析”窗口选定材料后点击右键菜单中“查找材机来源…”命令项，如图 3-194 所示，则会弹出所有使用过当前材料的定额子目，如图 3-196 所示。使用“查找材机来源”选项功能的主要目的是检查在“套定额窗口”所套工程定额时，混凝土及砂浆的强度等级是否进行了换算，查找具体是哪些定额的混凝土及砂浆的强度等级没有进行换算并可以重新进行换算。

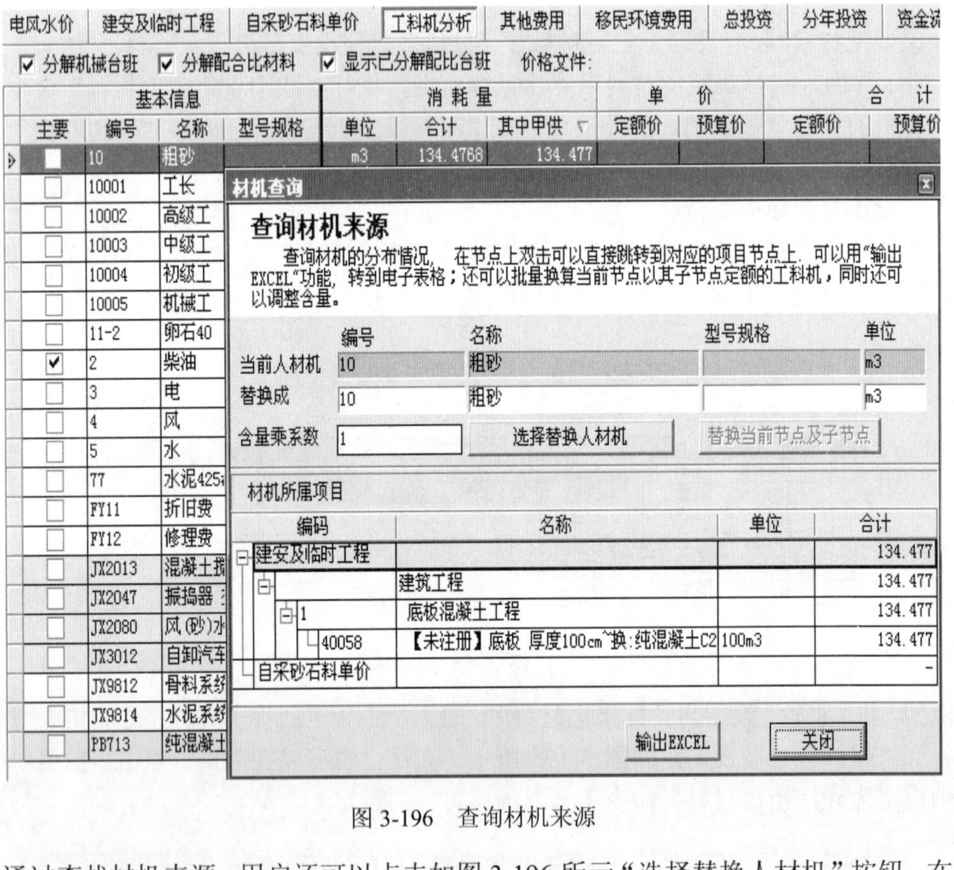

图 3-196 查询材机来源

通过查找材机来源，用户还可以点击如图 3-196 所示“选择替换人材机”按钮，在“项目指引”窗口选择需要替换的人材机，如图 3-197 所示。也可以根据工程实际需要修改“含量乘系数”。

八、放回材机库

在“工料机分析”窗口，点击右键菜单中的“放回材机库”命令项，如图 3-194 所示，可以补充系统材机库中的材机，为以后编制工程单价时所调用。

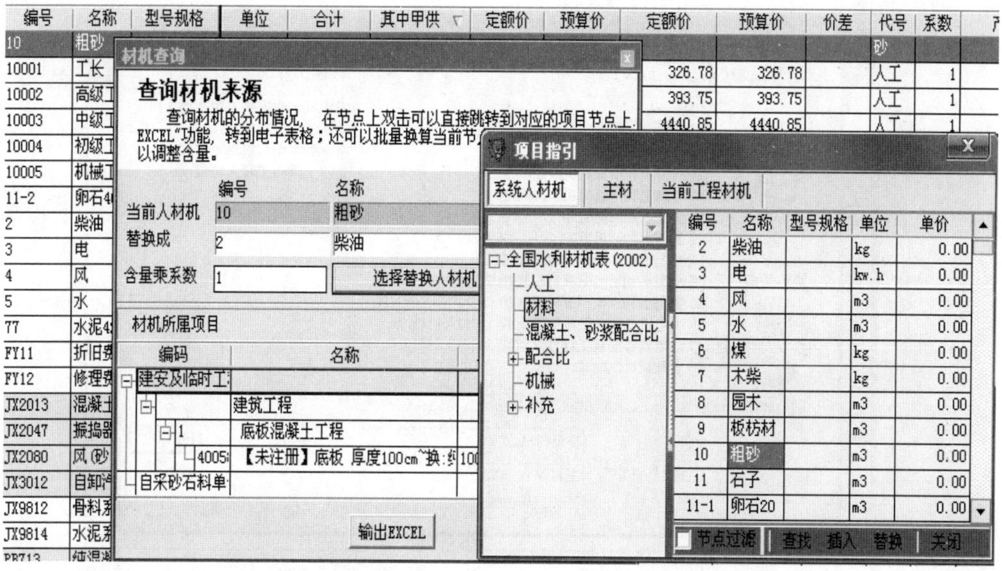

图 3-197　“选择替换人材机”—项目指引窗口

操作方法：在“工料机分析”窗口，选中要补充的材机，左键单击“放回材机库”命令项，在弹出的“补充材机”窗口，如图 3-198 所示，选中补充的材机，左键单击“补充至目录树结点”→“其他材料库”按钮，则打开“选择打开主材库文件”窗口列表，如图 3-199 所示，选择“补充材机.JCL”文件并点击“打开”按钮，则选择的材机即被放入材机库。

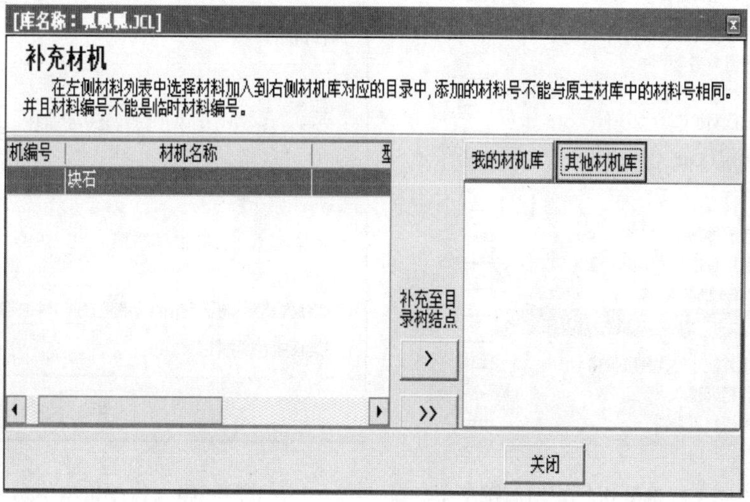

图 3-198　“放回材机库”—补充材机

九、保存价格文件

为了避免在以后的工程中每次对相同的材料进行重复报价，可以在“工料机分析”窗口，将当前工程的市场价格保存下来，在以后编辑工程单价时直接套用。

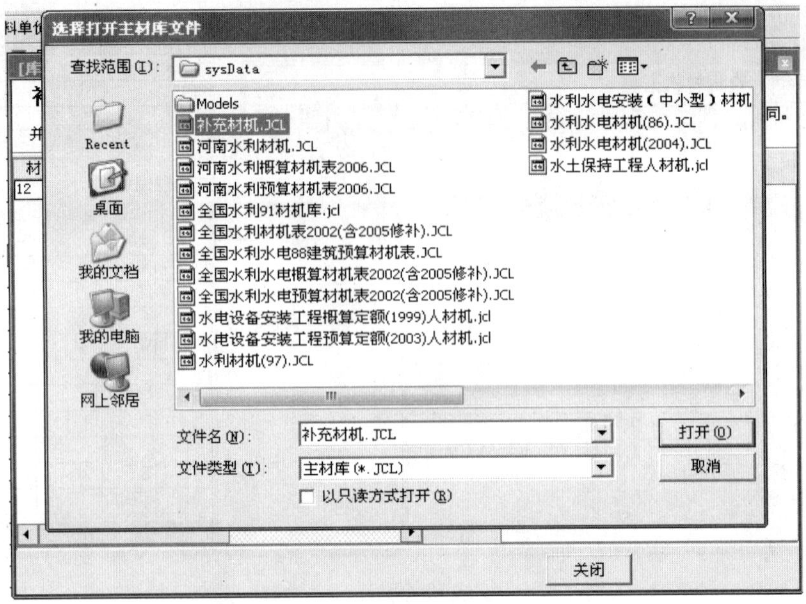

图 3-199 “选择打开主材库文件”—补充材机

操作方法：打开“工料机分析”插页，单击鼠标右键菜单中“保存价格文件...”命令项，如图 3-200 所示。在弹出的“保存价格信息”窗口给定一个价格文件名，根据情况选择相关选项并单击“确定”按钮即可进行保存，如图 3-201 所示。

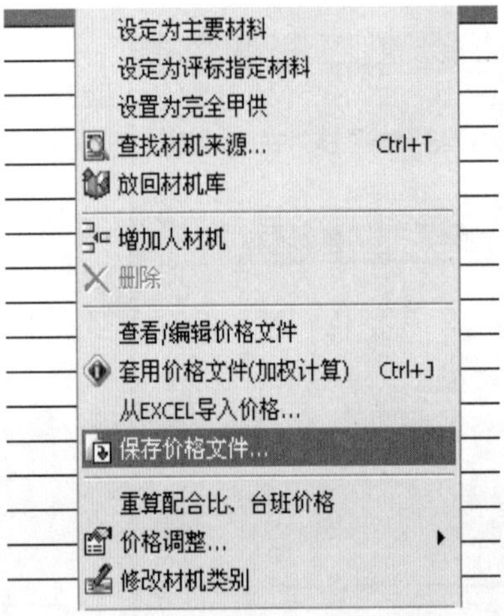

图 3-200 “工料机分析”窗口右键菜单

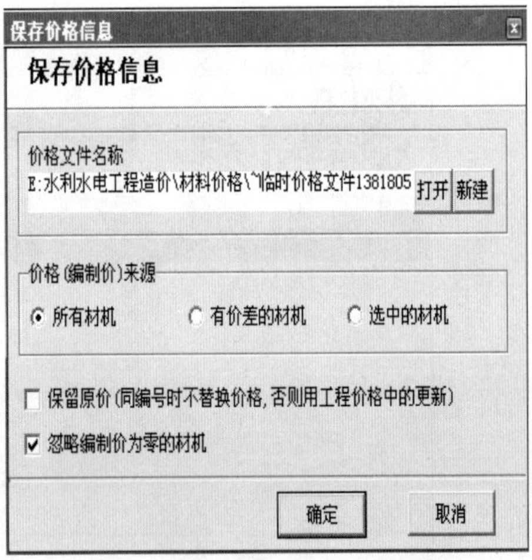

图 3-201 保存价格信息

十、查看/编辑价格文件

在“工料机分析”窗口，单击右键菜单中“查看/编辑价格文件”命令项，如图 3-200 所示，则弹出“选择打开材料价格文件”窗口，如图 3-202 所示，选中要打开的价格文件，用户可以进行导入、导出及查看、编辑价格文件等操作。

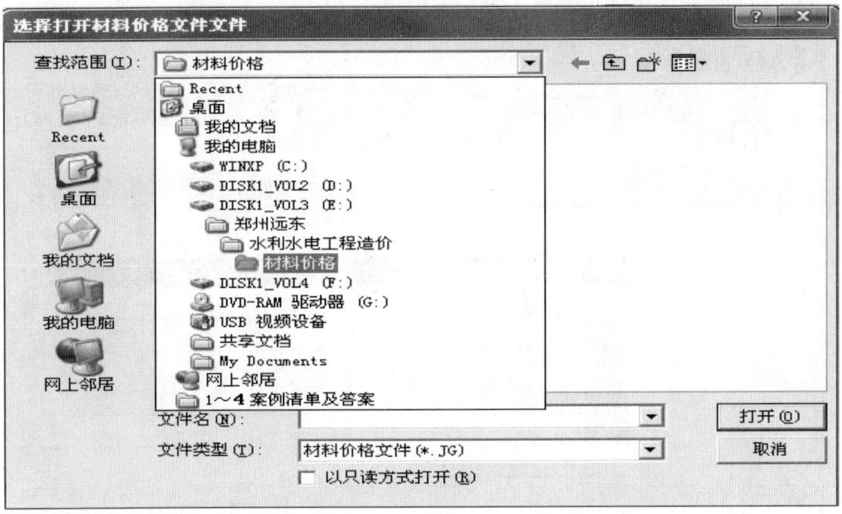

图 3-202　选择打开材料价格文件—查看/编辑价格文件

十一、套用价格文件（加权计算）

“套用价格文件”命令项是指在编辑工程单价时，如果当前工程的材料价格与用户自定义保存的价格文件中材料价格相同时，就可以采用“工料机分析”窗口右键菜单中的“套用价格文件”命令项进行操作。

操作方法：在“工料机分析”窗口，单击如图 3-200 所示右键菜单中“套用价格文件（加权计算）”命令项，在弹出的对话框中，如图 3-203 所示，点击“打开”按钮，用户可以根据需要选择相应的价格文件并进行“确定”即可套用。

十二、从 EXCEL 导入价格

“从 EXCEL 导入价格…”命令项是指在编辑工程清单项目单价时，如果当前工程的材料价格与用户自定义保存的价格文件中材料价格相同并且是以 EXCEL 形式存在时，就可以采用如图 3-200 所示右键菜单中“从 EXCEL 导入价格”命令项进行操作。

操作方法：在“工料机分析”窗口，单击“从 EXCEL 导入价格…”命令项，在弹出的“导入 EXCEL 文件”对话框中，如图 3-204 所示，选择与导入的文件格式相同的字段“定额价”、“预算价”、“材机编号”，选择导入的“表单号”、“数据起始行”、“数据结束行”，而“数据结束行”可以设定为 0，然后单击“打开”按钮，则选择的相应价格文件即可被“导入”。

一般来说，“从 EXCEL 导入价格”命令项很少采用。

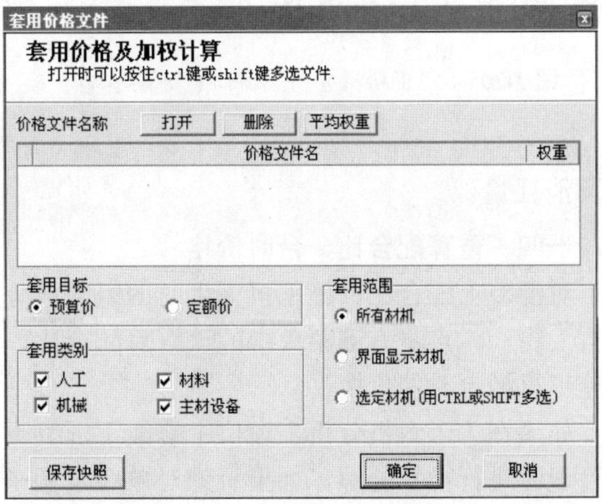

图 3-203　套用价格文件

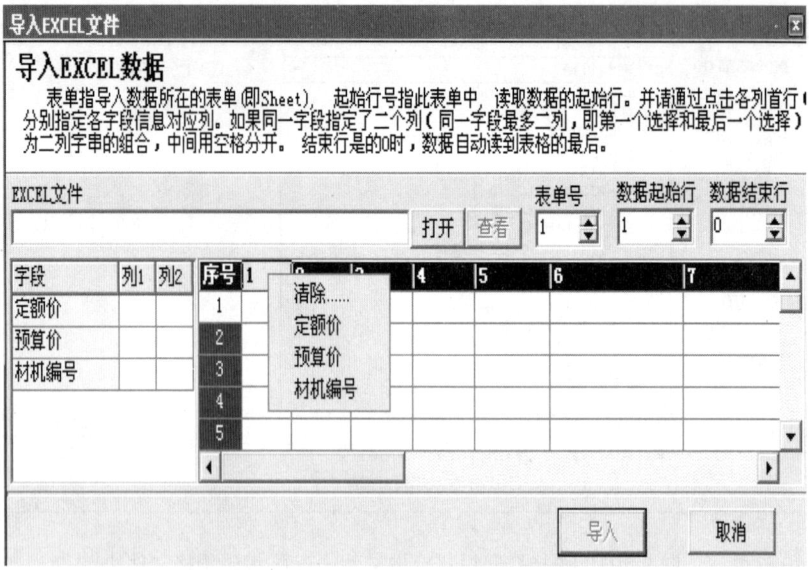

图 3-204　导入 EXCEL 文件

十三、工料机含量换算

采用水利水电工程造价软件编制工程单价时，如果工程中实际采用的混凝土配合比与定额混凝土配合比不一致时要进行工料含量换算，换算方法在本章第五节已经做过介绍，在“工料机分析”插页与在“工料机”窗口一样，这里不再赘述。下面我们重点介绍一下施工机械台时的换算。

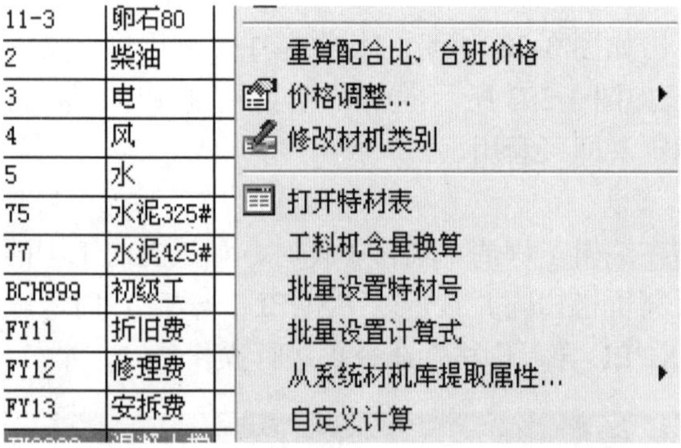

图 3-205　“工料机分析”窗口右键菜单

操作方法：在“工料机分析”窗口，选中要进行换算的施工机械台时，单击鼠标右键菜单中“工料机含量换算”命令项，如图 3-205 所示，在弹出的如图 3-206 所示窗口中，用户可以根据实际工程需要修改编辑施工机械台时的组成成分及消耗量。

十四、重算配合比、台时价格

对混凝土配合比、施工机械台时的组成成分及消耗量进行修改以后，可以在“工料机分析”窗口，点击右键菜单中的“重算配合比、台班价格”命令项重新计算混凝土配合比与施工机械台时的价格。

如果在“工料机分析”窗口中修改了混凝土配合比的成分及消耗量，将对所有的定额子目现时进行换算处理。如果只想对单个定额子目修改其配合比或台时成分及含量，则应该在“套定额窗口”中定额所对应的“子目工料机”中进行换算处理。

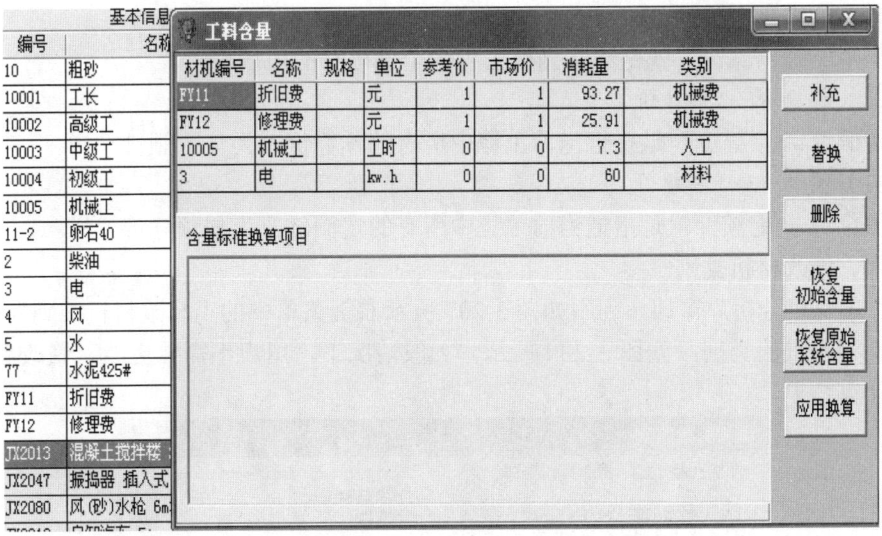

图 3-206　“工料机含量换算”窗口

十五、价格调整...

在“工料机分析”窗口，利用如图 3-207 所示右键菜单中“价格调整...”命令项，可以快速的修改工料机的定额价格与预算价格。

（一）价格乘系数...

“价格乘系数...”是指调整编制价（即市场价），调整系数是按照百分比来计算的，默认在“100”情况下为不调整价格。调整范围包括：选中材机、界面显示材机、全部人材机三种情况。

1. 选中材机

“选中材机”是指把当前选中的材机乘以价格系数进行调整。

操作方法：在“工料机分析”窗口，选中要进行调整的人材机，单击如图 3-207 所示右键菜单中“价格调整...”命令项→“价格乘系数...”选项→“选中材机”选项，在弹出的“调整编制价”窗口中，如图 3-208 所示输入调整的系数即可。

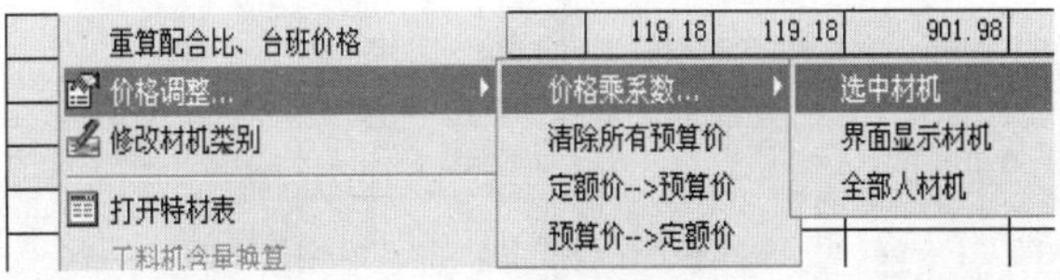

图 3-207　“价格调整”命令项

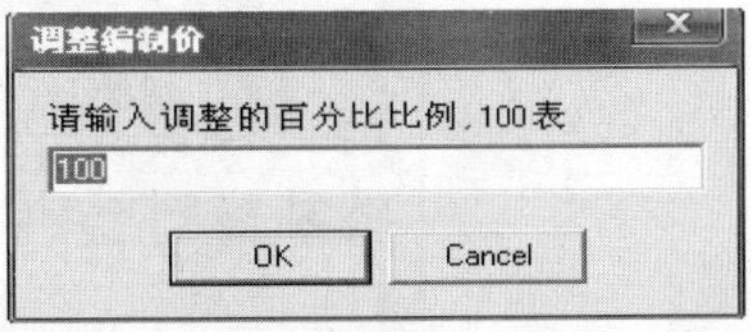

图 3-208　“调整编制价”窗口

2. 界面显示材机

“界面显示材机”是指把当前“工料机分析”窗口中所有显示的材机乘以价格系数进行调整。操作方法与“选中材机”选项的操作方法完全相同。

3. 全部人材机

“全部人材机”是指把工程中所有的人材机乘以价格系数进行调整。操作方法与“选中材机”选项的操作方法完全相同。

（二）清除所有预算价（即市场价）

“清除所有预算价”就是清除当前工程中全部已有的市场价。

（三）定额价-->预算价

“定额价-->预算价”是指把当前工程中所有的预算价改为与定额价一样。

（四）预算价-->定额价

“预算价-->定额价”是指把当前工程中所有的定额价改为与预算价一样。

十六、修改材机类别

在“工料机分析”窗口，利用如图 3-207 所示右键菜单中的“修改材机类别”命令项，可以改变工料机的类别，如图 3-209 所示。一般情况下，用户不需要更改，修改后会影响单价的计算结果。

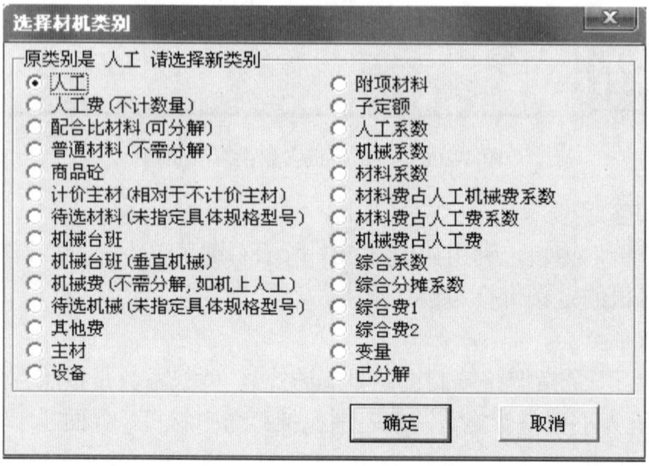

图 3-209 “选择材机类别”窗口

十七、打开特材表

在“工料机分析”窗口，利用如图 3-207 所示右键菜单中“打开特材表”命令项，可以打开当前工程的特材表（又称三材表），如图 3-210 所示。

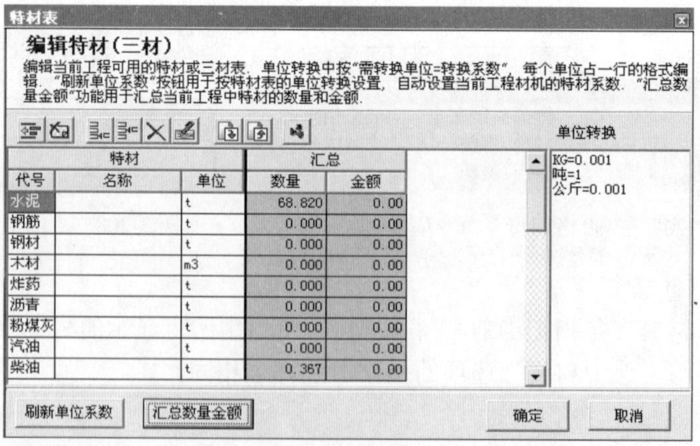

图 3-210 “特材表”窗口

编辑当前工程可用的特材表（又称三材表）时，单位转换过程中按“需转换单位=转换系数”且每个单位占一行的格式进行编辑。“刷新单位系数”按钮用于按特材表的单位转换设置，自动设置当前工程材机系数。“汇总数量金额”功能用于汇总当前工程中特材的数量和金额。每个特材还可设置单价分析程序以及相关的费率，这样可以通过批量设置特材号进行单价计算程序的设置。

一般来说，用户不需要再编辑特材表（又称三材表），只需要打开特材表并单击“刷新单位系数”、“汇总数量金额”按钮分别进行刷新和汇总即可，以便于新建报表集合时能显示主要材料量汇总表。

十八、批量设置特材号

“批量设置特材号”是指成批给选定的同一类型的工料机按相应的特材进行设置，便于用户汇总统计分析。

操作方法：在“工料机分析”窗口，选中要设置特材号的材料，点击如图 3-211 所示右键菜单中“批量设置特材号”命令项，则弹出如图 3-212 所示“选择特项号”窗口，给选择的特材赋予名称再点击“确定”按钮即可。

图 3-211 “批量设置特材号”命令项

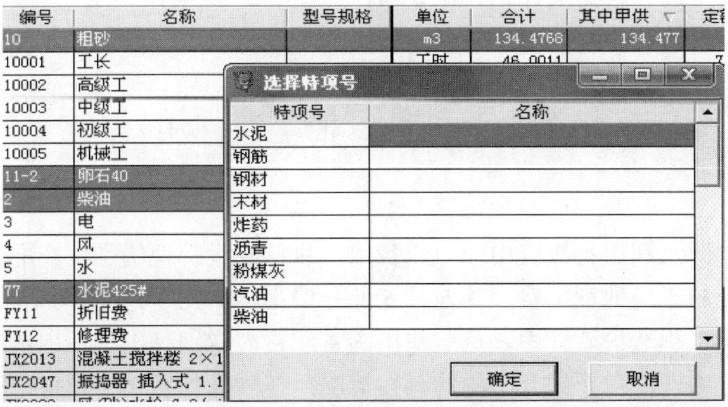

图 3-212 “选择特项号”窗口

十九、从系统材机库提取属性

“从系统材机库提取属性”是指在“工料机”窗口或者在“工料机分析”窗口，对工料机消耗量、特材等做过修改或者换算以后，为防止有些材料漏算或者引用错误，从系统材机库重新提取属性使当前工程与之保持一致的操作。

“从系统材机库提取属性”分三种情况：“选中人材机”，是指在当前工程中对选中的人材机进行属性提取使之与系统材机库保持一致；“当前界面全部人材机”，是指在当前工程中对选中的界面里面的人材机进行属性提取使之与系统材机库保持一致；“所有人材机”，是指对当前工程中的全部人材机进行提取使之与系统材机库保持一致。

操作方法：在“工料机分析”窗口，根据工程具体情况选择要设置为与系统材机库属性相同的材料，点击右键菜单中“从系统材机库提取属性…”命令项→“选中材机”选项，在弹出的“选项”窗口中选择与系统材机库相同的属性并点击“确定”按钮即可，如图 3-213 所示。

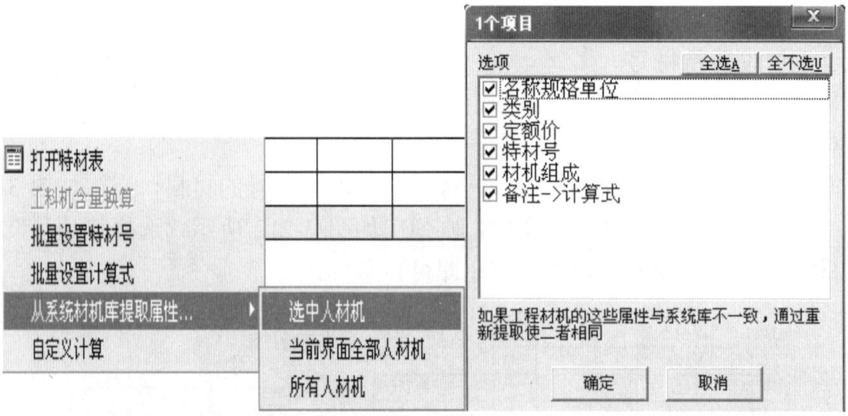

图 3-213 “从系统材机库提取属性...”命令项

二十、自定义计算

在“工料机分析”窗口，只要对工料机数据进行了修改、换算，系统就会自动进行计算，而右键菜单中的“自定义计算”命令项，如图 3-213 所示，用户一般很少用，因此不需要进行自定义计算。

第七节 其 他 费 用

一、概述

其他费用，即水利工程概算中的独立费用，包括建设管理费、生产准备费、科研勘测设计费、建设及施工场地征用费、其他共 5 部分费用，如图 3-214 所示。

在水利水电工程造价软件中，这些费用的备注栏内详细列出了各项费用的计算说明。

在实际工程中，用户要结合工程的具体情况，在“其他费用”窗口中的“计算基础”和“费率”列内输入各费用相应的指标数值和费率进行计算。例如，某水利工程项目，根据工程所在地区、类别、投资规模及工期等所确定的项目建设管理费指标分别为：建设单位开办费 120 万元、建设单位人员经常费{39390（元/人·年）*40（人）*2（年）}万元、工程管理经常费{[120（万元）+315.12（万元）] *35%}万元。在“计算基础”和“费率”列里分别填入相对应的指标数值和费率即可，如图 3-214 所示。

“其他费用”窗口中的数据是采用树状结构形式，且数据向上一级汇总，最后结果汇总到根节点。

序号	名称	计算基础	费率(%)	合计	引用号	备注
1	其他费合计			5874353.18	QTF	
1.1	建设管理费			5874120.00	JSGLF	
1.1.1	建设项目管理费			5874120.00		
1.1.1.1	建设单位开办费	1200000	100	1200000.00		
1.1.1.2	建设单位人员经常费	39390*40*2	100	3151200.00		建设单位人员经常费=费用指标(元/人·年)×定员人数×经常费用计算期(年)
1.1.1.3	工程管理经常费	[1.1.1.1]+[1.1.1.2]	35	1522920.00		一般35%~40%，改扩建与加固、堤防及疏浚工程取20%
1.1.2	工程建设监理费	0	100	0.00		按各地计划（物价）部门规定计取
1.1.3	联合试运转费	LHSYZDJ * LHSYZSL	100	0.00		费用指标*数量
1.2	生产准备费			92.39	SCZBF	
1.3	科研勘测费			73.33	KYKCF	
1.4	建设及施工场地征用费	0	100	0.00	CDZYF	取消锁定后在[计算基础]栏中输入费用合计
1.5	其他			67.46	QT	

图 3-214 “其他费用”界面

二、界面按钮功能

（一）插入、增加、增加子项、删除按钮

在“其他费用”窗口，该图标分别是“插入项目”、“增加项目”、“增加子项”、“删除项目”按钮。左键单击该按钮，用户可以根据工程需要，分别进行项目插入、项目增加、子项增加、项目删除的操作。

（二）按钮

在“其他费用”窗口，该图标是“保存模板”按钮。用户可以把当前的费用模块保存为模板，方便在以后的工程中调用或者以此模板为基础创建新的费用模块。

（三）按钮

在“其他费用”窗口，该图标是“套用模板”按钮。用户可以结合工程实际情况套用其他工程模板，并以其他模板为基础进行编辑以满足编制工程造价的需要。

（四）按钮

在“其他费用”窗口，该图标是“汇总计算”按钮。当工程的计算基础、费率等内容在修改后点击该按钮，系统会自动把结果汇总到根节点中。

（五）小数位数处理

在“其他费用”窗口，用户可以根据工程实际需要，对数值的小数位数进行处理，选择保留小数点的位数。

第八节 移 民 环 境 费 用

一、概述

移民环境费用，即水利工程概算中移民和环境部分的费用，包括内容如图 3-215 所示。该模块费用数据是采用树状结构，并且数据向上一级汇总，最后结果汇总到根节点。

在“移民环境费用”插页窗口，用户只需要根据工程的实际情况，在“数量/公式”、“单价”列分别输入相应费用的数量或计算公式、单价，系统软件就可以自动进行计算。

序号	名称	单位	数量/公式	单价	合计	引用号	备注
1	农村移民安置迁建费	元			0.00		
2	城镇及集镇迁建费	元			0.00		
3	专业项目恢复改建费	元			0.00		
4	防护工程费	元			0.00		
5	库底清理费	元			0.00		
6	其他费用	元			0.00		
7	有关税费	元			0.00		
8	环境影响等补偿费	元			0.00		
9	预备费	元			0.00		
9.1	基本预备费	元			0.00		
9.2	价差预备费	元			0.00		
10	移民静态总投资	元	[1:8] + [9.1]		0.00		
11	移民环境费用总投资	元	[9.2] + [10]		0.00	YMHJF	

图 3-215 “移民环境费用”界面

二、界面按钮功能

在“移民环境费用”插页界面，这些图标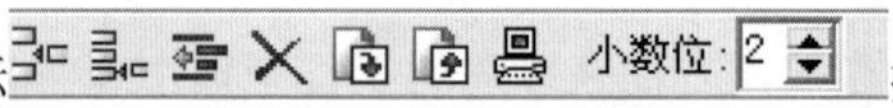按钮的功能与“其他费用”插页界面按钮的功能与使用方法完全相同。

第九节 总 投 资

一、概述

在水利工程概预算中，建设项目总投资包括建筑工程投资、机电设备及安装工程投资、金属结构设备及安装工程投资、施工临时工程投资、独立费用、基本预备费、静态总投资、价差预备费及建设期融资利息共九部分投资之和。这些投资费用在水利水电工程造价软件的备注栏中详细列出了计算说明，用户只需要在该插页界面的“计算基础”、“费率”列输入各部分费用相应的费用指标或费率变量值，系统软件就可以自动进行计算，如图 3-216 所示。

在“总投资”插页窗口中的数据是采用树状结构形式，并且数据向上一级汇总，最后结果汇总到根节点。

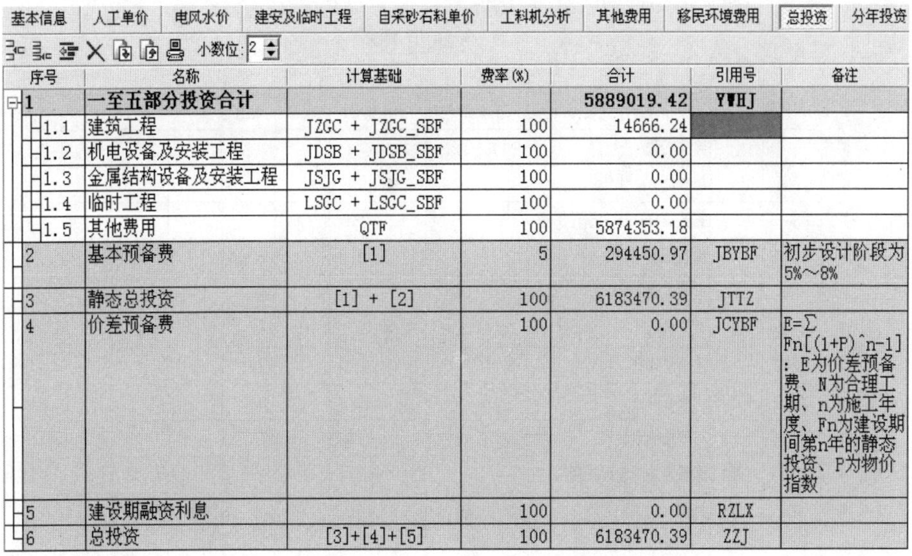

序号	名称	计算基础	费率(%)	合计	引用号	备注
1	**一至五部分投资合计**			**5889019.42**	**YWHJ**	
1.1	建筑工程	JZGC + JZGC_SBF	100	14666.24		
1.2	机电设备及安装工程	JDSB + JDSB_SBF	100	0.00		
1.3	金属结构设备及安装工程	JSJG + JSJG_SBF	100	0.00		
1.4	临时工程	LSGC + LSGC_SBF	100	0.00		
1.5	其他费用	QTF	100	5874353.18		
2	基本预备费	[1]	5	294450.97	JBYBF	初步设计阶段为5%～8%
3	静态总投资	[1] + [2]	100	6183470.39	JTTZ	
4	价差预备费		100	0.00	JCYBF	E=∑Fn[(1+P)^n-1]：E为价差预备费、N为合理工期、n为施工年度、Fn为建设期间第n年的静态投资、P为物价指数
5	建设期融资利息		100	0.00	RZLX	
6	总投资	[3]+[4]+[5]	100	6183470.39	ZZJ	

图 3-216　“总投资”界面

二、界面按钮功能

在“总投资”插页界面，

按钮的功能与“其他费用”插页界面按钮的功能与使用方法完全相同。

第十节　分 年 度 投 资

一、概述

分年度投资是根据施工组织设计所确定的施工进度和合理工期而计算出的工程各年度预计完成的投资额。它是计算基本预备费、资金流量的依据，也是水利工程概算表格中的一项重要内容，可视不同工程情况按项目划分列至一级项目。水利枢纽工程原则上要编制分年度投资表，为编制资金流量表做准备。对于工程工期较短的水利工程可以不编制资金流量表，因此其分年度投资表的项目可按工程部分总概算表的项目列入。

水利水电工程造价软件中所采用的是水利枢纽工程分年度投资表，如图 3-217 所示。用户要结合工程实际情况划分年度投资，然后填入每一年度相应工程项目列即可。

由于水利水电工程造价软件不会自动计算分年度投资表中的数值，所以分年度投资表中的各部分数值必须由用户自己填入。

二、界面工具栏

在“分年度投资”插页界面，可以使用如图 3-218 所示工具栏中的工具对该界面进行编辑、设置，其使用方法与 Word、Excel 以及前面章节中所涉及到的工具用法完全相同。

	A	B	C	D	E	F	G	H	I	J
1	填写说明:只要在白色单元格内输入各年用款数据即可!									
2	分年度投资表									
3										
4	费用代号	编号	工程或费用名称	投资合计	剩余投资	第1年	第2年	第3年	第4年	第5年
5		一	建筑工程	14666.24	14666.24					
6	JZGC	(一)	第一部分:建筑工程	14666.24	14666.24					
7	LSGC	(二)	第四部分:施工临时工程							
8	AZGC	二	安装工程							
9	SBF	三	设备工程							
10	QTF	四	独立费用	5874353.18	5874353.18					
11	JSGLF	(一)	建设管理费	5874120.00	5874120.00					
12	SCZBF	(二)	生产准备费	92.39	92.39					
13	KYKCF	(三)	科研勘测设计费	73.33	73.33					
14	CDZYF	(四)	建设及施工场地征用费							
15	QT	(五)	其他	67.46	67.46					
16										

图 3-217 “分年度投资”界面

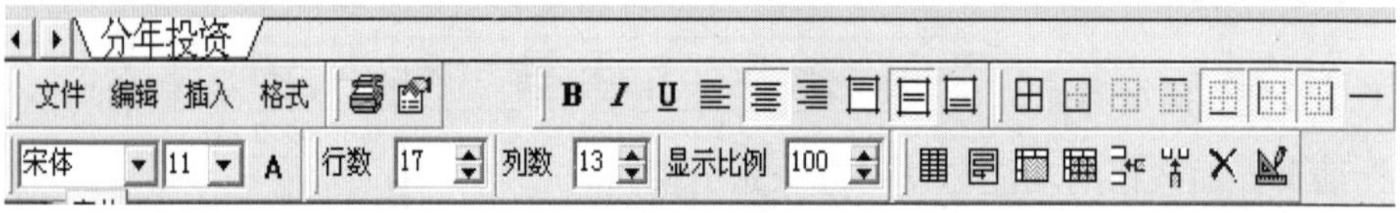

图 3-218 “分年投资”界面工具栏

第十一节 资 金 流 量 表

一、概述

资金流量是为满足工程项目在建设过程中各时段的资金需求，按工程建设所需资金投入时间计算的各年度使用的资金量。它是在分年度投资的基础上，考虑了预付款（包括工程预付款、材料预付款）、预付款的扣回、保留金、保留金的偿还等编制出的分年度资金安排。可视不同工程情况按项目划分列至一级或二级项目，如图 3-219 所示。

在“资金流量”插页的窗口中，用户要结合工程实际情况，依据水利部《水利工程设计概估算编制规定》（水总〔2002〕116 号），在分年度投资表的基础上，分别计算预付款（包括工程预付款和材料预付款）、扣回预付款、保留金、偿还保留金的数值，然后填入每一年度内相应工程项目列即可。

由于水利水电工程造价软件不会自动计算资金流量表中的数值，所以资金流量表中的各部分数值必须由用户自己填入。

图 3-219 “资金流量”插页界面

二、界面工具栏

“资金流量”插页界面的编辑工具与“分年度投资”插页界面的工具完全相同，如图 3-218 所示，其功能与使用方法也完全相同，也可以对该界面进行编辑、设置。

第十二节 报 表

一、概述

本节主要介绍如何进行“报表的打印输出”，有关报表的其他操作，将在第五章中做详细介绍。

工程套完定额并在“工料机分析”窗口对工料机价格输入完成后，单击“报表”插页即进入报表输出页面，如图 3-220 所示。

图 3-220 “报表”插页—“报表输出”界面

打印报表时，首先要结合工程实际选择所需要的报表并进行预览，在预览确定无误后点击按钮即可打印。如果需要对报表进行重新设置，单击按钮可以进入页面设置界面。

二、报表输出页面按钮

在报表的左窗口中有 3 个按钮，功能如下。

（一）按钮

该图标是“用资源管理器打开报表目录”按钮。点击该按钮后可以看到如图 3-221 所示“概预算报表”窗口中与左边窗口相同的报表目录。编程人员可以根据用户的需要增减报表目录。

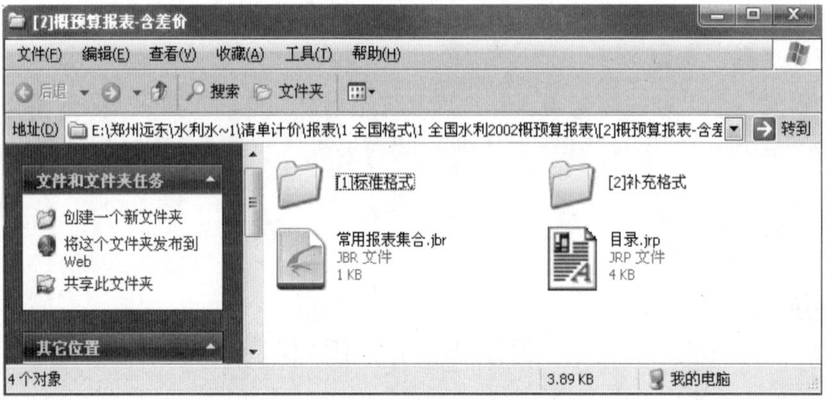

图 3-221 “报表”插页—“报表输出”界面

（二）按钮

如果在“资源管理器打开的报表目录”窗口中，如图 3-221 所示，又增加了新的报表目录，那么使用该按钮可用于刷新(重建)报表目录，使新的报表目录在左边的窗口中显示，否则不显示。一般来说，用户不要自己增加报表目录，以免造成结果错误。

（三）新建报表集合按钮

该按钮可用于新建报表集合或设置连续打印报表。在实际工程中，有些报表需要按连续的页码进行打印，使用“新建报表集合”按钮就可以满足工程要求。

在“报表输出”页面，点击“新建报表集合”按钮，则弹出如图 3-222 所示窗口。用户根据工程需要选中左边的报表，然后双击或者点击图标按钮，把报表添加到右边窗口中。如果误选了报表，可以在右边窗口中选中被误选了的报表，然后点击图标按钮进行删除。

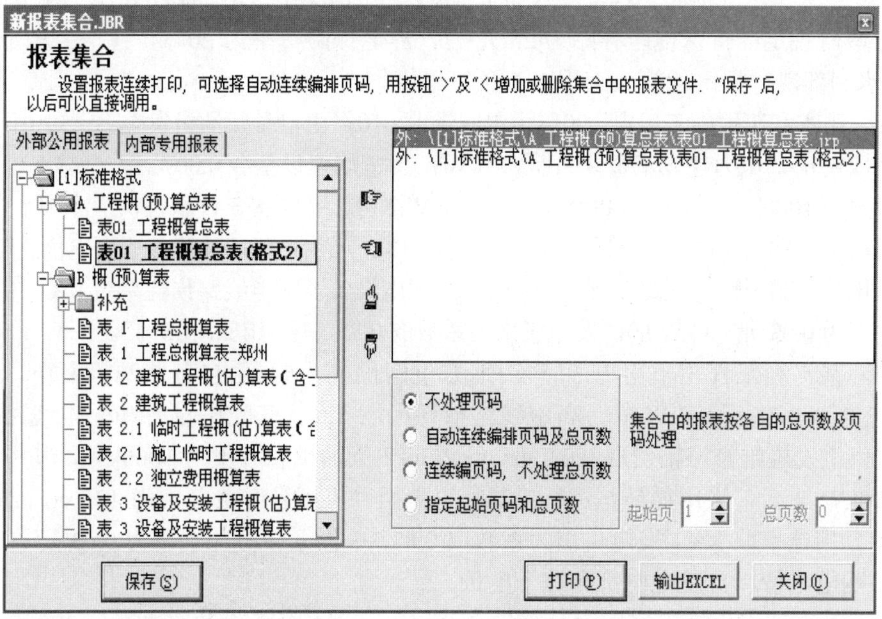

图 3-222 “新报表集合”窗口

若只需批量打印表格，可选择“不处理页码”选项，若需要按连续的页码进行打印，可选择“自动连续编排页码及总页数”或“连续编页码，不处理总页数”选项。还可以进行“指定起始页码和总页数”的操作。

这里我们只对用户报表的输出进行了简要介绍，报表的其他功能将在第五章“报表管理”里面做详细的介绍。

思考与练习题

3-1 人工预算单价的组成内容有哪些？

3-2 电风水预算价格的组成内容有哪些？

3-3 建安及临时工程有哪几个部分组成？

3-4 套工程定额的操作方法有几种？

3-5 叙述工料机分析插页内容的输入方法。

3-6 其他费用有哪几部分内容组成？

3-7 总投资有哪几部分内容组成？

3-8 如何计算分年度投资？

3-9 如何编制资金流量表？

3-10 报表输出的方法有哪几种？

3-11 某灌溉工程位于六类工资区，无地区津贴，养老保险费率取15%，住房公积金费率取5%。按水利部现行规定计算该工程工长、高级工、中级工和初级工的人工预算单价。

3-12　某大型水利枢纽工程位于八类工资区，经国家物价部门批准的地区津贴为 45 元/月，地方政府规定的特殊地区补贴为 25 元/月，养老保险费率为 20%，住房公积金费率为 5%，按水利部现行规定计算该工程人工预算单价。

3-13　某水利工程施工用电，90%由电网供电，10%由自备柴油机发电。已知电网电价为 0.30 元/（kW·h），电力建设基金 0.04 元/（kW·h），三峡建设基金 0.007 元/（kW·h），柴油发电机总容量为 1000kW，其中 200kW 1 台，400kW 2 台，并配备 3 台水泵供给冷却水。以上 3 种机械台时费分别为 160 元/台时、270 元/台时和 13.5 元/台时。请计算外购电电价、自发电电价和综合电价（高压输电线路损耗率为 6%，变配电设备及配电线路损耗率为 8%，供电设施维修摊销费为 0.03 元/（kW·h），发电机出力系数取 0.85，厂用电率取 5%）。

3-14　某水利工程施工用电 95%由地方电网供电，5%由自备柴油机发电。已知电网基本电价为 0.36 元/（kW·h），高压线路损耗率取 5%，变配电设备和配电线路损耗率取 8%，供电设施维修摊销费取 0.03 元/（kW·h）。柴油机总容量为 1000kW，其中 200kW 1 台，400kW 2 台，采用循环水进行冷却。以上两种机械台时费分别为 135 元/台时、225 元/台时。厂用电率取 5%，发电机出力系数取 0.83，单位循环冷却水费为 0.03 元/（kW·h）。请计算外购电电价、自发电电价和综合电价。

3-15　某水利工程施工用风由总容量 200m^3/min 的压缩空气系统供给，共配置固定式空压机 7 台，其中 20m^3/min 4 台，40m^3/min 3 台，采用循环水冷却。本工程用风供风管道较长，损耗率与维修摊销费应取大值。已知 20m^3/min 与 40m^3/min 的空压机台时费分别为 82.80 元/台时和 150.00 元/台时，空压机出力系数取 0.8，供风设施维修摊销费为 0.003 元/m^3，单位循环冷却水费为 0.005 元/m^3，供风损耗率取 12%，请计算施工用风价格。

3-16　某水利工程施工用风由总容量 160m^3/min 的压缩空气系统供给，共配置固定式空压机 6 台，其中 20m^3/min4 台，40m^3/min2 台，并配备 3.7kW 水泵 2 台供给冷却水。本工程用风供风管道较长，损耗率与维修摊销费应取大值。已知 20m^3/min 与 40m^3/min 的空压机台时费分别为 82.81 元/台时和 150.56 元/台时，水泵台时费为 12 元/台时。空压机出力系数取 0.8，供风设施维修摊销费取 0.003 元/m^3，供风损耗率取 12%，请计算施工用风价格。

3-17　华中地区某均质土坝工程位于县城以外，其坝基础土方开挖工程采用 2m^3 挖掘机挖装土 10t 自卸汽车运 2km 至弃料场弃土，按水利部现行规定编制该土方工程预算单价。已知基本资料为：

（1）该工程所在地区为六类工资区，养老保险费率为 20%，住房公积金费率为 5%，无地区津贴。

（2）基础土方为Ⅲ类土。

（3）柴油预算价格 5.57 元/kg。

3-18　某土堤加固整治工程位于华东地区，土堤填筑设计工程量 15 万 m^3，施工组织设计为：土料开采用 2 m^3 挖掘机挖装Ⅲ类土，12t 自卸汽车运 6km 上堤进行土料填筑；土料压实采用 8～12t 羊足碾压实，74kW 推土机推平，设计干密度 16.7kN/ m^3，天然干密度 15.8 kN/ m^3，按水利部现行规定编制该土堤填筑工程预算单价和概算单价。已知基本资料如下。

（1）该工程所在地区为八类工资区，养老保险费率为 20%，住房公积金费率为 5%，经国家物价部门批准的地区津贴为 45 元/月。

（2）土质级别为Ⅲ类土。

（3）柴油预算价格 5.57 元/kg。

3-19 华北地区某水利枢纽工程位于县城外，其基础岩石级别为Ⅺ级，基础石方开挖采用风钻钻孔爆破，火花爆破，开挖深度为 2.50m，石渣运输采用 $3m^3$ 装载机装 15t 自卸汽车运 2km 弃渣，按水利部现行规定编制该石方工程预算单价。已知基本资料见表 3-6。

（1）该工程所在地区为七类工资区，养老保险费率为 20%，住房公积金费率为 5%，无地区津贴。

（2）工程所用材料预算价格见表 3-6。

表 3-6 材料预算价格汇总表

序号	项目名称及规格	单位	单价（元）	序号	项目名称及规格	单位	单价（元）
1	合金钻头	个	65.00	5	柴油	kg	5.57
2	导火线	m	0.50	6	风	m^3	0.10
3	火雷管	个	1.20	7	水	m^3	0.50
4	炸药综合价	kg	4.70				

3-20 某水利枢纽工程位于华东地区，其一般石方开挖工程采用风钻钻孔爆破施工，$1m^3$ 液压挖掘机装 8t 自卸汽车运 2.5km 弃碴，岩石级别为Ⅺ级，按水利部现行规定编制该石方工程预算单价。基本资料如下。

（1）人工预算单价：工长 7.11 元/工时，高级工 6.61 元/工时，中级工 5.62 元/工时，初级工 3.04 元/工时。

（2）材料预算价格：合金钻头 55 元/个，炸药 5.0 元/kg，电雷管 1.2 元/个，导电线 0.6 元/m，柴油 5.30 元/kg，电 0.60 元/（kW·h），风 0.09 元/m^3、水 0.6 元/m^3。

3-21 某水闸工程位于八类工资区、县城镇以外，其护底工程采用 M7.5 浆砌块石施工，所有砂石材料均需外购，其外购单价为：砂 55 元/m^3，块石 75 元/m^3，按水利部现行规定编制该水闸 M7.5 浆砌块石护底工程预算单价。已知基本资料如下。

（1）该工程所在地区养老保险费率为 18%，住房公积金费率为 5%，经国家物价部门批准的地区津贴为 45 元/月。

（2）材料预算价格：32.5 级普通硅酸盐水泥 350 元/t，施工用水 0.80 元/m^3，电价 0.75 元/（kW·h）。

3-22 某水闸工程位于华东地区，其挡土墙采用 M10 浆砌块石施工，M10 砂浆的配合比为：32.5（R）水泥 305kg，砂 $1.10m^3$，水 $0.183m^3$，所有砂石料均需外购。按水利部现行规定编制该浆砌石工程预算单价。已知基本资料如下。

（1）人工预算单价：工长 4.91 元/工时，高级工 4.56 元/工时，中级工 3.87 元/工时，初级工 2.11 元/工时。

（2）材料预算价格：32.5（R）普通水泥 300 元/t，块石 75 元/m^3，砂 45 元/m^3，施工

用水 0.55 元/m^3。

3-23 某引水工程位于华东地区县城以外，其排架采用现浇钢筋混凝土，单根立柱横断面为 $0.2m^2$，混凝土强度等级为 C25（三级配），施工方法：采用 $0.80m^3$ 搅拌机拌制混凝土，1t 机动翻斗车装混凝土运 100m 至仓面进行浇筑，按水利部现行规定编制该排架混凝土工程预算单价。已知基础资料为：

（1）人工预算单价：工长 4.91 元/工时，高级工 4.56 元/工时，中级工 3.87 元/工时，初级工 2.11 元/工时。

（2）工程所用部分材料预算价格见表 3-7。

表 3-7 材料预算价格汇总表

序号	项目名称及规格	单位	单价（元）	序号	项目名称及规格	单位	单价（元）
1	普通水泥 42.5	t	330.00	5	汽油	kg	6.30
2	中砂	m^3	55.00	6	电	kW·h	0.60
3	碎石	m^3	75.00	7	风	m^3	0.10
4	柴油	kg	5.57	8	水	m^3	0.50

3-24 某水利枢纽工程，其泄洪闸底板采用现浇钢筋混凝土，底板厚度为 2.00m，混凝土强度等级为 C25（三级配），闸底板和闸墩采用的钢筋型号有ϕ20 的 A3，ϕ25 的变形钢筋。施工方法：采用 $2\times1.0m^3$ 搅拌楼拌制混凝土，1t 机动翻斗车装混凝土运 100m 至仓面进行浇筑，按水利部现行规定编制该水闸底板混凝土工程、钢筋制作与安装工程预算单价。已知基本资料如下：

（1）该工程所在地区为七类工资区，养老保险费率为 15%，住房公积金费率为 5%，无地区津贴。

（2）工程所用材料预算价格见表 3-8。

表 3-8 材料预算价格汇总表

序号	项目名称及规格	单位	单价（元）	序号	项目名称及规格	单位	单价（元）
1	普通水泥 42.5	t	350.00	7	风	m^3	0.10
2	粗砂	m^3	55.00	8	水	m^3	0.50
3	碎石	m^3	75.00	9	铁丝	kg	5.80
4	柴油	kg	5.57	10	电焊条	kg	7.00
5	汽油	kg	6.30	11	钢筋	t	4500.00
6	电	kW·h	0.60				

3-25 华中地区某水利枢纽工程，其泄洪闸闸墩现浇钢筋混凝土采用标准钢模板立模，按水利部现行规定编制该水闸闸墩模板工程预算单价。已知基本资料如下。

（1）该工程所在地区为六类工资区、养老保险费率为 15%，住房公积金费率为 5%，无地区津贴。

（2）工程所用材料预算价格见表 3-9。

表 3-9 材料预算价格汇总表

序号	项目名称及规格	单位	单价（元）	序号	项目名称及规格	单位	单价（元）
1	铁件	kg	6.30	6	汽油	kg	6.30
2	组合钢模板	kg	6.80	7	铁件及预埋铁件	kg	6.30
3	型钢	kg	5.60	8	预制混凝土柱	m^3	309.00
4	卡扣件	kg	4.50	9	电	kW·h	0.60
5	电焊条	kg	7.00				

3-26 东北地区某水库工程位于县城镇以外，坝基注水试验透水率为 10～20Lu,设计采用坝基双排帷幕灌浆进行基础防渗。帷幕灌浆钻孔总进尺为 1600m，坝基为Ⅷ级岩石层，灌浆总量为 1300m，钻孔平均深度 18m，帷幕灌浆采用自上而下的灌浆方法完成，按水利部现行规定编制该坝基岩石帷幕灌浆工程预算单价。基本资料见表 3-10。

（1）该工程所在地区为九类工资区，养老保险费率为 20%，住房公积金费率为 5%，经国家物价部门批准的地区津贴为 55 元/月。

（2）工程所用材料预算价格见表 3-10。

表 3-10 材料预算价格汇总表

序号	项目名称及规格	单位	单价（元）	序号	项目名称及规格	单位	单价（元）
1	合金钻头	个	65.00	7	黏土	t	18.00
2	合金片	kg	200.00	8	砂	m^3	26.00
3	岩芯管	m	80.00	9	铁砂	kg	3.00
4	钻杆	m	45.00	10	铁砂钻头	个	70.00
5	水泥	t	320.00	11	钻杆接头	个	16.00
6	水	m^3	0.50				

3-27 华东地区某水库坝基岩石基础固结灌浆，采用手风钻钻孔，一次灌浆法，灌浆孔深 5m，岩石级别为Ⅷ级，按水利部现行规定编制该坝基岩石固结灌浆综合预算单价。基本资料如下。

（1）该工程所在地区为八类工资区，养老保险费率为 20%，住房公积金费率为 5%，经国家物价部门批准的地区津贴为 45 元/月。

（2）坝基岩石层平均单位吸水率 3Lu，灌浆水泥采用 32.5 级普通硅酸盐水泥。

（3）工程所用材料预算价格见表 3-11。

表 3-11 材料预算价格汇总表

序号	项目名称及规格	单位	单价（元）	序号	项目名称及规格	单位	单价（元）
1	合金钻头	个	65.00	4	水	m^3	0.50
2	空心钢	kg	10.00	5	风	m^3	0.15
3	水泥 32.5	t	320.00	6	电	元/（kW·h）	0.60

3-28 华东地区淮河河道某段清淤疏浚工程，采用绞吸式挖泥船进行施工，挖泥船的名义生产率为 200m^3/h，河底土质为Ⅲ类可塑壤土，挖深为 6m，排泥管线长度为 400m。按水利部现行规定编制该河道疏浚工程预算单价。已知基本资料如下。

（1）人工预算单价：中级工 3.87 元/工时，初级工 2.11 元/工时。

（2）材料预算单价：柴油 4.5 元/kg。

29. 某土坝位于华东地区，其坝面反滤层采用土工布铺设，坝面边坡为 1∶2.5，按水利部现行规定编制该土工布铺设预算单价。已知基本资料如下。

（1）人工预算单价：工长 7.11 元/工时，中级工 5.62 元/工时，初级工 3.04 元/工时。

（2）材料预算价格：土工布 3.50 元/m^2。

第四章　附　加　功　能

【学习目标】

1. 掌握定额库的切换方法。
2. 了解增加定额、定额主材库的编辑与修改方法。
3. 掌握定额换算处理方法。
4. 了解项目指引窗口的作用。
5. 掌握清单、定额项目指引的使用方法。
6. 了解清单项目、定额库管理的内容。
7. 了解主材库管理的内容及编辑方法。
8. 了解计价模式；新建项目管理文件及电子标书的导入方法。
9. 掌握打开文件的方式。

【学习重点】

1. 定额库的切换方法及定额换算处理方法。
2. 清单、定额项目指引的使用方法。
3. 打开文件的方式。

第一节　多专业系统库的切换

一、定额库的切换

编制水利水电工程造价时，有时会用到多种专业定额。用户可以打开水利水电工程造价软件中项目指引窗口的系统定额库，在定额库下拉列表中进行选择调用，如图 4-1 所示。

图 4-1　“定额库下拉选项”窗口

例如，河南省某水利工程项目，由国家和地方政府共同投资兴建，工程施工采用国内公开招标的方式，对于工程投标报价的编制，招标方对施工单位所采用的定额不做限制。那么施工单位就可以根据水利工程的性质、特点、所在地区等情况选择所需要的定额并随时进行切换。

二、增加定额

为了满足编制水利水电工程造价的需要，用户可以在水利水电工程造价软件系统中自由的增加定额库，增加定额的方法是：用户可以从公司的网站中下载新增定额库，将定额库文件（定额库文件扩展名为．JDE）复制到系统安装目录中的 sysData 文件夹中即可。例如，系统安装目录中的 sysData 文件夹所在的位置是“E：\郑州远东\水利水电工程造价\sysData”。把“全国水利水电建筑预算 2002（含 2005 修补）.JDE”定额放在 sysData

文件夹中的界面，如图 4-2 所示。

图 4-2 打开的“系统安装目录中 sysData 文件夹”窗口

三、定额主材库的编辑与修改

打开“数据维护”菜单，在下拉选项中选择“主材”进入“主材库管理”窗口，然后点击“文件”菜单中的“打开”选项，则弹出“选择打开主材库文件”对话框，如图 4-3 所示。

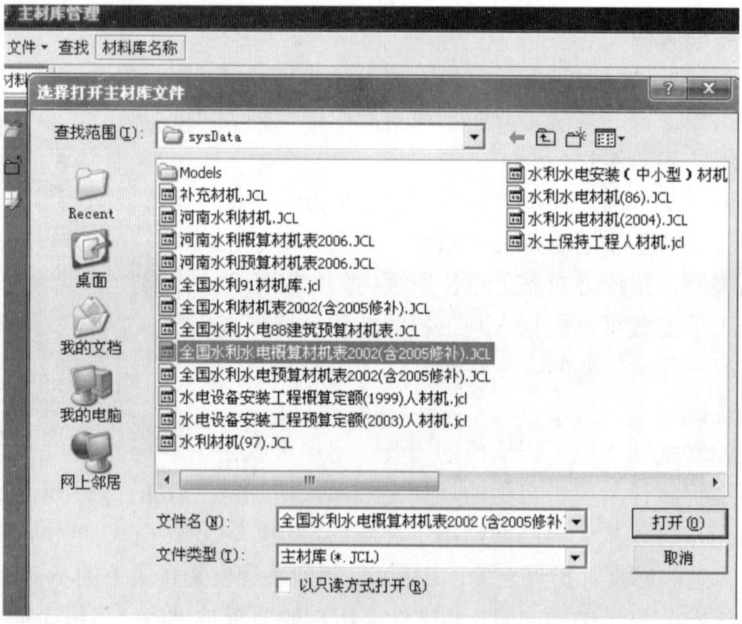

图 4-3 选中的定额材机库

在对话框中，选择要修改的定额材机表文件并打开，例如选择的定额库材机表为“全国水利水电概算材机表 2002（含 2005 修补）.JCL”，即可以对定额材机库中的各项材机指标进行修改，并执行“文件”菜单中或者工具栏中的“保存”命令进行保存，如图 4-4 所示。

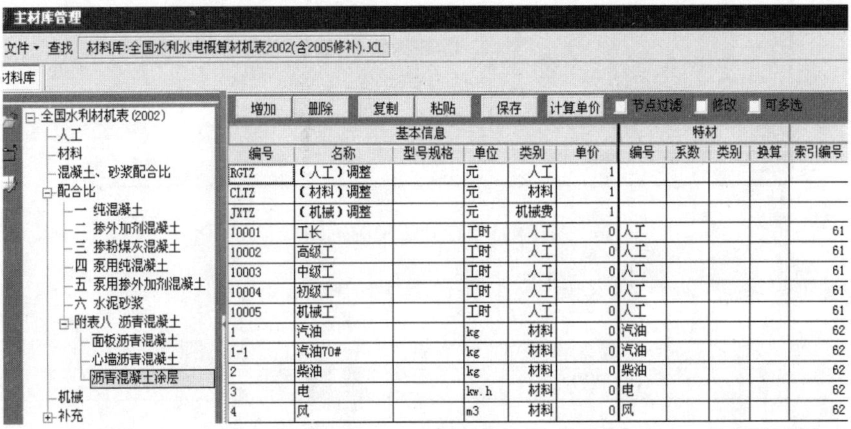

图 4-4 打开选中的定额材机库

一般情况下，用户不要编辑与修改定额材机库，要由编程人员根据用户需要进行编辑与修改。

第二节 定 额 换 算

一、定额换算处理

在“套定额”窗口进行定额子目录入时，经常会遇到一些换算的项目，比如人材机系数的换算、定额增减的换算、配合比的换算、施工机械台时的换算等，这些换算均可在系统智能提示下自动完成。如果需要对某定额子目补充或者替换人材机的话，可以在当前定额子目相对应的“工料机”窗口中点击鼠标右键，使用快捷菜单中的相应命令项来实现，也可以按“Insert”键或者是在最后一行按向下方向键即可以增加空行。下面重点介绍有关定额换算的操作方法。

（一）系数的换算

在实际工程中，有时要根据施工条件的不同对工料机进行系数增减处理的换算。例如某水利工程施工，土方工程的施工方法是：74kW 推土机推松土，推运距离 80m，土质级别Ⅰ～Ⅱ类土。在套定额窗口，录入预算定额编号为“10272”的定额后，则自动弹出如图 4-5 所示对话框，因为本定额子目的计量单位是按“自然方”计算，而实际工程施工时推土机推的是松土，所以用户要根据工程实际施工情况选择“推土机推松土”来调整人材机的子目系数，然后再点击“确定”按钮，此时可以看到套定额窗口中该条定额子目编码为“10272 换”，即多了一个“换”字，“名称”栏中也加了换算内容“推土机推松土”，表示已经进行了换算，如图 4-6 所示。

在定额子目所对应的“工料机”窗口中的“初级工”、“推土机”的消耗量也记录了换算过程，并在“备注”栏中标明原来的消耗量，如图 4-7 所示。

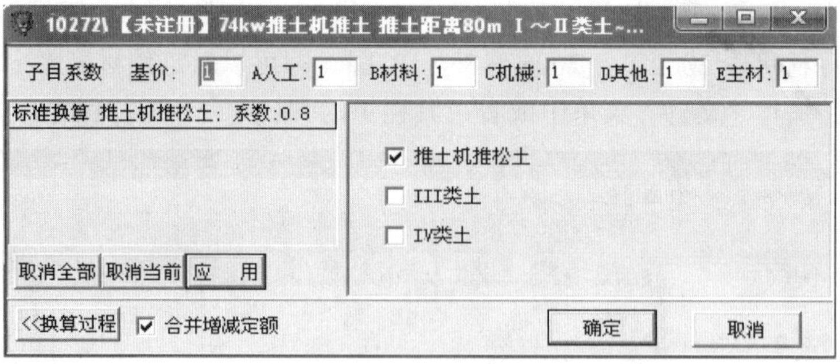

图 4-5 打开选中的定额

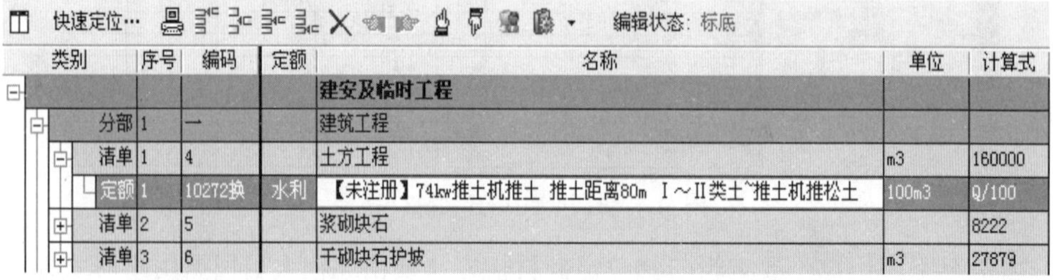

图 4-6 套定额“10272”并经过换算后的窗口

图 4-7 套定额“10272”并经过换算后对应的“工料机”窗口

另外，系数的换算也可以采用直接在换算对话框如图 4-5 所示的“子目系数”区域输入相应的系数来实现换算。如果是在“基价”区域输入一个系数，则表示对所有的“人工、材料、机械、其他”都现时乘系数进行换算。如果只在其中的某一项中输入系数，则表示只对工料机中的某项进行换算。这些系数换算可以叠加进行。

（二）定额增加换算

在实际编制工程单价时，有的工程项目会同时用到几个定额子目才能满足需要，因此要进行定额增加换算。

例如：某水利工程项目，其土方工程施工方法为“1m^{3}液压挖掘机挖装土，5t 自卸汽车运输 7km 弃土，Ⅲ类土”，结合工程实际，依据水利部现行《水利建筑工程预算定额》编制该土方工程预算单价。因为自卸汽车的运输距离为 7km，超过了定额的基本运距 5km，所以增运为 2km。套定额时，在定额编码列输入“定额编号 10369+10370*2”，在弹出的“子目系数”换算窗口，把 5t 自卸汽车的运输距离由 5km 改为 7km 点击“确定”按钮即可，如图 4-8 所示。

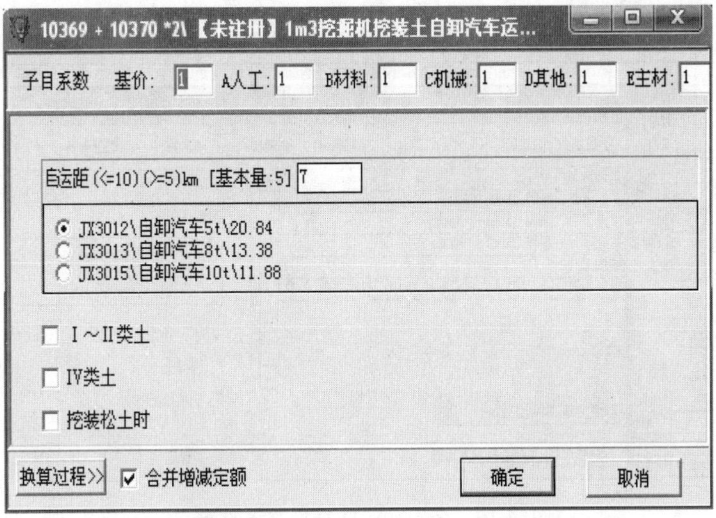

图 4-8 定额相加换算—自运距由 5km 改为 7km

返回到“套定额”窗口，我们可以看到定额子目编码为“10369+10370*2 换”，如图 4-9 所示。

图 4-9 定额相加换算

在“工料机”窗口，我们又可以看到“10369+10370*2 换”定额增加后所对应的自卸汽车的含量为 25.55 台时，是“定额 10369 的含量 20.84 台时”与“定额 10370 的含量 2.33*2 台时”之和。

（三）单选换算

单选换算是指在套定额的时候，有的定额列出了多种换算选择，用户只能根据工程的实际施工情况选择其中一项的换算。例如某水利工程项目，其土方工程采用的施工方法是“$1m^3$ 液压挖掘机挖装Ⅱ类土，5t 自卸汽车运输 1km 弃土”。在编制工程单价套定额时，弹出条件选项，如图 4-10 所示，列出了自卸汽车“5t、8t、10t”3 种型号，土类级别列出了“Ⅰ～Ⅱ、Ⅳ、挖装松土”选项，根据工程实际施工情况选择“自卸汽车 5t、Ⅱ类土”，然后单击“确定”按钮即可。水利部现行概预算定额中“定额 10365”是按照Ⅲ类土编制的，选择了Ⅱ类土后在这里还可以看到人材机也进行了换算。

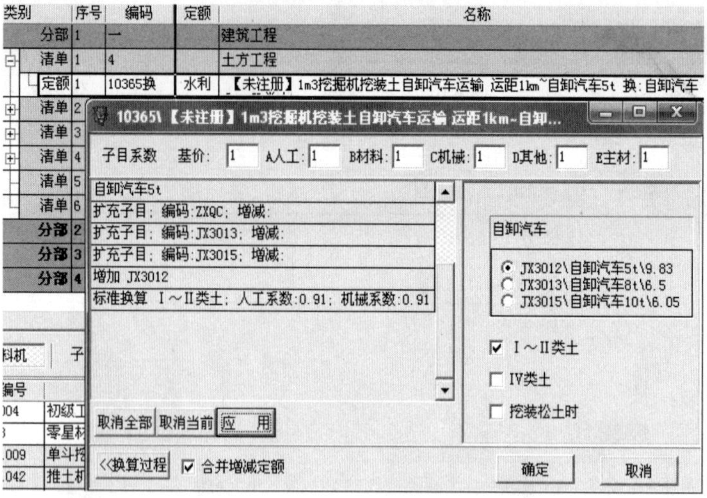

图 4-10 套定额时选择换算条件窗口

经过施工条件的选择，在“套定额”窗口，我们可以看到“定额编码 10365”后加了个“换”字，说明定额已经进行了换算。

（四）混凝土配合比换算

水利水电工程造价软件将水利工程概算定额中所有的混凝土配合比都已经列出，实际工程中，用户可以根据工程的具体情况进行混凝土配合比的选择和换算，并且系统会自动记忆上次选用过的混凝土配合比，可以方便用户快速选择。关于其换算方法在第三章第五节中已经讲过，这里不再赘述。

（五）施工机械台时的换算

施工机械台时的换算方法与混凝土配合比的换算方法相同，例如在“工料机分析”窗口，选择 $1m^3$ 挖掘机，单击右键菜单中“工料机含量换算”命令项，则弹出挖掘机的“工料含量”换算窗口，如图 4-11 所示，那么用户就可以对其中的人材机消耗量进行换算。

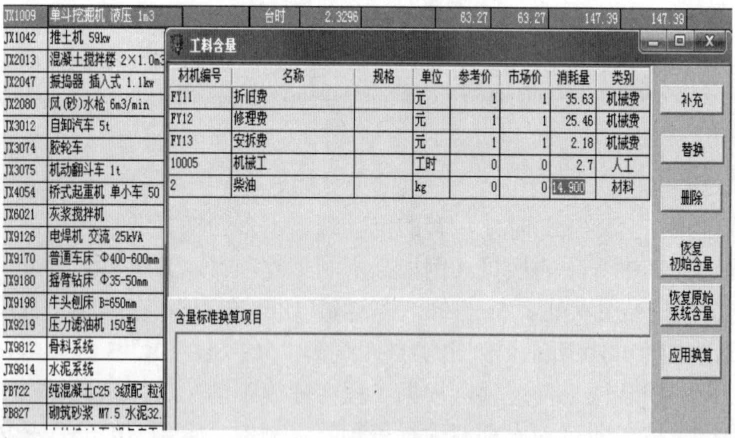

图 4-11 施工机械台时换算窗口

二、子目检查与换算过程查询

在定额进行换算时，系统记录了整个换算过程，如果用户需要查看某一定额子目的换算过程，可以在“工料机”窗口中进行。

操作方法：在“套定额”窗口选中所套工程定额，在定额子目所对应的“工料机”窗口，点击图标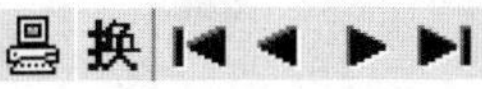中的“换”按钮，在弹出的如图 4-10 所示的换算窗口中，用户可以检查定额子目的换算过程是否有漏项。检查定额的换算操作只能在定额子目节点下进行。而图标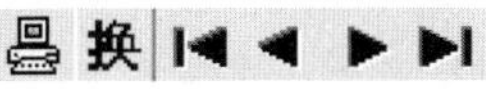中的左、右箭头可以用来逐条显示套定额窗口中的每一行内容。

第三节 项 目 指 引

在水利水电工程造价软件中，为了让用户方便、快速的输入数据，系统提拱了“项目指引”窗口，在这个窗口中可以完成清单、定额、人材机的查找和输入。“项目指引”窗口我们在第三章第五节已做过简单介绍，下面再对其使用功能做简要说明。

一、清单

在系统软件界面打开“清单”选项，用户可以选择不同的“项目库”进行清单项目的输入。在“项目指引”窗口，选择项目库列表目录，用户可以双击清单项目进行输入。在不同的条件下，系统会打开不同的部分以便于引导用户输入相应的内容。“清单”选项下的“项目指引”窗口如图 3-43 所示。

二、定额

在系统软件界面打开“定额”选项，用户可以切换不同的定额库。套工程定额时，在“项目指引”窗口，用户可以根据工程实际需要选择定额列表下的不同定额子目，进行双击即可输入，还可以采用在“套定额”窗口的“编码”列填写“定额编号”的方法进行输入。“定额”选项下的“项目指引”窗口如图 3-45~图 3-47 所示。

三、人材机

“人材机”选项下的“项目指引”窗口如图 3-48 所示。在“工料机”窗口，用户可以完成人材机的补充输入及替换操作。操作方法：点击右键菜单中的“补充输入”命令项，在弹出的如图 4-12 所示“补充材料”窗口中直接补充所需要的材料即可。或者左键单击“补充材料”窗口中的“打开材机指引”按钮，在弹出的“项目指引”窗口中，如图 4-13 所示，可看到有 3 个材料库：“系统人材机”、“主材”、“当前工程材机”，可以根据工程实际需要选择不同的材料库进行材料的插入或者替换操作。同样也可以采用右键菜单中的“替换材机”命令项在“项目指引”窗口中进行材料的插入或者替换操作。

（一）系统人材机

在“项目指引”窗口，“材机表”随定额库的切换而切换。在“系统人材机”界面我们可以选择系统人材机进行补充，操作方法是：在“工料机”窗口选中要补充的人材机然后左键双击，也可以用“插入”或者“替换”按钮进行操作，如图 4-13 所示。

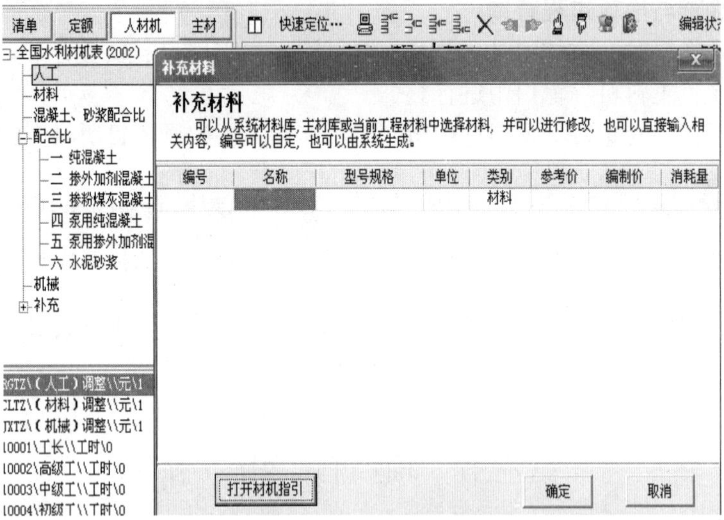

图 4-12 “人材机项目指引”界面和“补充材料”窗口

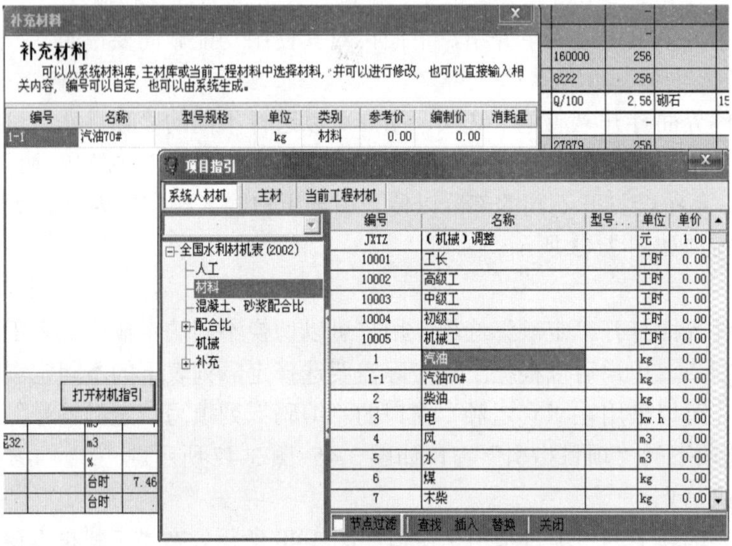

图 4-13 “人材机项目指引”窗口

（二）主材

在“项目指引”窗口中的“主材”如图 4-13 所示，与“主材”选项下的“选择主材库”是一致的，人材机的输入方法与“系统人材机库”的操作方法完全相同。

（三）当前工程材机

当前工程材机是指当前用户所做的水利工程造价文件中所用到的材机。对于某一定额子目要补充输入材机的方法与采用“系统人材机库”的输入方法完全相同，但是用户选择人材机的范围仅是当前工程。

“当前工程材机”的目录树结构与水利水电工程造价软件中“工料机分析”插页界面的目录树结构是一致的。

第四节　清 单 项 目 管 理

在水利水电工程造价软件界面，利用快捷键 Ctrl+Alt+Q 就可以进入“清单库管理”界面，如图 4-14 所示。“清单库管理”是由系统软件编程人员根据用户对实际工程的需要进行的管理，而不需要用户进行编辑，在这里用户只作简单的了解即可。

一、主菜单栏

（一）文件

1.新建

“新建”是指为了满足编辑水利水电工程造价文件的需要而建立新的清单库的过程。操作方法：点击如图 4-14 所示界面“文件”菜单下的“新建”按钮，在“新建清单库”窗口，如图 4-15 所示，直接输入数据库名称、所属地区、所属专业名称、数据库识别代号及相关支持库（即新建的清单库必须与系统中的定额相对应），并进行“确定”即可。

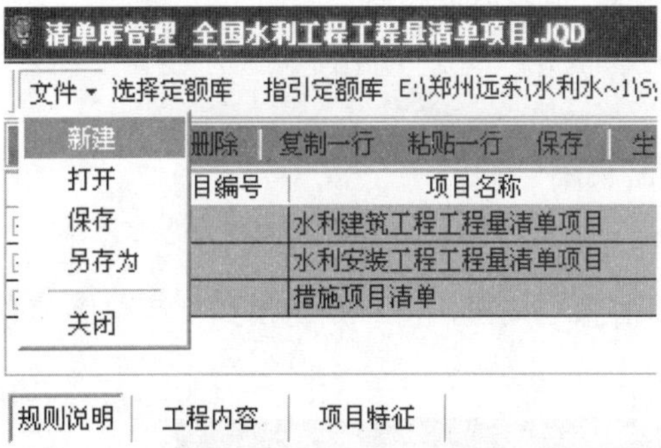

图 4-14　“清单库管理”界面

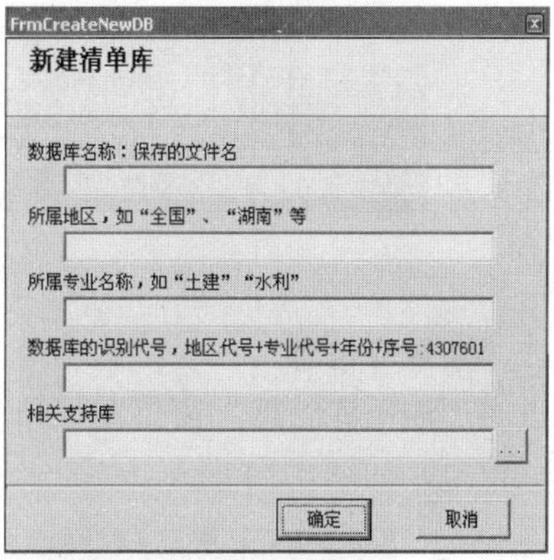

图 4-15　“新建清单库”窗口

2. 打开

“打开”是指打开水利水电工程造价系统软件中已有的清单库的操作，如图 4-16 所示。

3. 保存

“保存”是指保存当前操作的清单库的过程。

4. 另存为

“另存为”是指把当前操作的清单库按一定的条件(包括文件名或路径)另存储的过程。

（二）选择定额库

“选择定额库”中的定额是系统软件中的全部定额。在如图 4-15 所示窗口新建清单库时，相关支持库的选择与定额库相对应。在“新建清单库”窗口，点击“相关支持库”下的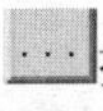按钮，则弹出“选择打开定额库文件”窗口，如图 4-17 所示，选择定额后点击“打开”按钮即可。新建的“清单库”必须有相关定额库的支持，默认情况下定额库文件是在安装目录下的“sysData”文件中。

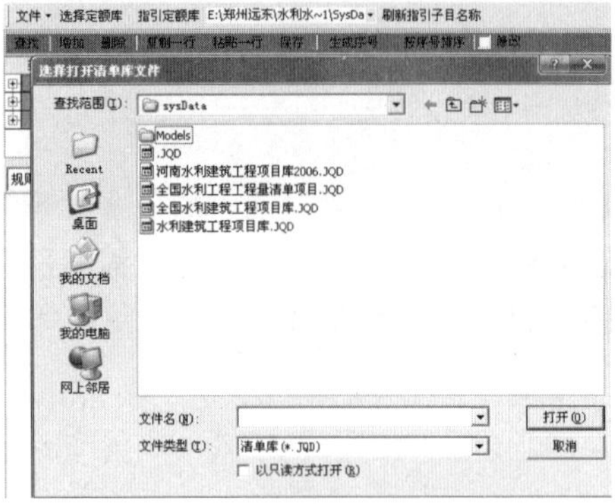

图 4-16 打开“清单库”窗口

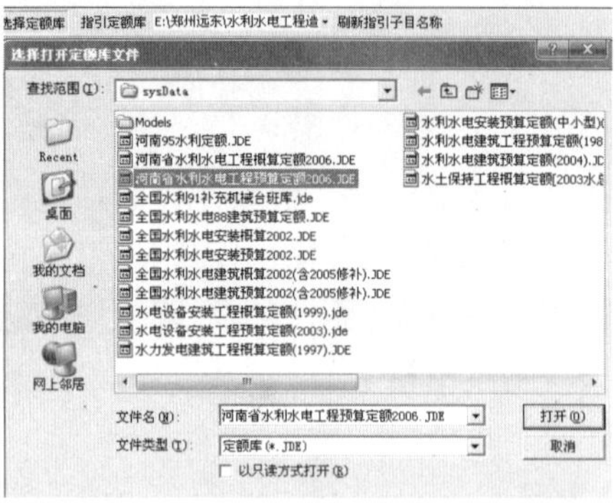

图 4-17 “选择打开定额库文件”窗口

(三)指引定额库

“指引定额库”是指显示当前与清单库相对应的定额库的目标路径，如图 4-18 所示。

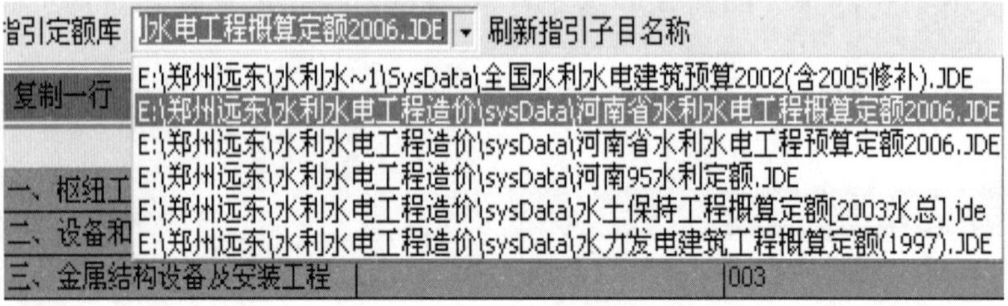

图 4-18 “指引定额库”列表

二、清单库信息

点击“清单库管理”窗口左下角“清单库信息”按钮，窗口则切换到“清单库信息”子插页窗口，如图 4-19 所示。

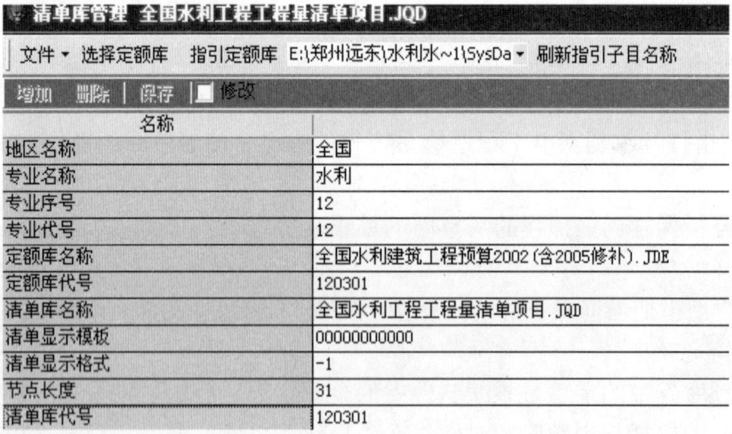

图 4-19 “清单库信息”子插页窗口

在清单库信息窗口中，可以增加或删除清单信息然后再保存。在实际工程中，若要更改清单库的内容，必须先勾选

单选框，才能对清单库的内容进行修改；否则在没有勾选

单选框的情况下，清单库的内容处于锁定状态而不能修改。

一般情况下，系统已经默认设置好清单库信息，用户不需要再进行任何的修改。

三、清单表

点击“清单库管理”窗口左下角“清单表”按钮，则窗口切换到“清单表”子插页窗口，如图 4-20 所示。

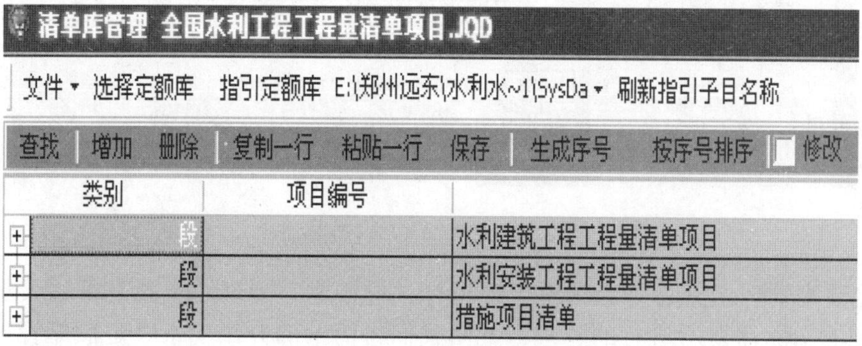

图 4-20 “清单表”子插页窗口

“清单表”界面各项按钮功能操作方法如下。

（一）查找

“查找”是指根据工程需要查找清单项目。查找时，要输入查找“关键字”，关键字必须在清单范围之内，否则查找不到。

（二）增加/删除

“增加”是指根据工程需要增加一行空清单项；“删除”是指删除选定的清单项。

（三）复制/粘贴

“复制”是指选定一行进行复制；“粘贴”是指增加一行空清单项后粘贴即可。

（四）保存

“保存”是指对当前操作后的清单进行保存。

（五）生成序号

“生成序号”可分为按“章节”和“全部项目”生成序号两种情况。

（六）修改

“修改”按钮只有在勾选

单选框后，才能对清单表进行编辑，否则不能修改。

（七）清单项目管理

“清单项目管理”主要是编程人员开发程序时所用，由编程人员根据用户实际需要进行的管理，用户不需要对清单项目进行编辑。

第五节 定额库管理

在水利水电工程造价软件界面，利用快捷键 Ctrl+Alt+D 就可以进入“定额库管理”界面，该界面包括“定额库”和“材料库”，如图 4-21 所示。

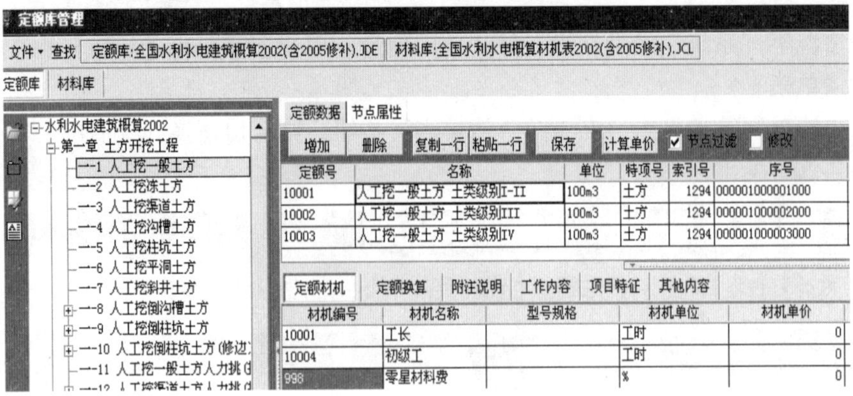

图 4-21 “定额库管理”界面

“定额库管理”分为“定额库”管理与“材料库”管理，主要是编程人员根据用户对定额的实际需要所进行的管理。下面我们将简单的介绍一下“定额库管理”的操作方法。

一、文件

“定额库管理”界面的“文件”菜单，如图 4-22 所示。

（一）新建、打开、保存、定额另存

新建、打开、保存、另存定额的功能与清单库操作方法完全一样，这里不再细讲。

（二）维护定额分段表

1. 增加段

点击文件菜单中的“维护定额分段表”命令项，则弹出“维护段”窗口，点击“增加段”按钮，可以自定义输入段名称。例如，输入字段名为“全国水利水电”，如图 4-23 所示。

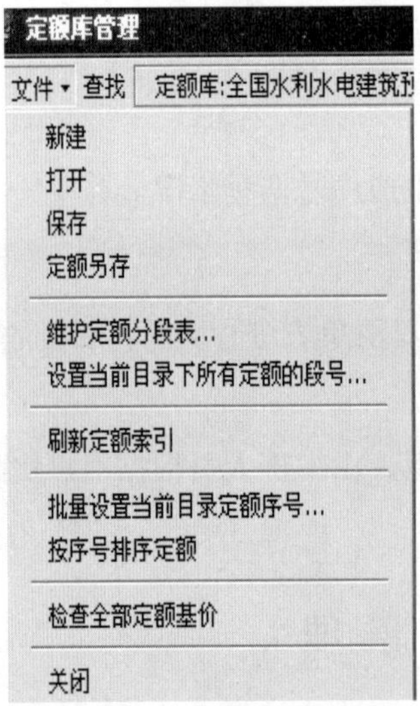

图 4-22 “文件”菜单

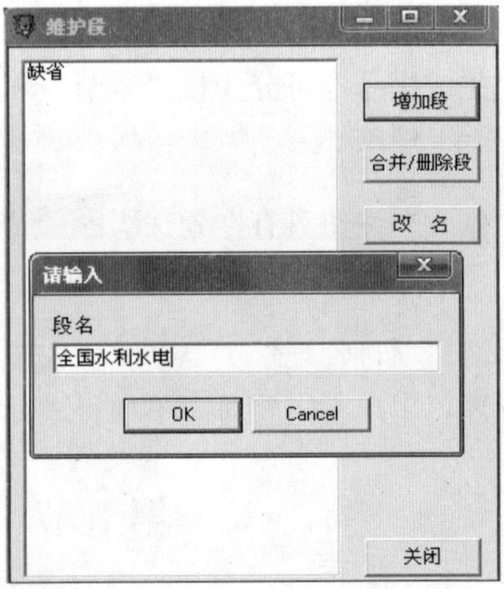

图 4-23 “维护段”—增加段名称

2. 合并/删除段

从列表中选择要合并/删除的字段号，点击“合并/删除段”按钮，在弹出的“从列表中选择”窗口中，如图4-24所示，选择段号后，点击“选择”按钮，则弹出确认信息对话框，如图4-25所示，如果点击“是”按钮完成合并/删除操作，点击“否”则退出当前的操作。

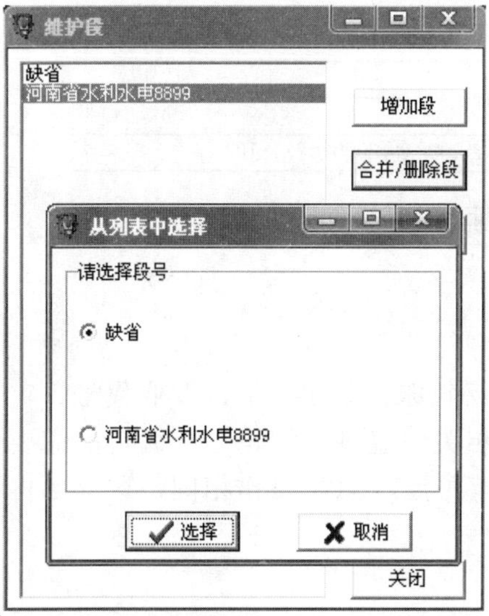

图4-24　“维护段”—合并/删除段

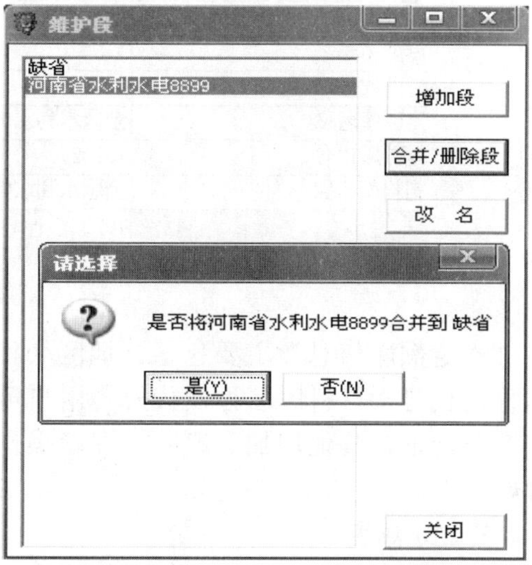

图4-25　“维护段”—合并/删除段

3.改名

“改名”是给定额的分段重新命名段号。

（三）设置当前目录下所有定额的段号

该选项是指在定额的下拉列表中选择相应的定额设置段号的操作。

（四）批量设置当面目录定额序号

定额的序号用于定额排序，同时包含定额的册号及章号，可以批量设置。

（五）按序号排序定额

“按序号排序定额”是指按照定额编号排序。

（六）检查全部定额基价

“检查全部定额基价”是输入精确的最小绝对值来检查定额的基价是否正确。如图4-26所示。

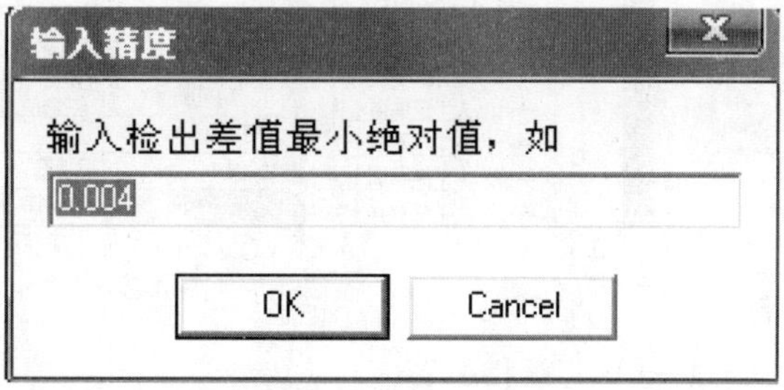

图4-26　检查定额基价

二、定额库信息

点击“定额库管理”窗口左下角“定额库信息”按钮，切换到“定额库信息”窗口，如图4-27所示。

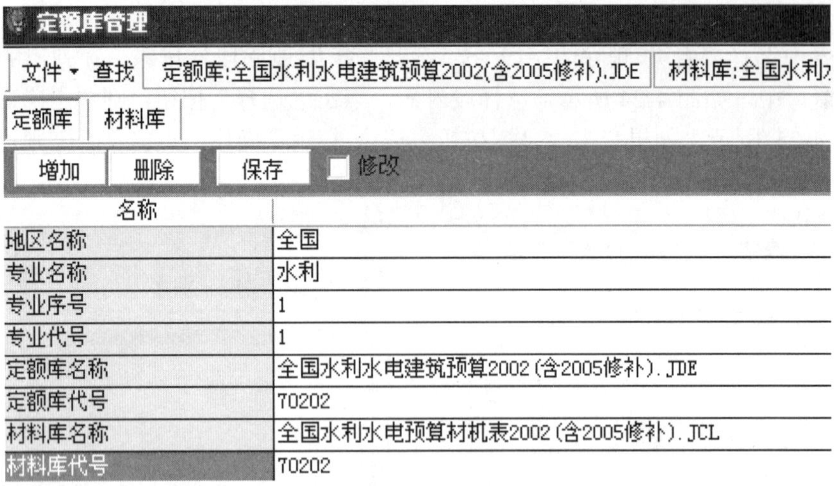

图 4-27 “定额库信息”窗口

“定额库信息”主要包括：地区名称、专业名称、专业序号、专业代号、定额库名称及代号，材料库名称及代号。用户可以对相关信息进行编辑，在编辑前需要勾选修改单选框，其他增加、删除、保存操作与“清单库信息”操作相同，这里不再详细说明。

三、定额表

点击“定额库管理”窗口左下角“定额表”按钮，切换到“定额表”窗口，如图4-28所示。

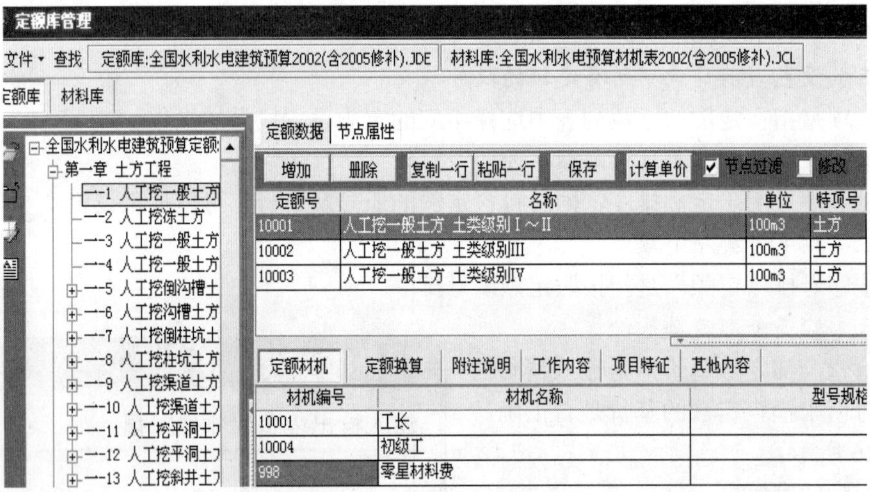

图 4-28 “定额表”窗口

（一）定额指引窗

在“定额表”界面，左边定额列表窗口为“定额指引窗”，以树状形式显示所有的定额，如图4-29所示。

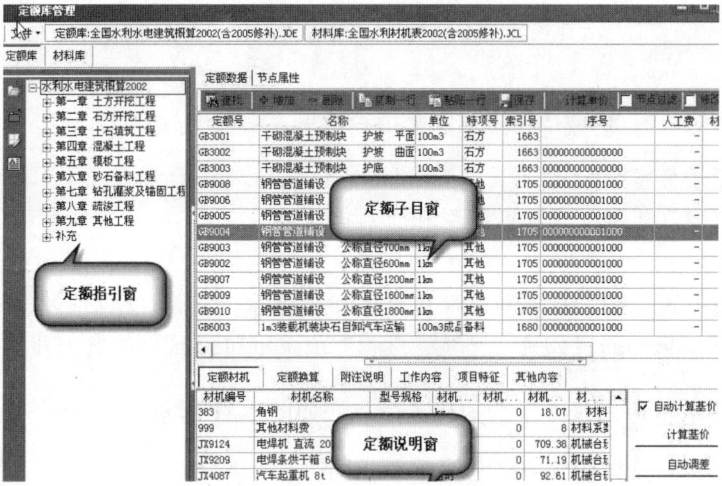

图 4-29　“定额指引窗”

1. 按钮

点击“定额表”界面按钮可以展开“定额指引窗”中节点。

2. 按钮

点击“定额表”界面按钮可以关闭“定额指引窗”中节点。

3. 按钮

点击“定额表”界面按钮可以编辑“定额表”，如图 4-30 所示。

图 4-30　“定额表”编辑窗口

4. 按钮

点击“定额表”界面按钮可以隐藏节点说明。

（二）定额子目窗

“定额子目窗”包括“定额数据”和“节点属性”。

1. 定额数据

在“定额数据窗”中，可以对定额进行增加、删除、复制、粘贴、保存、节点过滤、修改等各项操作，另外通过勾选“☑节点过滤”单选框可以减少信息查找的范围，通过勾选“☑修改”单选框可以修改定额的相关信息，如图 4-31 所示。

“定额数据”的具体操作方法与清单表相同。

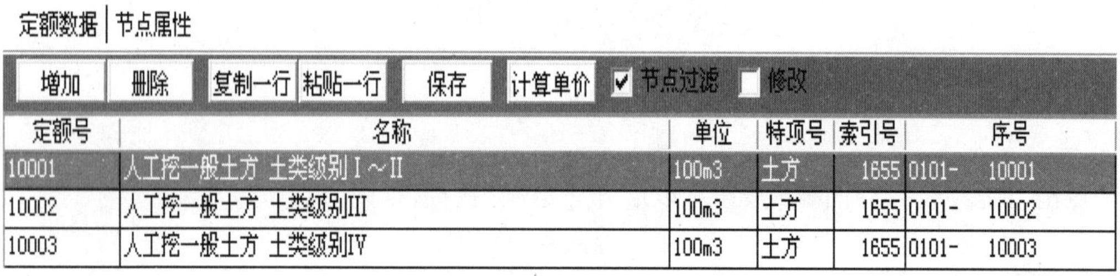

定额号	名称	单位	特项号	索引号	序号
10001	人工挖一般土方 土类级别Ⅰ～Ⅱ	100m3	土方	1655	0101- 10001
10002	人工挖一般土方 土类级别Ⅲ	100m3	土方	1655	0101- 10002
10003	人工挖一般土方 土类级别Ⅳ	100m3	土方	1655	0101- 10003

图 4-31 “定额数据”窗口

2. 节点属性

“节点属性”就是节点的文字说明。

（三）定额说明窗

“定额说明窗”就是定额的详细说明窗口，包括“定额材机”、“定额换算”、“附注说明”、“工作内容”、“项目特征”、“其他内容”，如图 4-32 所示。

材机编号	材机...	型号规格	材机单位	材机单价	材机数量	材机类别
10001	工长		工时	0	0.8	人工
10004	初级工		工时	0	41.2	人工
998	零星材料		%	0	5	材料费占人机费

图 4-32 “定额说明”窗口

1. 定额材机

“定额材机”是指定额人材机的组成内容。

2. 定额换算

“定额换算”是指定额的换算过程说明。

3. 附注说明

“附注说明”是指定额的附属内容的注明。

4. 工作内容

“工作内容”是指对应定额所需要完成的工程内容。

5. 项目特征

“项目特征”是指对定额人材机的特征进行的描述。

6. 其他内容

“其他内容”是指对定额人材机其他方面的相关描述。

四、定额增加费

点击“定额库管”窗口左下角“定额增加费”按钮，可以切换到“定额增加费”窗口。该窗口显示定额增加费的详细内容，包括基本信息、人工费、材料费、机械费、其他费、计算设置等各项内容。利用该窗口界面

图标按钮可以增加、删除、保存或者修改各项费用内容，如图 4-33 所示。

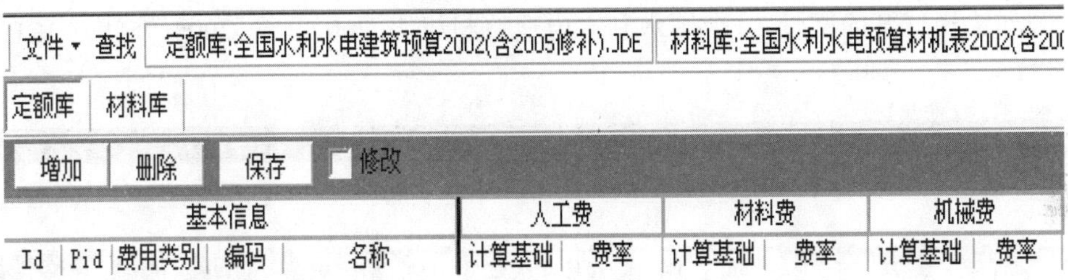

图 4-33 “定额增加费”窗口

五、配合比台时标准换算

点击“定额库管理”窗口左下角“配合比台班标准换算”（现行水利建筑工程定额已改为“台时”）按钮，切换到“配合比台班标准换算”窗口。配合比台班标准换算包括换算的类别、名称、换算内容及换算的备注说明等，如图 4-34 所示。

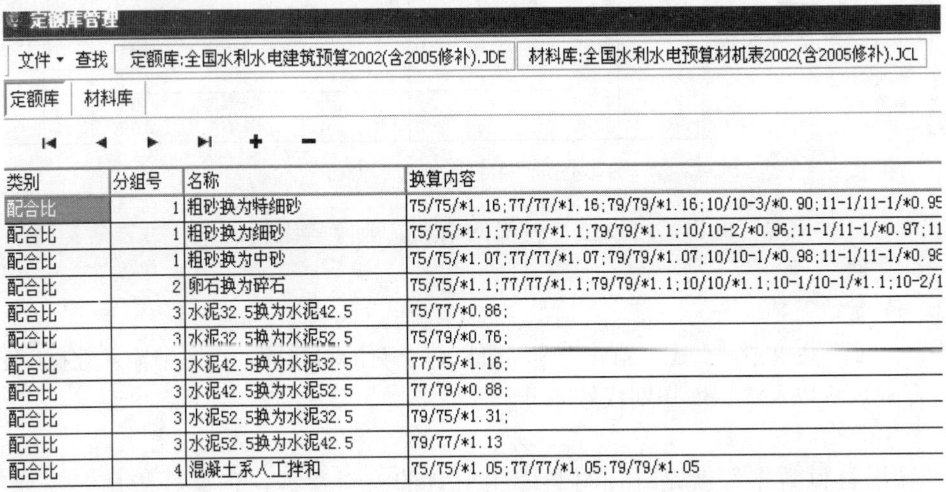

类别	分组号	名称	换算内容
配合比	1	粗砂换为特细砂	75/75/*1.16;77/77/*1.16;79/79/*1.16;10/10-3/*0.90;11-1/11-1/*0.95
配合比	1	粗砂换为细砂	75/75/*1.1;77/77/*1.1;79/79/*1.1;10/10-2/*0.96;11-1/11-1/*0.97;11
配合比	1	粗砂换为中砂	75/75/*1.07;77/77/*1.07;79/79/*1.07;10/10-1/*0.98;11-1/11-1/*0.98
配合比	2	卵石换为碎石	75/75/*1.1;77/77/*1.1;79/79/*1.1;10/10/*1.1;10-1/10-1/*1.1;10-2/1
配合比	3	水泥32.5换为水泥42.5	75/77/*0.86;
配合比	3	水泥32.5换为水泥52.5	75/79/*0.76;
配合比	3	水泥42.5换为水泥32.5	77/75/*1.16;
配合比	3	水泥42.5换为水泥52.5	77/79/*0.88;
配合比	3	水泥52.5换为水泥32.5	79/75/*1.31;
配合比	3	水泥52.5换为水泥42.5	79/77/*1.13
配合比	4	混凝土系人工拌和	75/75/*1.05;77/77/*1.05;79/79/*1.05

图 4-34 “配合比台班标准换算”窗口

混凝土配合比、台班标准换算与《全国水利工程概算定额》(2002)中附录 7 完全一致,用户不需要再进行编辑、修改。

六、材料库

在“定额库管理”界面,“材料库”包括材料库信息、材机表、材机三材表,与“主材库管理”操作方法完全一样,详见第四章第六节。

“定额库管理”界面主要是编程人员开发程序时所用,是由编程人员根据用户实际需要进行的管理,用户不需要对定额库进行编辑,否则会影响计算结果。

第六节 主 材 库 管 理

点击“数据维护”菜单,在下拉选项中选择“主材”选项,则弹出“主材库管理”窗口,再单击“文件”菜单中“打开”选项,在“选择打开主材库文件”窗口选择要打开的文件,例如选择打开的文件为“全国水利水电概算材机表 2002(含 2005 修补).JCL”,如图 4-35 所示。

图 4-35 “主材库管理”窗口

在“主材库管理”窗口,可以进行材机的增加、删除等编辑。

一、文件

(一)新建

在“文件”菜单中,点击“新建”选项可以建立新的材料库,在库中输入数据库名称、地区、专业名称以及数据库识别代号即可。

(二)导出材料数据

“导出材料数据”就是导出材料库中所有的材料数据,但是在导出时需要密码验证。

二、材料库信息

“材料库信息”包括材料库名称及代号、专业名称、地区名称，如图 4-36 所示。

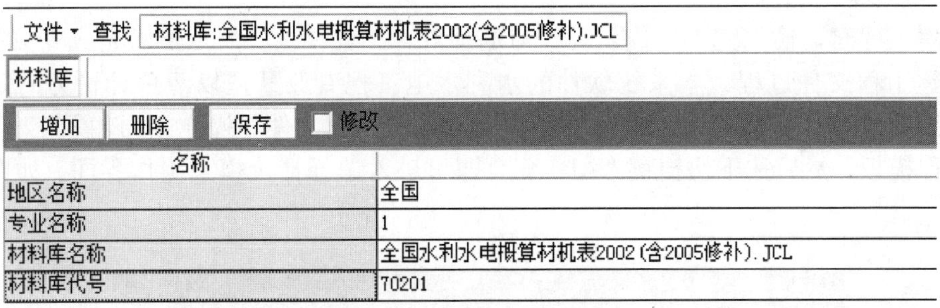

图 4-36 “材料库信息”窗口

三、材机表

“材机表”包括人工、材料、配合比、机械以及补充等所有内容，如图 4-37 所示。

图 4-37 “主材库管理”—材机表窗口

在“材机表”窗口，可以对人材机进行编辑。

四、材机三材表

“材机三材表”主要是指建筑工程材料中的三大主材：钢材、木材、水泥。在该窗口可以对材料进行编辑。

“主材库管理”主要是编程人员开发程序时所用，是由编程人员根据用户实际工作需要进行的管理，一般情况下用户不需要对主材库进行编辑，否则会影响计算结果。

第七节 其 他 功 能

一、计价模式

（一）概述

在第二章第二节介绍“新建工程”时，缺省项目清单及缺省定额是自动打开的。但在实际工程中用户要根据工程的实际情况调用相应的清单库及定额库，因此在新建工程的时候需要设置相应的库。

（二）选择计价模式

新建工程时，输入完“工程名称”与选择好“工程模板”后点击“完成”按钮，即完成新建工程文件过程。本系统软件的水利水电工程专业默认以清单计价方式进行处理。如果要改变计价模式，可以在当前“创建新的工程文件”操作界面输入工程名称、选择工程模板，然后按下快捷键“Alt+A”，即可进入选择计价模式操作界面，如图 4-38 所示。

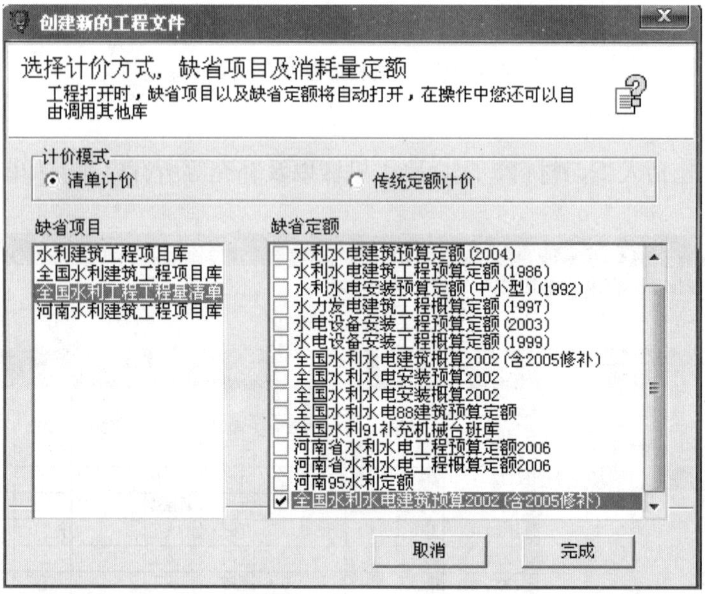

图 4-38　创建新的工程文件—选择计价模式窗口

例如“中南地区某水利涵闸工程，采用水利部现行《水利建筑工程预算定额》[2002（含 2005 修补）]编制工程预算”时，本工程确定采用的计价模式是“清单计价”。

选择计价模式的操作方法是：在“创建新的工程文件”界面，输入工程名称“某水利涵闸工程”、选择工程模板“全国水利 2002 模板—{概（预）算［水利部 02 预规］—含价差}”，然后按快捷键“Alt+A”，在弹出的“选择计价方式”窗口“勾选清单计价”选项，再点击“完成”按钮即可。

二、项目管理

（一）新建项目管理文件

在水利水电工程造价软件中，点击工具栏中“新建”按钮，则弹出“创建项目文件”窗口，如图 4-39 所示。

双击“新建项目管理”按钮，在弹出的“新建项目管理文件”窗体中，输入“项目名称”、选择“存储方式”，点击“确定”按钮，即完成一个新建项目文件（项目文件的后缀名为：*.JXM），如图 4-40 所示。

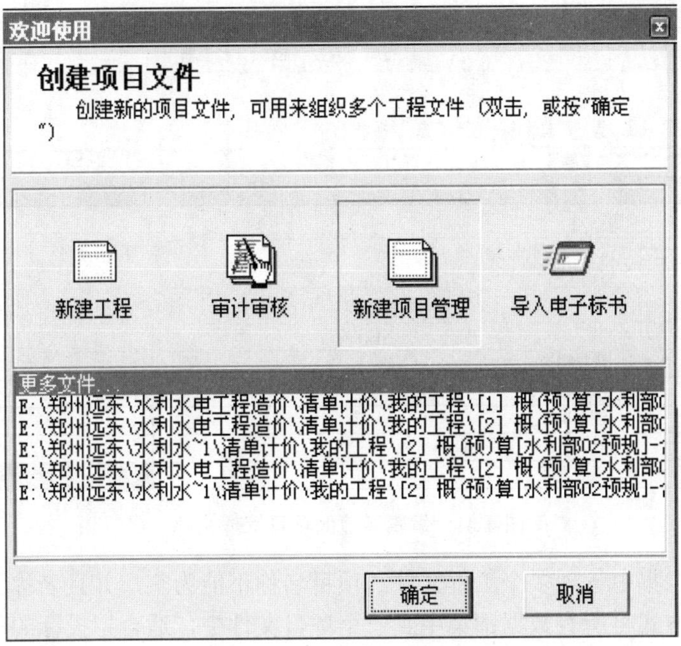

图 4-39 创建项目文件—选择新建项目管理

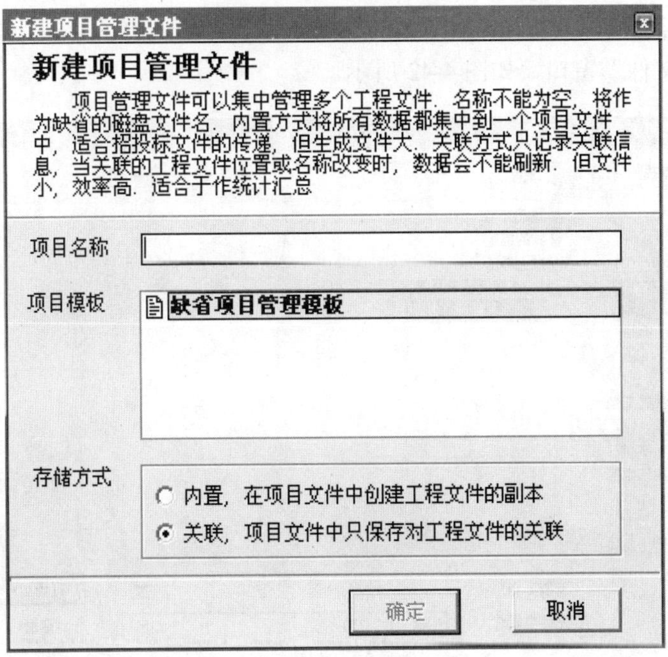

图 4-40 新建项目管理文件

（二）编辑新建的项目管理文件

新建项目管理文件建立后即可进入项目管理界面，并可进行导入工程、重提工程数据、输入项目工程基本信息、汇总计算等操作，如图 4-41 所示。

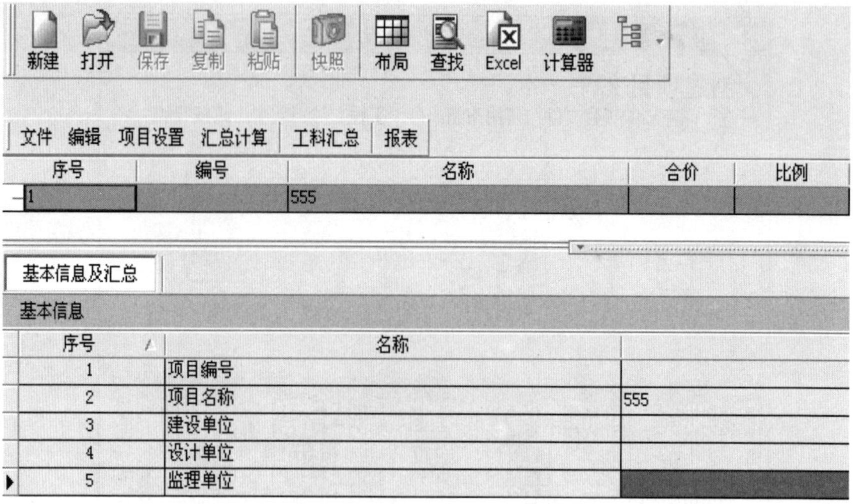

图 4-41 编辑新建的项目管理文件

项目文件可以集中管理多个工程文件。项目名称不能为空，并且名称将作为缺省的磁盘文件名。内置方式将所有数据都集中到一个项目文件中，适合招投标的传递。而关联方式只记录关联信息，当关联的工程文件位置或名称改变时，数据则不能刷新。

三、导入电子标书

在“创建项目文件”主窗体，如图 4-39 所示，双击“导入电子标书”按钮，则弹出“选择打开电子标书文件”窗口，如图 4-42 所示。

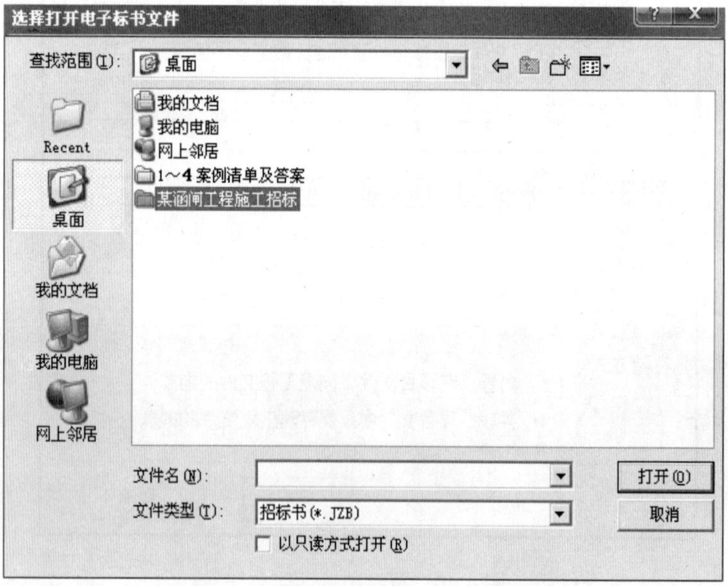

图 4-42 选择要打开的电子标书文件

选择一个招标书文件（文件后缀名为：*.JZB）并打开，输入一个要保存的投标书文件（后缀名为：*.JTB）的名称，保存后系统生成一个投标文件，如图 4-43 所示。

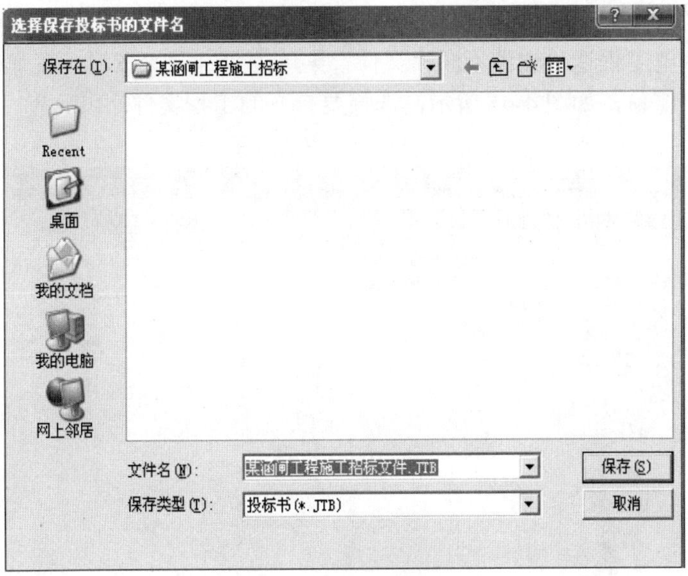

图 4-43　选择保存投标书的文件名

四、多种打开文件方式

在水利水电工程造价软件中，打开工程文件的方式有多种。

（一）从“更多文件...”中打开

在“创建工程文件”向导主窗体中双击“更多文件”按钮，可以进入“选择打开所有工程文件”窗体中，选择一个工程文件并进行“确定”，即可打开工程文件，如图 4-44 所示。

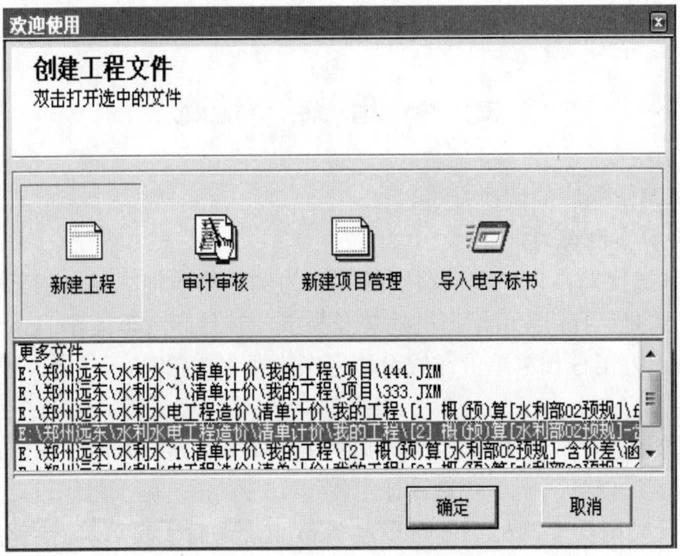

图 4-44　选择打开工程文件

系统还会自动将用户最近打开过的工程文件列在新建向导主窗体的列表中，方便用户快捷的打开所需的文件。

（二）从“文件”菜单中打开

点击水利水电工程造价软件界面“文件”菜单中“打开”按钮，在弹出的“选择打开所有工程文件”窗口，如图 4-45 所示，选择要打开的工程文件即可。

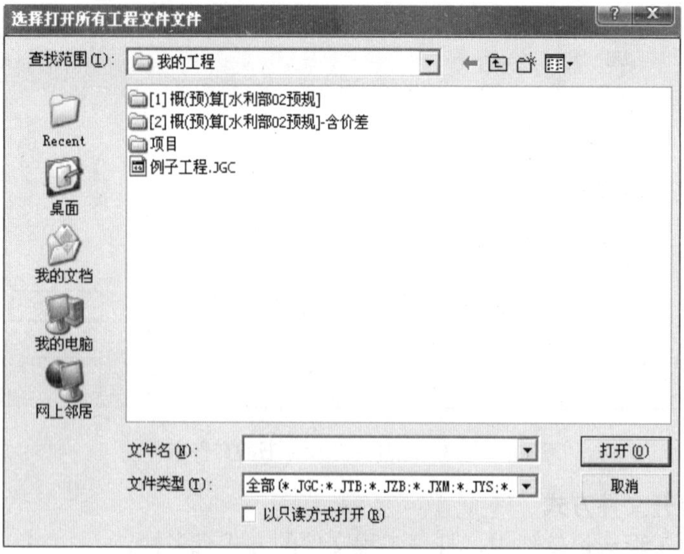

图 4-45 选择打开工程文件名

（三）从工具栏中“打开”

使用工具栏中“打开”按钮打开工程文件的方法与从“文件”菜单中打开工程文件的方法完全相同，这里不再赘述。

思考与练习题

4-1 上机练习定额库的切换方法。

4-2 定额换算案例练习：

（1）定额系数换算：以“土质级别换算”为例。华东地区某水闸工程，其基础土方开挖工程施工方法是：1m^3液压挖掘机挖装Ⅱ类土，5t 自卸汽车运输 1km 弃土。按水利部现行规定编制该土方工程预算单价（假设养老保险费率为 20%，住房公积金费率为 5%，无地区津贴）。

（2）定额增加换算：以“自卸汽车台时数量增加换算”为例。华东地区某干堤加固整治工程位于县城镇以外，土堤填筑设计工程量 15 万 m^3，施工组织设计为：土料开采用 2m^3液压挖掘机挖装Ⅲ类土，15t 自卸汽车运 7km 上堤进行土料填筑；土料压实采用 8～12t 羊足碾压实，74kW 推土机推平，设计干密度 16.7kN/m^3，天然干密度 15.8kN/m^3。按水利部现行规定编制该土方填筑工程预算单价（假设养老保险费率为 20%，住房公积金费率为 5%，无地区津贴）。

（3）定额单选换算：以“自卸汽车规格型号换算”为例。某水利枢纽工程位于华东地区，其一般石方开挖工程采用风钻钻孔爆破施工，$1m^3$ 液压挖掘机装 8t 自卸汽车运 1km 弃碴，岩石级别为 X 级，按水利部现行规定编制该石方工程预算单价。

（4）配合比换算：以“C25 混凝土配合比换算”为例。华东地区某水闸工程位于县城以外，其闸底板厚度 200cm，采用现浇钢筋混凝土浇筑，混凝土强度等级为 C25、三级配（42.5 水泥、碎石、粗砂）；施工方法：采用 $2\times1.5m^3$ 搅拌楼拌制混凝土，10t 自卸汽车装混凝土运 0.5km 至仓面进行浇筑，按水利部现行规定编制该水闸混凝土工程预算单价。

第五章　报　表　管　理

【学习目标】

1. 了解报表的功能。
2. 了解报表插页界面的内容。
3. 掌握报表插页界面主菜单的使用方法。
4. 掌握报表插页界面工具栏的使用方法。
5. 掌握报表表格的基本操作方法。
6. 掌握报表页面设置的方法。
7. 掌握报表的输出方法。

【学习重点】

1. 报表插页界面主菜单的使用方法。
2. 报表插页界面工具栏的使用方法。
3. 报表表格的基本操作方法。
4. 报表页面设置的方法。
5. 报表的输出方法。

第一节　报　表　功　能

一、概述

运用水利水电工程造价软件编制造价文件后，用户要根据工程的实际需要输出最终成果，报表的输出必须在“报表”插页界面进行，如图 5-1 所示。有关报表的输出、管理操作我们将在后面章节进行讲解。

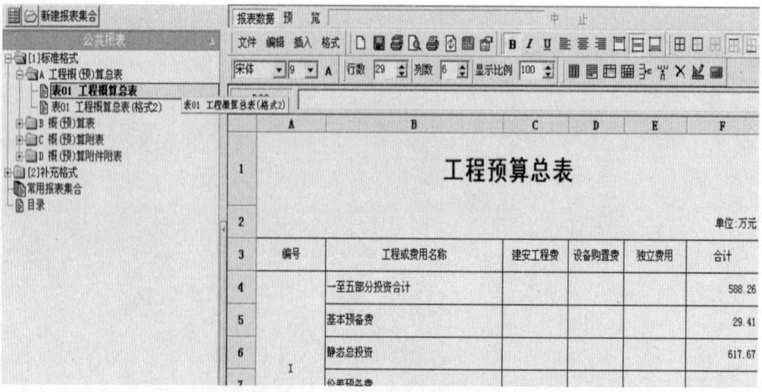

图 5-1　“报表”插页界面

二、报表功能

系统软件报表具有以下几个方面的功能。

（1）具有 Excel 电子表格的操作风格。

（2）报表目录及文件组成完全由用户自己控制。

（3）是真正的自由报表，用户可以自由地修改或增加新的报表，完全控制报表的结构、格式及数据源。

（4）具有灵活的数据源设置，可以是数据表、系统常量、系统变量、表达式。

（5）具有灵活的统计设计功能，可以分组分级设置多种统计项，不限位置、不限格式。

（6）用户还可以直接修改生成的报表数据的内容及格式。

（7）数据与预览同步显示，方便用户在预览状态校核数据。

（8）是真正的彩色报表，用户可以任意设置报表的字体颜色、背景，生成漂亮的彩色报表。

（9）可以批量输出报表，统一编排页码，批量输出到电子表格。

第二节 主 菜 单

一、文件

在“报表”插页界面打开“文件”菜单，如图 5-2 所示，其各个选项功能如下。

（一）新建

“新建”是指新建报表或者新建报表格式。

（二）打开

“打开”是指从磁盘中选择报表文件并打开。

（三）保存

“保存”是指在当前模板状态下，保存对报表的修改；在报表数据状态下，将报表数据保存为 Excel 格式文件。

（四）另存为

“另存为”是指更换工程文件名称另存为工程文件。

（五）删除当前表格式样

该选项可以用来删除当前表格的式样。如果要删除报表文件，请直接在报表目录中用右键中的“删除”功能，或者直接用系统资源管理器进行文件的删除操作。

（六）页面设置

“页面设置”是指对当前报表的纸张、页边距、方向等进行的设置。

（七）预览

“预览”是指把报表切换到预览状态进行报表的检查。

（八）打印

“打印”是指按照当前报表的式样进行报表输出的操作。

图 5-2 “文件”菜单

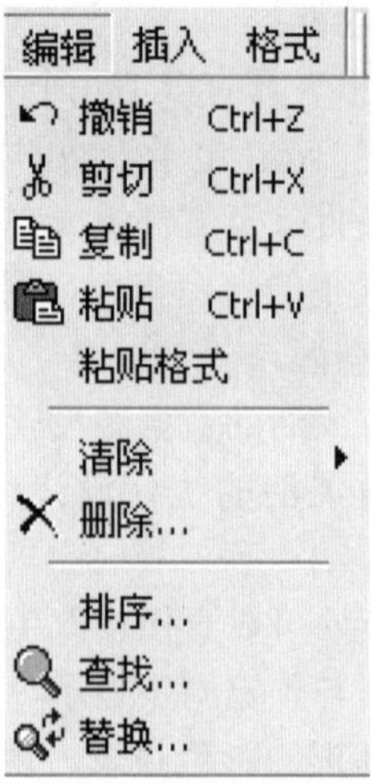

图 5-3 “编辑”菜单

二、编辑

在“报表”插页界面打开“编辑”菜单，如图 5-3 所示，其各个选项功能如下。

（一）撤销

“撤销”是指返回到当前操作的前一步。

（二）剪切

“剪切”是指删除源文件或源文件各种数据并粘贴到剪切板上。

（三）复制/粘贴

“复制/粘贴”是指保留源文件或源文件各种数据并粘贴到剪切板上。

（四）清除

“清除”是指清除记录，其分为 4 种清除方式：全部、数据、格式、换行符。

（五）排序

“排序”是指对报表数据按行/列或者按升序/降序进行的排列。

（六）查找/替换

“查找/替换”是指输入查找内容的关键字，在搜索结果中选择需要替换的内容。

（七）粘贴格式

“粘贴格式”是指保留源文件格式并粘贴到剪切板上。

三、插入

在“报表”插页界面打开“插入”菜单，如图 5-4 所示，其各个选项功能如下。

（一）插入单元格

“插入单元格”是指在报表区域内用来插入单元格的操作。

（二）插入列或行

“插入列或行”是指在报表区域内自定义插入列或行的位置。

（三）插入分页符

“插入分页符”是指在报表区域内在页面之间插入分隔符号。

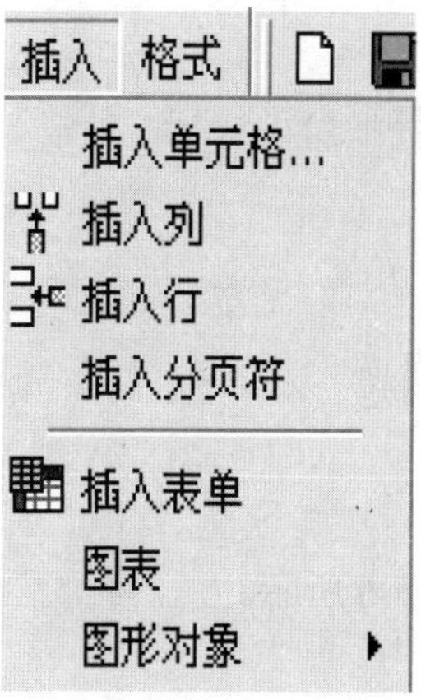

图 5-4 “插入”菜单

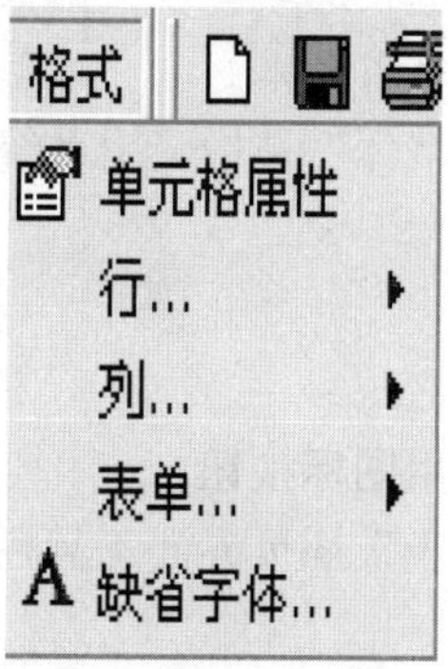

图 5-5 “格式”菜单

（四）插入表单

“插入表单”是指在报表区域内插入一张新的 Excel 表。

（五）图表

“图表”是指在报表区域内插入图表。

（六）图形对象

“图形对象”是指在报表区域内插入直线、弧线、椭圆、长方形、多边形图等。

四、格式

在“报表”插页界面打开“格式”菜单，如图 5-5 所示，其各个选项功能如下。

（一）单元格属性

“单元格属性”选项可以编辑单元格的对齐方式、字体、边框、图案。

（二）行

1. 行高

“行高”选项可以设置自动行高或自定义行高，系统默认单位为厘米。

2. 隐藏或取消隐藏

“隐藏或取消隐藏”选项可以显示或隐藏行。

3. 缺省行高

“缺省行高”是指采用系统设置的默认行高。

（三）列

“列”与“行”的操作方法完全相同。其中“自动适应列宽”是表格根据内容、页边距等自动排列列宽。

（四）表单

“表单”是指所有的单元格组成的表格。

1. 属性

“属性”包括常规、视图、编辑、选择区域的设置，根据实际情况进行属性修改。

2. 保护

“保护”是指锁定当前的表单。

3. 输入框

“输入框”选项可以根据报表编辑的需要显示和隐藏输入框。

（五）缺省字体

“缺省字体”是指采用系统设置的默认字体。

第三节 工 具 栏

一、常用图标按钮

在“报表”插页界面工具栏中常用图标按钮，如图 5-6 所示。

图 5-6 “报表”插页界面图标按钮

各个图标按钮功能从左至右分别是：新建、保存、页面设置、预览、打印、刷新与应用修改内容、刷新计算、单元格属性。

二、可视区域设置

在“报表”插页界面，“可视区域设置”图标按钮，如图 5-7 所示，各个按钮功能如下。

图 5-7 可视区域报表设置

（一）行数

“行数”是指设置可见的网格行数，只有可见的行内的格式或数据才会被处理。

（二）列数

“列数”是指设置可见的网格列数，只有可见的列内的格式或数据才会被处理。

（三）显示比例

“显示比例”是指设定网格的显示比例，这个比例只影响界面网格的尺寸，与打印的比例无关。

设定行数、列数时，请不要在分界的区域跨越合并的单元格，例如有合并的单元格跨过第 5、第 6 行，如果将行数设为 5，系统将会报错。这时可以将行数设为 6，或取消该合并单元格。

三、网格边线

在“报表”插页界面工具栏中，“网格边线”按钮图标，如图 5-8 所示，各个按钮功能如下。

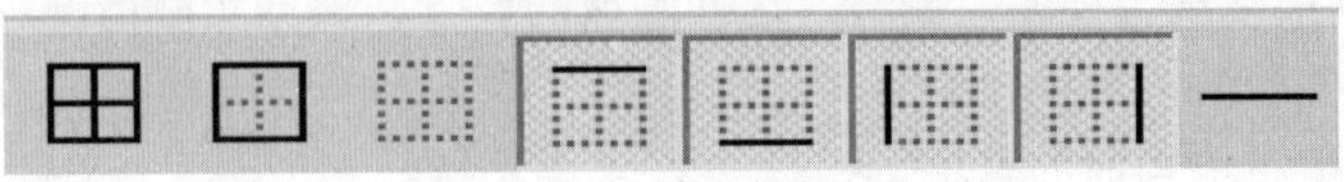

图 5-8 网格边线设置

（一）按钮

该按钮可以设置所有选定单元格的 4 个边线。

（二）按钮

该按钮可以设置选定单元格的外围线，即设一个区域的外边线。

（三）按钮

该按钮可以取消选定单元格的所有边线。

（四）按钮

这些按钮分别可以设置选定单元格的上边线、设置选定单元格的下边线、设置选定单元格的左边线、设置选定单元格的右边线。

（五）按钮

该按钮可以设置选定单元格线的宽度或线型。

四、字体设置

在“报表”插页界面工具栏中，“字体设置”按钮图标，如图 5-9 所示。

图 5-9　字体设置

以上按钮从左至右分别可以设置选定单元格字体、字体大小、字体颜色、黑体、斜体、下划线、左对齐、水平居中对齐、右对齐、上对齐、垂直居中、下对齐。

五、其他工具

在“报表”插页界面工具栏中，其他按钮图标，如图 5-10 所示。

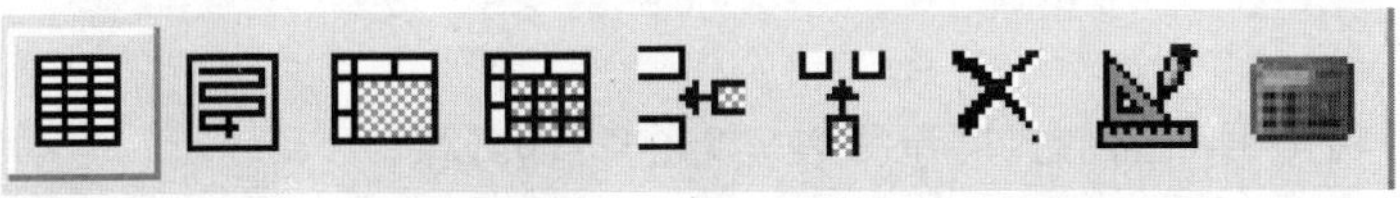

图 5-10　其他工具

各个图标按钮从左至右功能分别为：

（一）按钮

该按钮可以显示或者隐藏网格线。

（二）按钮

该按钮的功能是可以自动折行。

（三）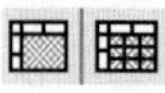按钮

该按钮功能分别为合并单元格和取消单元格合并。

（四）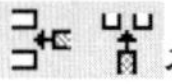按钮

该按钮功能分别为插入行和插入列。

（五）按钮

该按钮功能可以删除行、列或单元格。

（六）按钮

该按钮可以根据设置的页面宽度自动调整列宽。

（七）按钮

该按钮是计算器，可以进行数据计算。

六、视图切换

在“报表”插页界面，每一张报表设计的都是以 3 种形式的视图来展示，3 种形式分别为：“报表数据”模式、“预览”模式、“模板格式”模式，如图 5-11 所示。

图 5-11 报表的 3 种模式

（一）模板格式

“模板格式”是确定报表的结构、报表的格式、报表的数据逻辑关系的。

（二）报表数据

“报表数据”是根据模板及有关数据源生成实际的报表，即通常的报表式样。用户可以保存成 Excel 电子表格形式后，用 Excel 形式直接编辑或打印。

（三）预览

“预览”是指用页面的形式展示报表实际的打印效果。

第四节 报 表 的 输 出

一、报表的基本操作

系统软件报表是以 Excel 电子表格形式存在的，支持电子表格的格式操作。“报表”插页界面大致分为以下 4 个区。

（一）报表数据区

在“报表”插页界面，报表数据区有 3 种显示报表数据的模式，如图 5-11 所示。在不同的模式下显示报表的功能不同。

1. 报表数据

“报表数据”是根据模板设置格式与数据源，直观地显示报表数据的结果。在“报表数据”模式下显示的报表数据区，如图 5-12 所示。

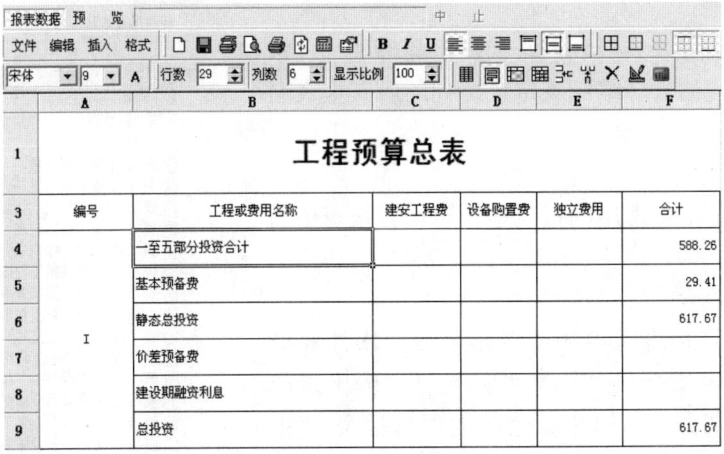

图 5-12 “报表数据”模式下显示的报表数据区

在该模式下可以对报表进行设置，但是不能修改数据。数据的修改仍须在“建安及临时工程”及“工料机分析”插页界面进行。

2. 预览

“预览”是以打印预览的形式显示报表，直接反映打印页面效果。点击“预览”按钮可以显示该状态下的报表数据区。

3. 模板格式

“模板格式”是设置报表格式与数据源。点击“模板格式”按钮可以显示该状态下的报表数据区，如图 5-13 所示。用户不要修改该模式，在软件开发过程中编程人员已经定义好了。如果用户修改了报表数据，就会影响到报表结果并容易出错。

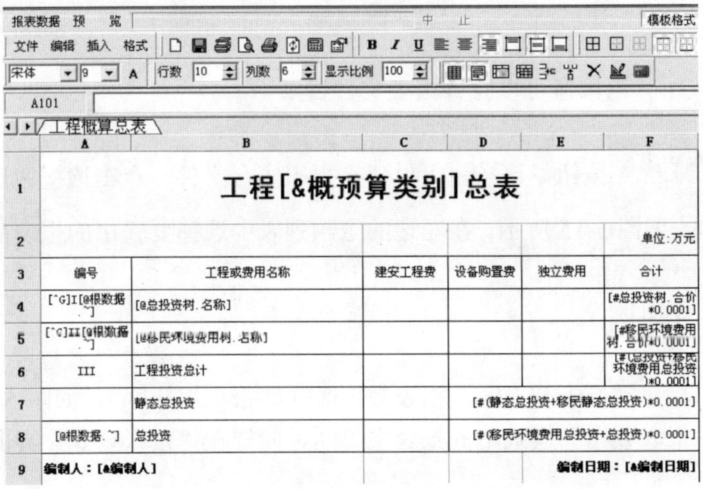

图 5-13 “模板格式”下显示的报表数据区

（二）报表文件列表区

在“报表”插页界面，“报表文件列表区”如图 5-14 所示，可分为外置报表（又称为公共报表）和内置报表。

1. 外置报表

外置报表又称公共报表，是根据水利部现行《水利工程设计概（估）算编制规定》所列的所有报表名称，相对独立于工程模板。

2. 内置报表

内置报表是指将常用的报表拖拉至内置报表中与模板绑定结合。

3. 报表集合

报表集合是指将常用的或者是需要一次性成批打印输出的报表集合成一个文件。当打印输出这个集合文件时，则会打印输出集合中的所有报表。“报表集合”有利于报表的集中打印与页码处理，报表集合可以放在外置报表中，也可以放在内置报表中。

报表文件列表中提供了“标准格式”、“补充格式”等多种格式，用户可以根据自己的需要选择使用，但是“定额计价模式”下的报表不能与“清单计价模式”下的报表混用。

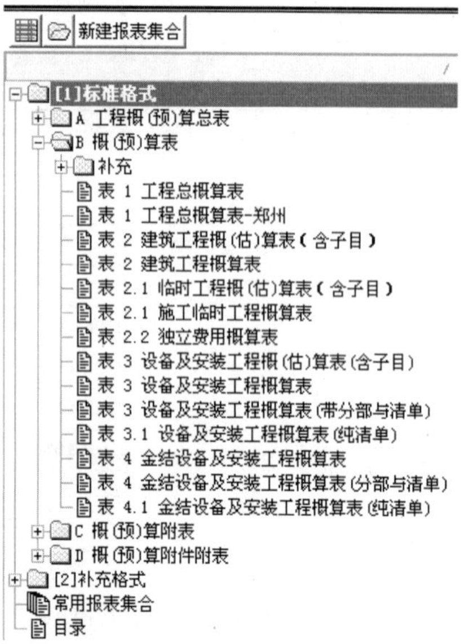

图 5-14 “报表文件列表区”

4. 附属工具

（1）按钮。该按钮可以刷新报表文件列表。当修改了文件名、建立了新的报表文件或者是报表集合文件后，如果在列表中看不到，刷新一下按钮即可显示所有的报表。

（2）按钮。该按钮可以打开报表文件目录。

（3）

按钮。该按钮可以建立报表集合文件。点击该按钮后即进入报表集合的设置对话框，如图 5-15 所示。在左边的定额列表中选择要输出的报表后双击即可建立报表集合。

（三）报表界面区

1. 报表主界面

报表主界面，包括报表列表区、报表数据区（即报表编辑区），如图 5-16 所示。该界面所显示的是“报表数据”模式下的报表主界面，同样在“模板格式”界面下也可以显示报表的主界面。

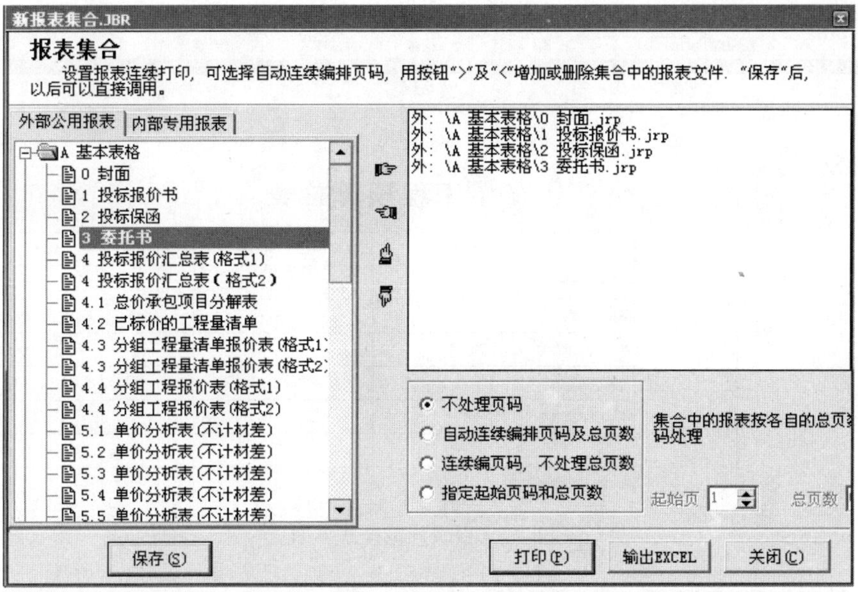

图 5-15　新建报表集合

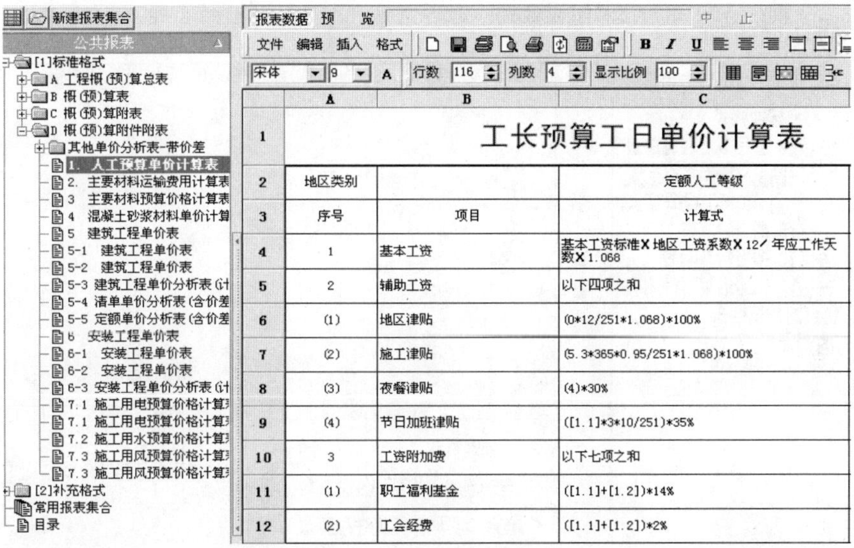

图 5-16　报表主界面区

2. 预览模式报表界面

在“报表”插页界面，点击“预览”按钮则显示报表数据预览模式，如图 5-17 所示。在该模式下只可以对报表进行打印前的检查，但是不能修改数据。数据的修改仍须在“建安及临时工程”及“工料机分析”插页界面进行。

二、报表集合操作

在“报表”插页界面，点击“新建报表集合”按钮，打开“新报表集合”对话框可以建立新的报表集合，如图 5-18 所示。

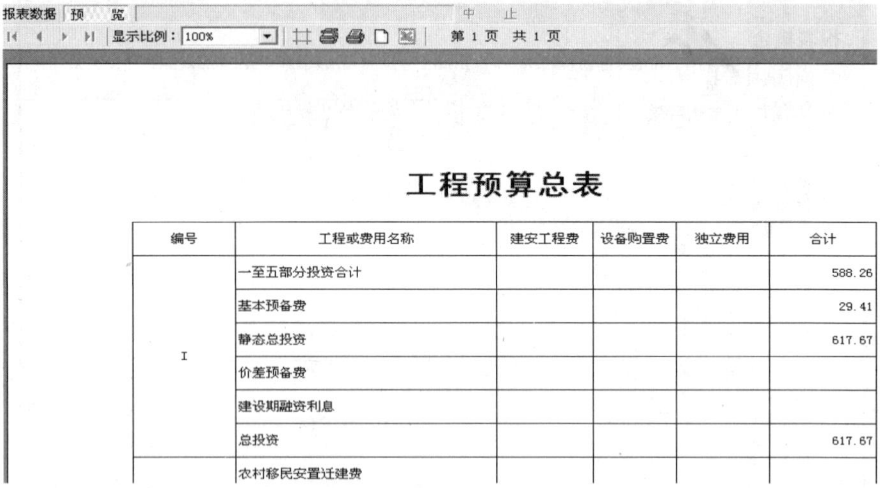

图 5-17 报表预览模式界面

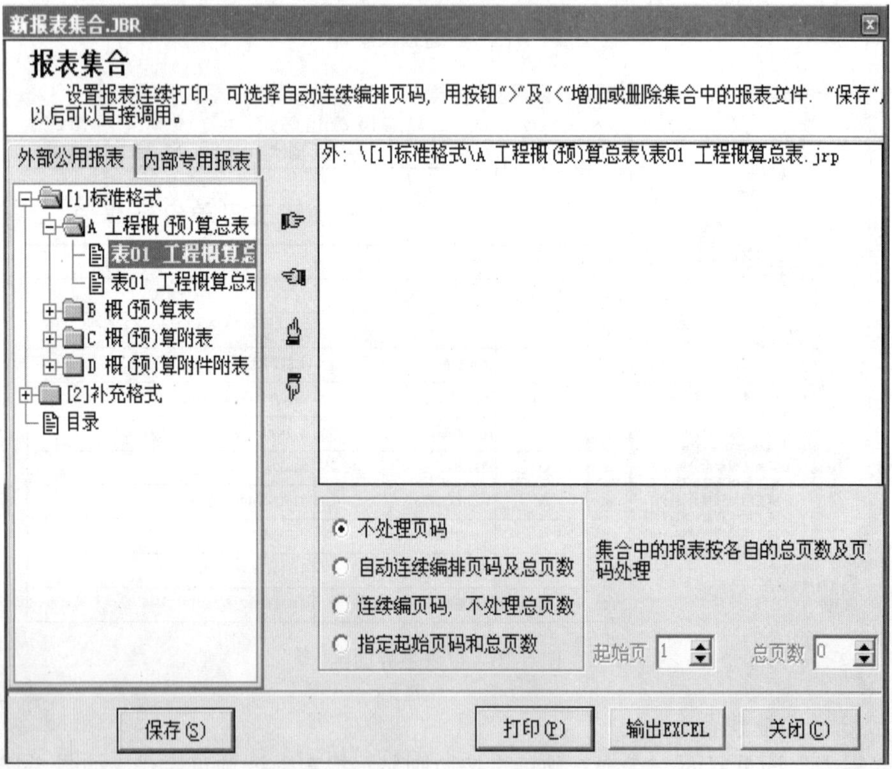

图 5-18 新建报表集合

（一）基本设置

报表集合既可以在外置报表中建立也可以在内置报表中建立。在上图所示的对话框中，将左边窗口列表中的报表选中后，点击“添加”指示按钮，即可将选定的报表添加到右侧的列表中，成为集合文件中的报表；用户也可以点击指示按钮将不需要放置在集合中的报表“撤消”。如果需要调整报表打印的先后位置，可以直接选中右侧报表后，点击、指示按钮，进行报表位置的调整。

（二）页面处理

报表集合有 4 种页码处理方式，如图 5-18 所示，适用于用户对报表打印输出时页码的显示方式。

1. 不处理页码

打印报表时，如果选择“不处理页码”方式，则对集合中的报表可以直接打印输出而不打印页码。

2. 自动连续编排页码及总页数

打印报表时，如果选择“自动连续编排页码及总页数”时，则对集合中的报表可以打印输出自动连续编排的页码及总页数。

3. 连续编页码，不处理总页数

打印报表时，如果选择“连续编页码，不处理总页数”时，则对集合中的报表可以打印输出并自动连续编排页码，但是不处理打印报表的总页数。

4. 指定起始页码和总页数

打印报表时，如果选择“指定起始页码和总页数”时，用户可以在右边的“起始页”与“总页数”区域输入指定的数字，即可使打印输出的报表从指定的数字开始进行编码，而总页数按给定的数字打印在报表总页码位置。

（三）输出到 Excel 文件

集合中的报表可以一次性地以 Excel 电子表格文件形式输出到一个工作簿文件中，而每一张报表则以一个工作表的形式存在。

第五节　表格的基本操作

一、选择单元格

（一）单元格

单元格就是用字母及数字组合指定的座标来表示的，例如 A1 代表第一行第一列，B2 代表第二行第二列。单元格可以单选，即只选一个格；也可以多选，即选择一个区域；也可以全选。

（二）单选单元格

单选单元格就是用户可以用鼠标直接点到指定的单元格，也可用键盘的方向键来指定单元格。

（三）多选单元格

多选单元格就是用户按下鼠标左键拖动，反黑的区域即是选定的多个单元格，也可以按住 Shift 键不放，再用键盘的方向键来多选单元格，或者按住 Ctrl 键，用鼠标一个一个地点选单元格。多选时设置单元格的格式，对全部选定的单元格都有效。

（四）全选单元格

用户可以点击“报表”插页界面左上角的标志选择所有的单元格。

当用户选定单元格时，“报表”插页界面上的边框线、字体等状态按钮会显示出单元格的有关属性。如果是多选单元格时，显示的是区域的第一个单元格，通常是左上角的单元格的属性。

二、合并单元格

（一）合并单元格

合并单元格就是选择一个单元格的区域，点击“合并单元格”按钮即可。

（二）取消合并单元格

取消合并单元格就是选择一个已被合并单元格的区域，点击“取消合并单元格”按钮，则这个区域内所有合并的单元格都会取消合并。

三、单元格属性

在“报表”插页界面，工具栏及菜单项中只列出了主要的单元格属性设置，如果要设置其他的属性，请点击“格式”菜单下的“单元格属性”选项，可以在弹出的“单元格格式”窗口中进行数字、对齐、字体、边框等设置，如图 5-19 所示。

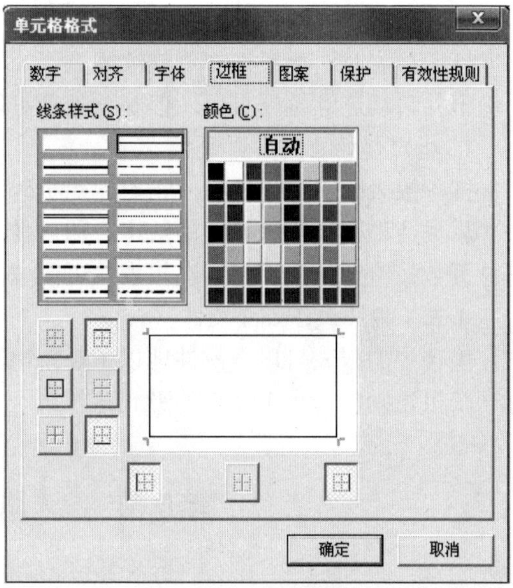

图 5-19 单元格属性设置窗口

四、单元格内容

用户可以直接在单元格中输入内容，也可以通过输入框输入内容。在输入框中输入内容的具体操作方法是：点击“格式”主菜单→“表单”→“输入框”调出或隐藏输入框。也可以在单元格上双击鼠标调出专门的“编辑文本”窗口进行单元格数据的编辑。如果处于“模板格式”下的视图，用户还可以通过双击单元格，在“报表单元格数据编辑”窗口进行单元格数据的编辑，如图 5-20 所示。“模板格式”下的单元格编辑方法主要是软件编程人员所采用，用户一般不用。

五、单元格的显示格式

如果用户没有指定单元格的显示格式，缺省时是“常规”格式，系统将自动识别，但有时会出现不符合实际需求的情况。例如输入定额编号“2-1-1”时，报表数据中会显示为“2002-1-1”，系统把编号自动当作日期处理了。遇到这种情况，用户可以在“报表”插页界面，点击“格式”菜单→“单元格属性”→“数字”→“类型”指定文本格式符“@”来解决，如图 5-21 所示。格式符定义与 Excel 基本一致。

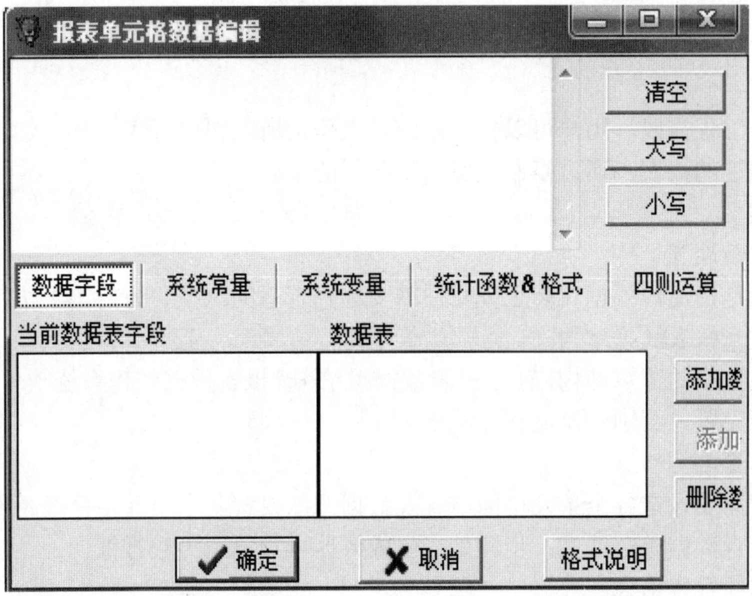

图 5-20 “模板模式”下的报表单元格数据编辑窗口

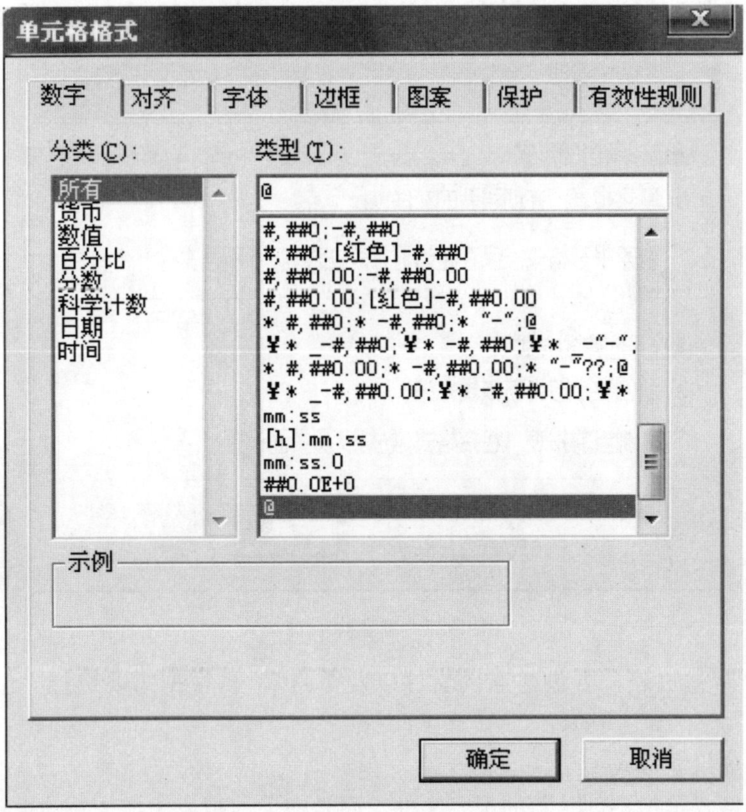

图 5-21 单元格格式界面

第六节 报 表 编 制

为了满足工程需要，用户可以依据系统报表确定所需要的报表式样，然后找一个格式与实际工程相近的报表，通过复制该格式生成新的报表。

一、概述

（一）页面设置

页面设置是指用户根据实际工程文件需要选择合适的纸型、方向、页边距等的操作。

（二）建立报表数据结构

根据报表数据的逻辑结构，建立报表数据树结构。报表数据结构系统软件已经设置好，用户不需要再设置，否则会影响计算结果。

（三）设置单元格

根据用户需要设定各个单元格的内容及数据源；设置各个单元格框线及属性；设置行高及列宽；检查数据源合法性；步骤是：生成数据→预览→再进行细调。

二、创建新报表格式

（一）新建报表

新建报表就是新建报表文件，报表的数据及页面设置可以完全独立。在“报表”插页界面，单击“文件”菜单下的“新建”按钮则弹出“新建报表”窗口，如图 5-22 所示。

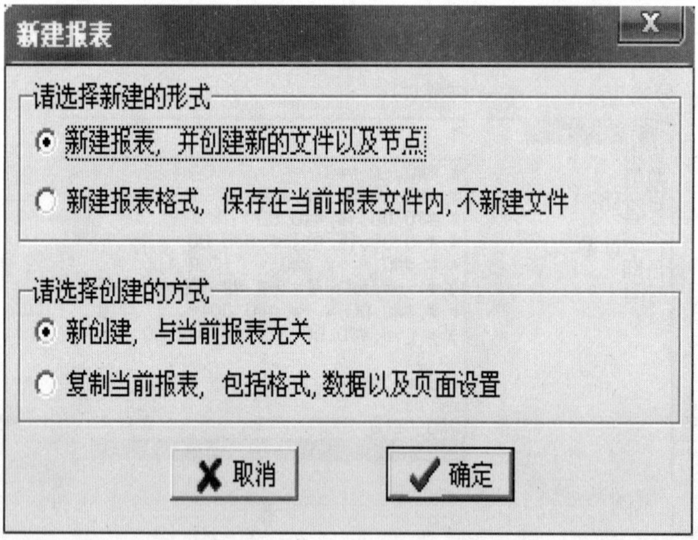

图 5-22 新建报表窗口

先选中“新建报表，并创建新的文件以及节点”，再根据需要选择“创建的方式”即可。

（二）新建报表格式

新建报表格式是指不创建新的报表文件，而是在当前报表中增加新的报表格式并保存在当前报表文件内。新建的格式共享当前报表的数据源定义及页面设置，如图 5-22 所示。

三、控制分页

缺省情况下系统根据生成的报表数据的文字大小、长度，单元格的合并情况自动分页。如果设置了按主数据分页，则系统生成报表时按数据层次的第一层自动增加分页。只有设置了单元格的自动折行属性，系统才会自动计算行高并进行分页。

四、控制行高

在系统软件模板中设定的行高会直接体现在生成的数据中。如果设置了单元格的“自动折行”属性，即单元格的属性显示为“自动折行”按钮“按下”状态，在生成报表数据时，系统根据生成的单元格内容自动计算合适的单元格高度。“自动折行”计算需要一定的时间，用户一般只对需要设置的单元格进行“自动折行”设置，以提高生成报表的速度，否则就不设置。

五、页面设置

（一）打印设置

点击“报表”插页界面“文件”菜单下的“页面设置”选项，在弹出的“打印设置”窗口，分别可以进行页面、页边距、页眉 / 页脚、工作表的设置，如图 5-23 所示。

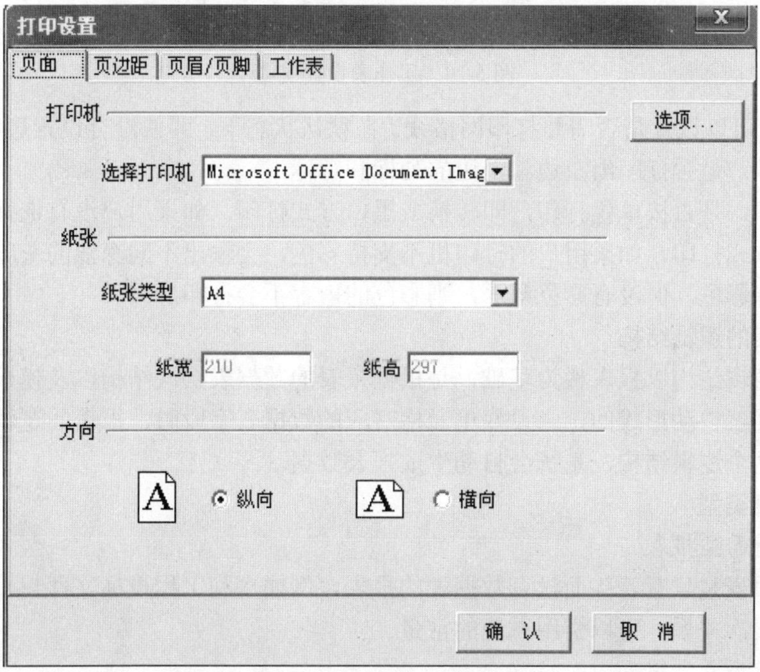

图 5-23 报表打印设置窗口

页面：可以选择打印机，纸张类型以及纸张方向。

页边距：可以设置上下左右的页面边距，以及打印的对齐方式。

页眉 / 页脚：可以设置页眉 / 页脚的内容。

工作表：可以设置电子表格相关的打印属性。

前 3 项与常规的页面打印设置类似，这里不再赘述，下面重点介绍工作表的设置。

(二)工作表设置

点击如图 5-23 所示窗口中“工作表”按钮,则弹出如图 5-24 所示“打印设置”窗口。

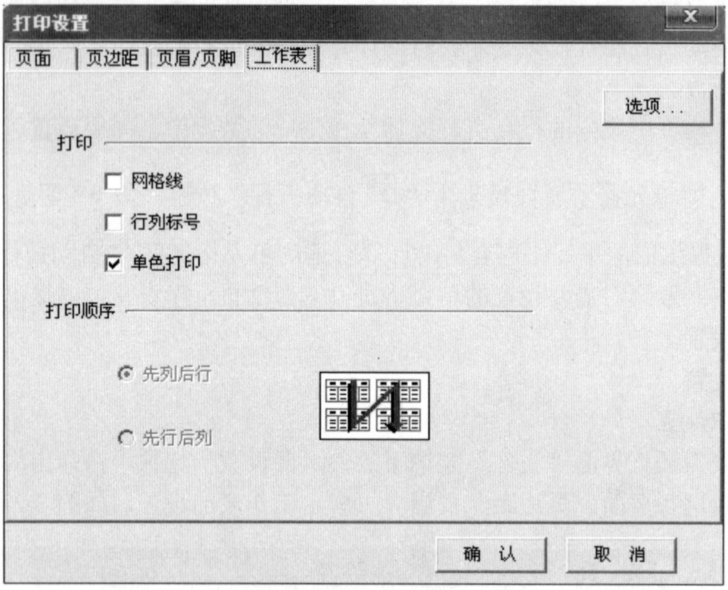

图 5-24 工作表设置窗口

网格线:可以设置是否需要打印网格线。在默认状态下,即使没有设置边线也会打印。

行列标号:是否打印出左边和上边的列标和行标。

单色打印:是否按单色打印,即转换成黑白方式打印。如果用户没有选择单色打印,系统按彩色方式打印。如果用户的打印机不支持彩色,会输出不同深浅的灰度。如果用户的打印机支持彩色,但没有彩色墨水,则彩色的内容不会打印出来。

六、表格的逻辑结构

表格的逻辑结构以报表栏为基础,是根据报表的数据表层次结构以及模板中单元格中所包含的数据表自动形成的,当设好单元格对应的数据表字段时,报表的逻辑结构也就确定了。根据这个逻辑结构,系统会自动生成报表数据。

七、报表类型

(一)封面型报表

封面型报表是只有表头而没有数据表的报表,例如水利工程投标文件封面。封面型报表没有数据层次关系,可以引用系统的常量。

(二)数据表型报表

数据表型报表至少有一个数据表并且有表体,如图 5-25 所示。

八、报表数据源

报表数据源共分以下 6 种。

数据表字段:提取数据表中的字段,标志符为“@”。

系统常量:提取工程中的常量,即提取汇总分析、费用表、基本信息中的内容,标志符为“&”。

投标报价汇总表

合同编号:

组号	分组工程名称	报价金额(元)
一	建筑工程	7729.40
二	机电设备及安装工程	
三	金属结构设备及安装工程	
四	施工临时工程	
五	{自定义分组工程}	
六	协商费	
七	工程保险费	
八	合计	7729.40
合计（A）：7729.40元		

图 5-25　数据表型报表

系统变量：生成报表时的动态变量，例如页码、总页数等，标志符为“~”。

统计函数：指对数据的合计、平均值、最大值、最小值等的处理，标志符为“%”。

格式控制符：用于控制报表单元格的动态合并、分组合并，标志符为“^”。

四则运算：对数据表字段及系统常量、变量进行的四则运算，标志符为“#”。

这 6 种数据按特定的标志符标志，这些数据源只能在报表模板中引用。

在报表“模板格式”下，任意双击单元格，在弹出的“报表单元格数据编辑”窗口，可以在编辑区直接进行编辑，也可以在相应的位置双击选中指定的内容到编辑区，如图 5-26 所示。

报表数据源是编程人员根据用户实际工程需要所编辑的，该部分内容只作为用户一般了解不需要进行编辑，否则可能会造成数据引用混乱。

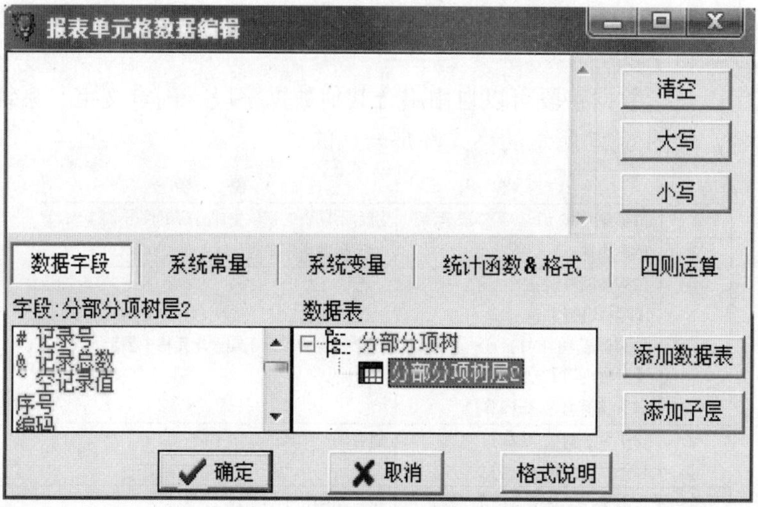

图 5-26　“报表单元格数据编辑”窗口

九、数据表型报表数据

数据表型报表数据包括以下内容。

（一）标准格式

在数据表型报表中，数据的标准格式是[@ 数据表名. 数据字段名]。

（二）公共字段

在数据表型报表中，任何数据都有三个相同的公共字段，即“#”、“&”和“~”。

1. “#”字段

该字段表示数据表记录号，从 1 开始的一个序列值，并且根据上一层数据表重排，可以用作序号。

2. “&”字段

该字段表示数据表的总记录数。

3. “~”字段

该字段表示没有内容的数据字段，可以用来控制报表栏的逻辑关系，而不显示报表的有关内容。

（三）根数据

根数据是一个特殊的系统表，只有一条记录，并且只有公共字段。它可作为所有其他数据表的父层。根数据可以用来设计整个报表末尾的报表栏，例如：用来计算整个报表的某列的合计值。

（四）一般数据表

一般数据表是指一般都有字段，数据关系是系统内部设定的。用户可以根据报表的格式要求，建立相应的数据表关系树层次。

（五）树表

树表是一种特殊的数据表，其数据取自界面的数据树控件，树表可以自由添加子层，子层的数据字段与父层是一样的。选择数据字段，在对应的字段上双击，字段以[@ 数据表名. 数据字段名]的形式插入到编辑区，如果用户熟悉这种形式，也可以直接在编辑区内进行编辑。

（六）组合数据字段

组合数据字段是指数据字段可以自由组合其他数据字段、固定文字、系统变量、系统常量等其他内容，如图 5-27 所示的格式都是合法的。

序号	内　容	说　明
1	[@实体分部.#].[@实体清单.#]	组合不同表的字段生成分级的序号。如“1.1’
2	[@根数据.~]	指定根数据报表栏
3	[@实体清单.名称] 【项目特征】 [@实体清单.项目特征] 【工程内容】 [@实体清单.工程内容]	三个字段的内容在同一单元格中显示
4	[@子目工料机.名称] [@子目工料机.规格]	组合同一个表的二个字段
5	计量单位：[@实体清单.单位]	组合固定文字与字段

图 5-27　组合数据字段

十、系统常量

系统常量的标准格式是：[& 系统常量名]。

如果用户想在报表中增加新的常量，通常可以在工程概况或费率变量中通过右键增加记录，填入名称和内容，在报表中就可以直接引用，如图 5-28 所示。

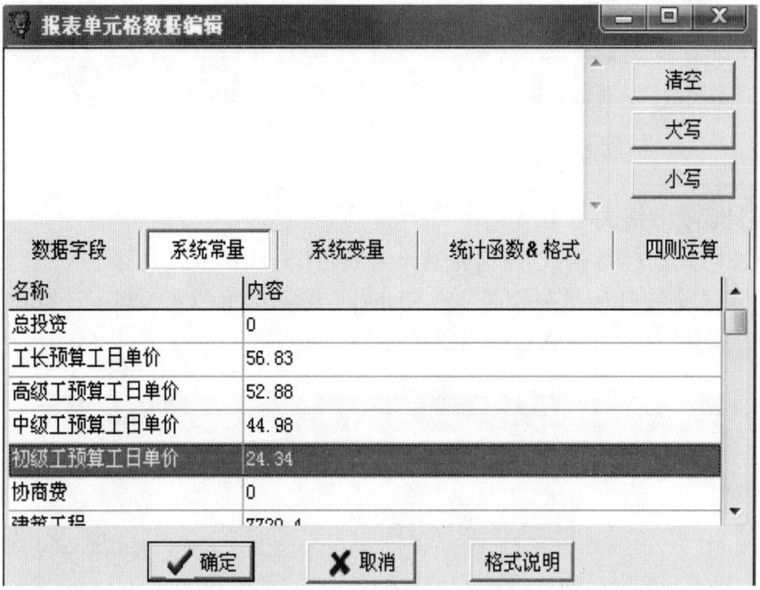

图 5-28 “系统常量”界面

十一、系统变量

系统变量的标准格式是：[~系统变量名]，如图 5-29 所示。

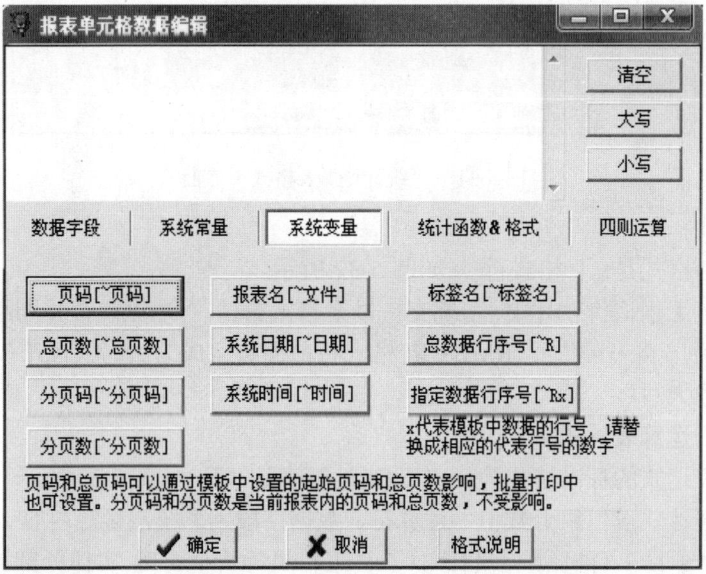

图 5-29 “系统变量”界面

共有 10 种系统变量，如图 5-30 所示。

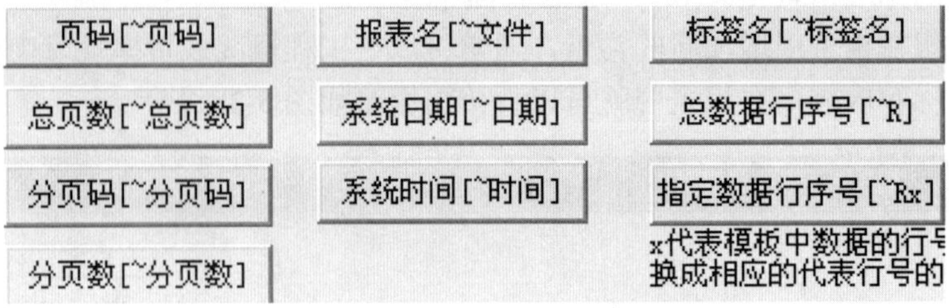

图 5-30 10 种系统变量

十二、统计函数&格式

统计函数&格式的标准格式是：[%统计函数名]，如图 5-31 所示。

系统提供了 5 个统计函数分别是：[%SUM]—求和；[%COUNT]—计数；[%MAX]—最大值；[%MIN]—最小值；[%AVG]—平均值。

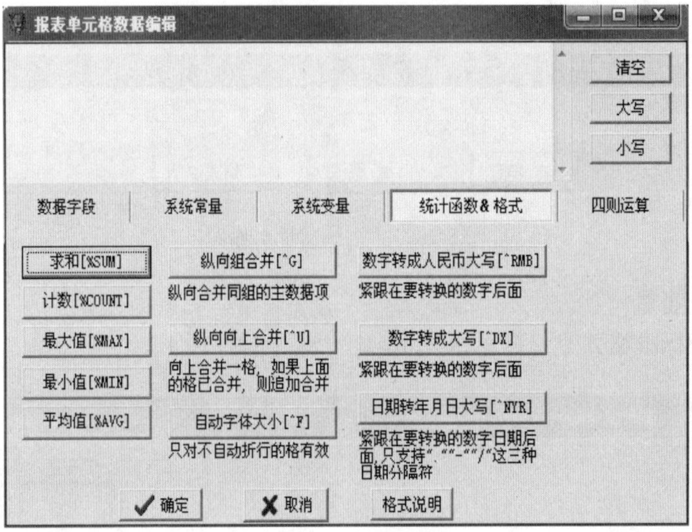

图 5-31 “统计函数&格式”界面

十三、格式

格式的标准格式是：[^格式符]，如图 5-32 所示。

在水利水电工程造价软件中，系统支持以下格式符：“ ^G：纵向合并同组的主数据项”、“^U：向上合并一格……”、“^RMB：转格式符前面数字成为大写人民币”、“^DX：转格式符前的数字成大写”。

十四、四则运算表达式

四则运算表达式的标准格式为：[# 四则运算表达式]，如图 5-33 所示。

四则运算表达式可以组合数值、运算符、数据字段、系统常量等内容。例如，[# 子目工料机.市场价*子目工料机.消耗量]计算子目工料机的价值；[# 实体分部.合价/建筑面积]计算某一实体分部的每平方米造价。

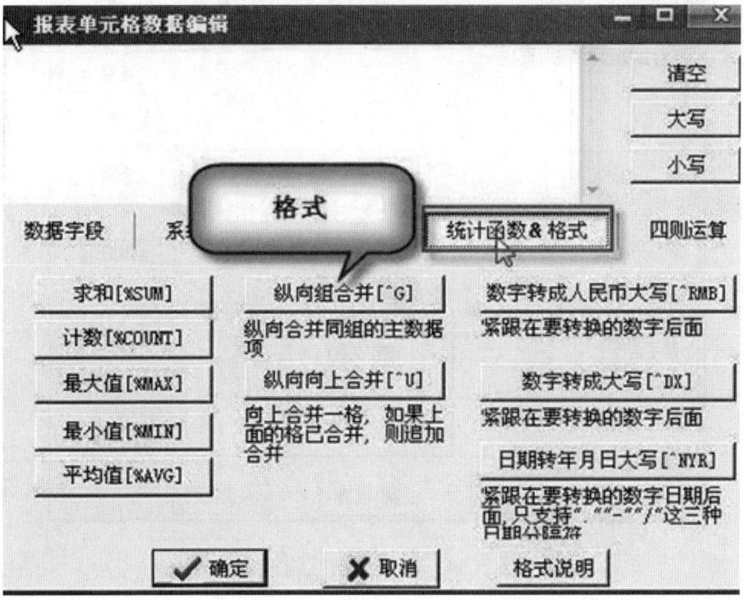

图 5-32 “格式”窗口

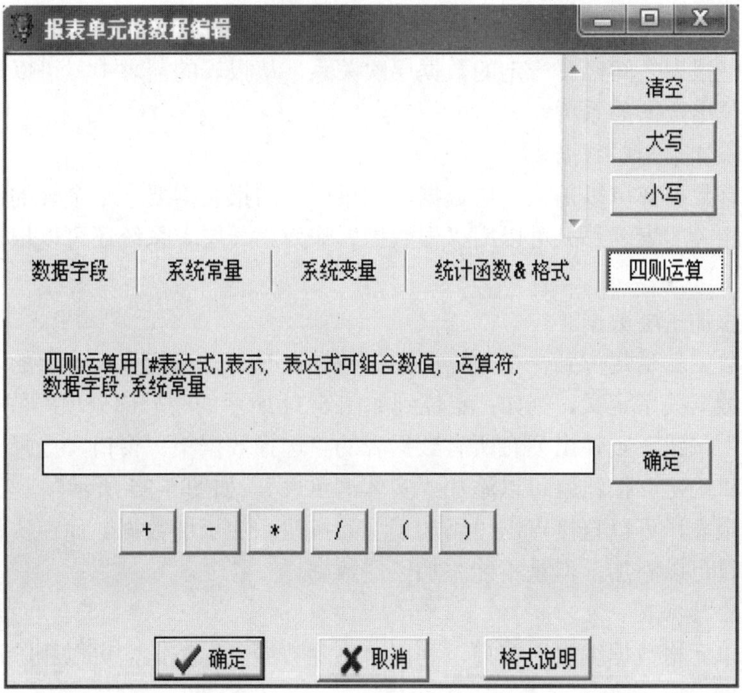

图 5-33 “四则运算表达式”界面

十五、建立数据表层次关系

数据表的层次关系是分析报表结构、建立报表逻辑结构的关键，系统软件用一个树型结构来体现报表的数据层次关系，如图 5-34 所示。

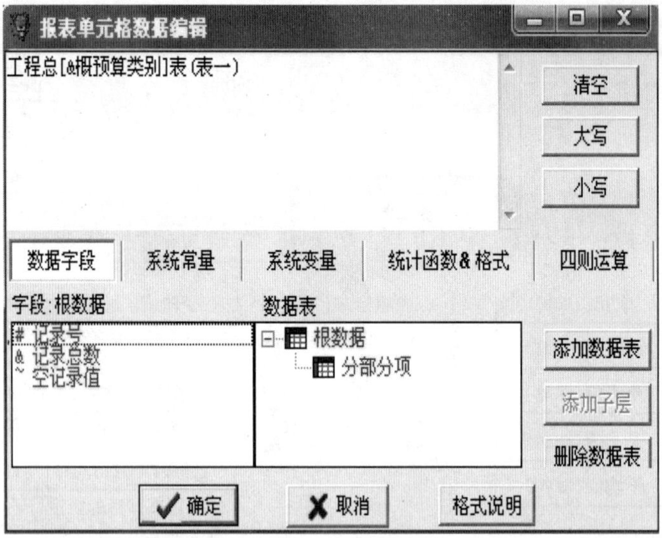

图 5-34　树型层次结构报表

（一）报表数据层次关系建立

报表数据层次关系建立的步骤：

第一步：分析报表需求、建立数据关系树。

每个数据型报表之间都有一定的数据层次关系，从报表的需求中，可以根据数据之间的从属关系整理出数据关系树。

第二步：添加第一层数据。

报表中所有数据都可以是第一层数据。如果用户的报表需要一个全表的汇总栏，或者要组合两个不相关的表，那么可以用“根数据”作为第一层。系统还可以根据第一层数据进行分页。

第三步：添加子层数据。

添加子层数据就是定位到一个数据层添加数据表时，只有能作为该层的表才会列出，避免不相关的数据关系定义。例如：定位到如图 5-34 所示的“分部分项”数据节点，点击“添加数据表”按钮，则弹出列有所有数据表的“选择数据集”窗口，选择“实体清单”数据表并点击“确定”按钮就可以添加“实体清单表”，如图 5-35 所示。

对于树型报表，可以直接点击“添加子层”按钮添加子层数据。而在实体分部，只列出了对应的项目可以添加，但是不能添加子层数据。

（二）删除数据表

在“报表单元格数据编辑”窗口，利用“删除数据表”按钮，可以删除选定的节点以及它的子层数据。

十六、中断报表数据生成

查看报表数据时，报表界面上的进度条会显示报表生成的进度，如图 5-36 所示。如果用户只想查看前面几页报表数据生成的效果，可以在报表数据生成过程中按旁边的“中止”按钮中断报表数据的生成即可。

操作方法：在“报表”插页界面，点击“报表数据”按钮→“中止”按钮即可查看已经生成的报表。

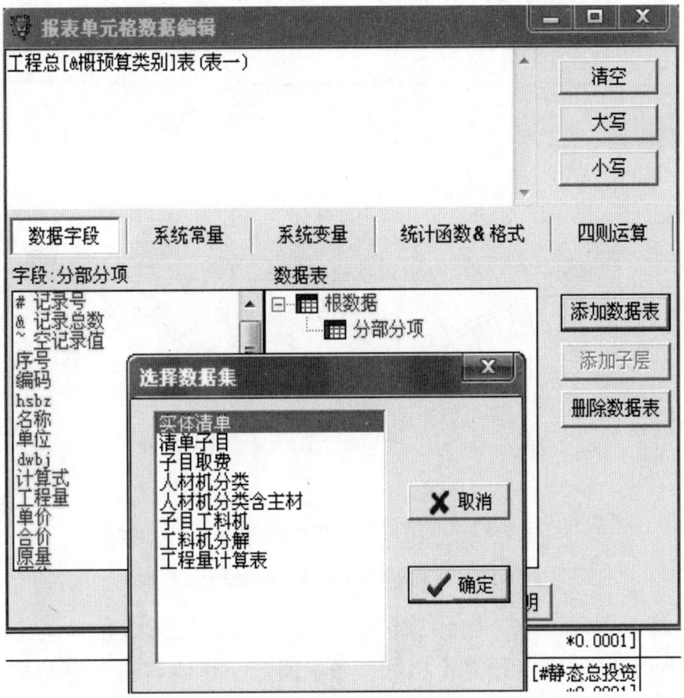

图 5-35　添加子层数据

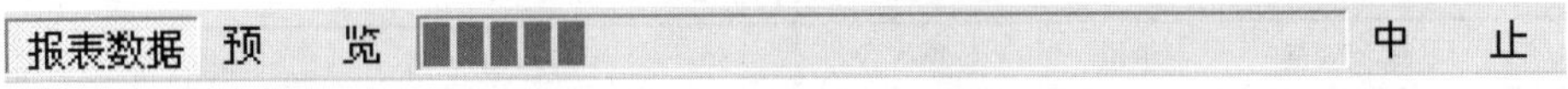

图 5-36　报表数据生成进度

思考与练习题

5-1　报表的功能有哪些？

5-2　报表插页界面划分哪几个区域？

5-3　报表页码处理方式有哪几种？

5-4　案例练习：

（1）某引水渠道改造工程位于六类工资区、县城镇以外，改造前后渠道断面如图 5-37 所示。

本工程由两大部分内容组成，即渠道土方开挖工程和渠道混凝土衬砌工程。渠道全长 12 公里，渠道土质大致为Ⅲ类土占 1/3，Ⅳ类土占 2/3。混凝土强度等级为 C20，水泥强度等级 42.5，骨料采用碎石、粗砂，二级配。沿渠线长度方向每隔 10m 设一伸缩缝，边坡与底板之间设置纵缝，伸缩缝内铺设二毡三油。工程施工方法要结合工程特点、工程施工现场实际情况合理确定。已知基本资料如下。

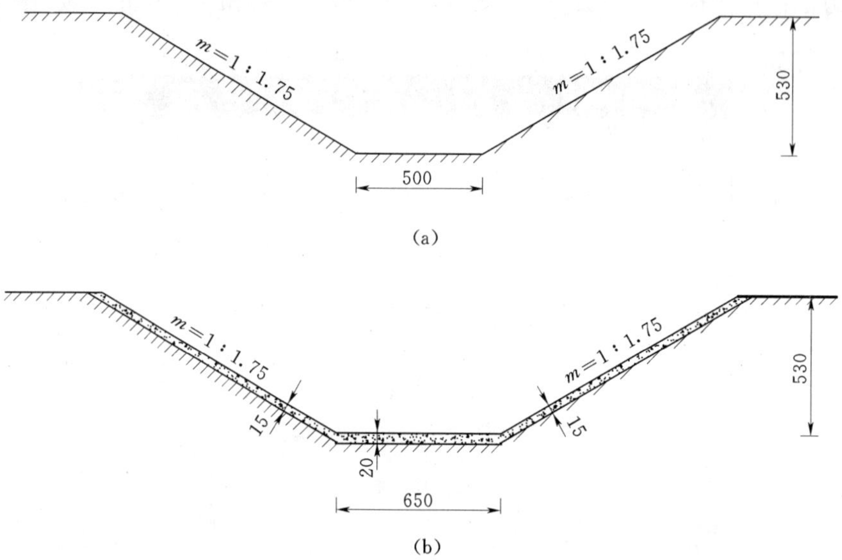

图 5-37 改造前后渠道断面图（单位：cm）

(a)改造前渠道断面图；(b）改造后渠道断面图

1）本工程施工用风、水、电预算价格分别为 0.10 元/m^3、0.50 元/m^3、0.80 元/(kW·h)。

2）工程中所用部分材料预算价格如表 5-1 所示。其他材料预算价格可依据工程所在地区实际情况，以及施工组织设计所选定的材料运输方式确定。

表 5-1 部分材料预算价格汇总表

序号	名称及规格	单位	价格(元)	序号	名称及规格	单位	价格(元)
1	合金钻头	个	65.00	16	柴油	t	5570.00
2	钢棒	kg	4.60	17	汽油	t	6300.00
3	型钢	kg	4.50	18	水	m^3	0.50
4	电焊条	kg	5.00	19	风	m^3	0.10
5	锯材	m^3	1200.00	20	电	kW·h	0.80
6	PVC 管	m	25.00	21	碎石	m^3	75.00
7	铁件	kg	4.50	22	砂子	m^3	65.00
8	铁钉	kg	5.00	23	预埋铁件	kg	5.00
9	油毛毡	m^2	3.40	24	橡胶止水带	m	70～85
10	沥青	t	3000.00	25	钢筋	t	4500.00
11	木柴	t	800.00	26	铁丝	kg	4.50
12	土工布	m^2	5.00	27	预制混凝土柱	m^3	301.95
13	组合钢模板	kg	4.50	28	板枋材	m^3	1300～1500
14	卡扣件	kg	4.00	29	草皮	m^2	3.10
15	水泥	t	350.00	30	块石	m^3	75～85

3）该工程的工程量清单如表 5-2 所示。

表 5-2 工 程 量 清 单

编号	项目名称	单位	数量	单价（元）	合价（元）
1	土方开挖 （Ⅲ类土）	m^3	99637.98		
2	土方开挖 （Ⅳ类土）	m^3	199275.96		
3	渠道底板混凝土	m^3	32100.00		
4	渠道边坡混凝土	m^3	76913.94		
5	渠道边坡模板	m^2	512759.59		
6	渠道横缝堵头模板	m^2	20411.39		
7	伸缩缝	m^2	180.11		
合 计 ______________ 元					

依据水利部现行《水利建筑工程概算定额》，编制该渠道改造工程建筑工程部分概算投资。

（2）河南省涡河近期治理小洪河闸工程面向全国公开招标。招标的主要工程内容包括：土方工程、砌石工程、混凝土工程和其他工程等。

由招标文件可知：工程所在地区土类级别为Ⅲ类土，水闸开挖土方可运至低洼处弃土，土方开挖处距弃土现场 500m 左右。距离施工现场 500m 处适合布置混凝土拌和站。

各工程部位混凝土强度等级要求：C20 混凝土闸底板（厚度 200cm），C20 混凝土闸墩、C15 混凝土翼墙（厚度 60cm），C15 混凝土护坦（厚度 100cm）、C20 混凝土消力池（厚度 100cm）、C15 混凝土海漫（厚度 100cm），C10 混凝土垫层（厚 10cm），C25 混凝土工作桥、连接桥、便桥，C25 混凝土排架（横断面积 0.2m^2）；并且要求进行护底、护岸和防渗处理。

1）根据有关资料可知，混凝土配合比如下。

C10、C15、C20 均采用二级配、42.5 号普通水泥、碎石、粗砂；C25 三级配、42.5 号普通水泥、碎石、粗砂。

2）工程中所用部分材料预算价格见表 5-3。

工程中所用其他材料的预算价格可参考当地物价部门近两年公布的价格信息选取，也可依据工程所在地区实际情况，以及施工组织设计所选定的材料运输方式确定。

表 5-3 部分材料预算价格汇总表

序 号	名称及规格	单 位	预算价格(元)
1	水泥 42.5	kg	0.34～0.42
2	柴油	kg	5.57～6.66
3	汽油	kg	5.31～6.52
4	电	kW·h	0.85
5	水	m^3	1.00
6	风	m^3	0.15
7	碎石	m^3	75.00～85.00
8	砂子	m^3	60.00～70.00
9	合金钻头	个	35.00
10	土工布	m^2	5.00
11	组合钢模板	kg	4.50～5.00

续表

序 号	名称及规格	单 位	预算价格(元)
12	卡扣件	kg	4.00
13	型钢	kg	4.50～5.00
14	电焊条	kg	5.00
15	锯材	m^3	1100.00～1500.00
16	PVC 管	m	25.00
17	铁件	kg	4.50
18	铁钉	kg	5.00
19	油毛毡	m^2	3.40
20	沥青	t	3000.00～3600.00
21	木柴	t	800.00～1500.00
22	钢棒	kg	4.60
23	橡胶止水带	m	70.00～85.00
24	预埋铁件	kg	4.50
25	钢筋	t	3100.00～4500.00
26	铁丝	kg	4.50
27	预制混凝土柱	m^3	301.95
28	板枋材	m^3	1300.00～1500.00
29	草皮	m^2	3.10
30	块石	m^3	75.00～85.00

3）该水闸工程的工程量清单见表 5-4。

表 5-4　　工 程 量 清 单

编号	项目名称	单位	数量	单价（元）	合价（元）
	第一部分　建筑工程				
一	土方工程				
1	土方开挖	m^3	9135.00		
二	砌石工程				
1	干砌块石护底	m^3	190.10		
2	M7.5 浆砌块石护底	m^3	110.45		
3	M7.5 浆砌块石翼墙	m^3	190.07		
4	铺筑碎石垫层	m^3	100.17		
5	抛石防冲槽	m^3	300.77		
三	混凝土工程				
1	C20 混凝土闸底板（厚 200cm）	m^3	195.16		
2	C20 混凝土闸墩	m^3	220.87		
3	C15 混凝土护坦　（厚 100cm）	m^3	64.17		
4	C20 混凝土消力池（厚 100cm）	m^3	343.54		
5	C15 混凝土海漫（厚 100cm）	m^3	18.21		
6	C15 混凝土翼墙（厚 60cm）	m^3	644.87		
7	C25 混凝土连接桥、便桥、工作桥	m^3	25.82		
8	C25 混凝土排架（横断面积 $0.2m^2$）	m^3	9.94		
9	C10 混凝土垫层（厚 10cm）	m^3	50.15		
10	钢筋制作安装	t	62.07		

续表

编号	项目名称	单位	数量	单价（元）	合价（元）
11	三毡四油伸缩缝	m^2	199.50		
12	651 橡胶止水带	m	145.95		
四	模板工程				
1	普通标准钢模板	m^2	1597.33		
2	普通曲面模板	m^2	67.70		
3	牛腿模板	m^2	13.54		
五	其他工程				
1	土工布	m^2	343.35		
合　计 ____________元					

依据招标文件要求、结合工程现场实际情况，确定合理的施工方法。采用水利部现行《水利建筑工程预算定额》，编制该水闸工程的投标报价。

第六章　审　计　审　核

【学习目标】

1. 了解创建审核工程的操作步骤。
2. 掌握审核工程文件的操作方法。
3. 了解审核工程应保存的位置。

【学习重点】

1. 创建审核工程的操作步骤。
2. 审核工程文件的操作方法。

审计审核是软件开发的一个新的功能，主要用于审计单位对送审工程文件进行审计核查。在审计过程中，用户可以更改工程的费率变量、工程量、市场价来进行调整等，从而使送审核查的工程文件更加准确。下面将简单的介绍审计审核功能。

第一节　创建审核工程

审核的对象是送审的单位工程，因此创建审核工程时，必须有一个“单位工程”。软件通过复制这个送审工程的数据，并对送审工程中的数据加锁保护，创建了一个名称与送审工程相同，但后缀改为“*.JSH”的审核书。

打开水利水电工程造价软件，点击“新建”工具按钮，则弹出“新建向导”主窗体，如图 6-1 所示。

双击窗体中“审计审核”按钮，则弹出“选择打开工程文件”窗口，如图 6-2 所示。

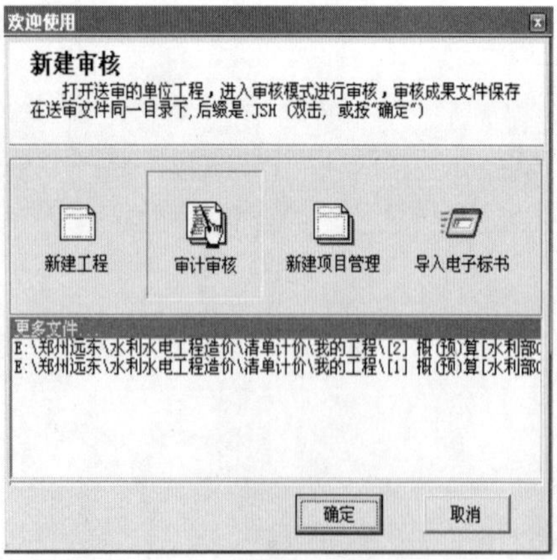

图 6-1　新建审计审核

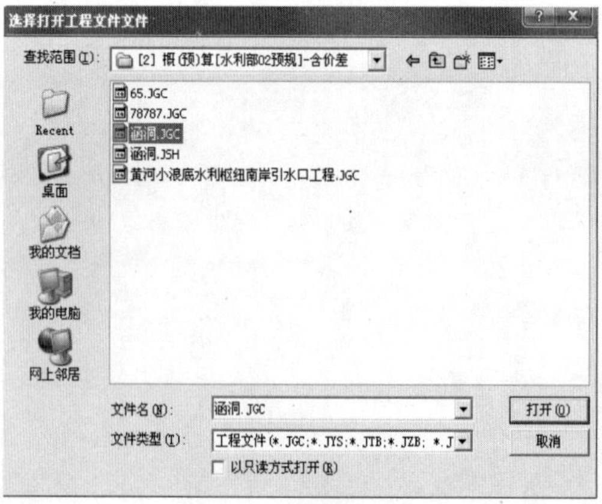

图 6-2　选择打开要审核的工程文件

选择要送审的单位工程（文件的后缀名为：*.JGC），点击“打开”按钮，在弹出的“提示”对话框中，如图 6-3 所示，点击“确定”按钮，即进入工程文件的审计审核模式。例如：选择的审计审核文件为“涵洞.JGC”，点击“打开”按钮后，该工程即进入审计审核模式，此时该工程的文件名变为“涵洞.JSH”。

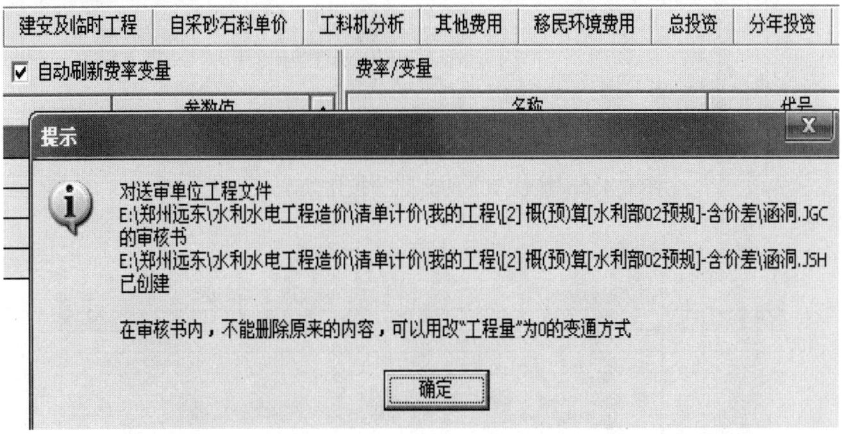

图 6-3 审核工程文件“提示框”

选择好送审文件后将其打开进入工程，用户可以对费率变量、工程量、市场价进行编辑调整，其操作方法与“新建工程”套定额完全一样。但是值得注意的是在最后输出的报表中，工程的所有数据都显示在报表中。

工程文件审核完成后会自动保存在送审文件的统一目录下。

第二节 审 核 操 作

水利水电工程造价软件中的审核操作同编制水利水电工程概预算文件的操作方法基本相同，其主要区别是导入的送审工程文件的记录不允许删除，只能修改和增加新记录。如果要删除，可以改用工程量为“0”的方式变通。

审计审核时的工程文件，在“建安及临时工程”界面上提示的编辑状态是“审核状态”，而不能切换到其他状态。此时我们可以看到“删除”按钮、“分部升级降级”按钮、“节点上移下移”按钮都处于灰色状态，说明对原记录的删除、分部升级降级以及节点上移下移的操作都是禁止的，如图 6-4 所示。并且对新增的记录也只可以进行删除和移动操作，而不能够进行分部的升级降级操作。

在“套定额”窗口，点击“布局”工具按钮，在弹出的“列显示/隐藏”窗口中选择“原工程量”和“原合价”并点击“确定”按钮后，在“套定额”窗口就可以看到“原工程量”、“原合价”列，如图 6-5 所示。

如果要核对工程文件的其他信息，必须打开原工程文件并切换窗口相互对照。如果确实要删除原送审记录，可以通过“修改节点属性”的方法，取消“送审记录”的设置后再删除。

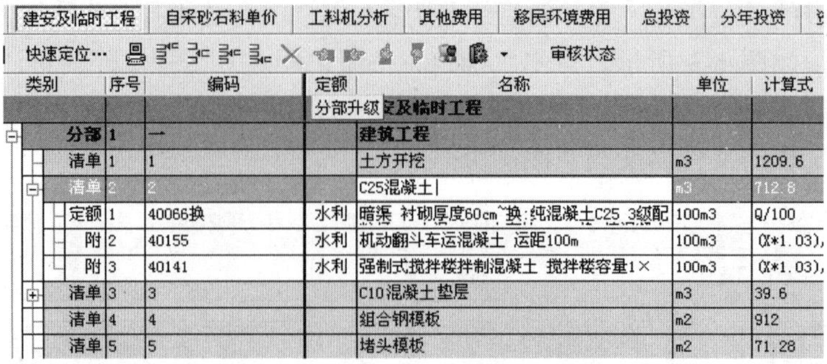

图 6-4 审核状态下的删除等按钮处于灰色状态

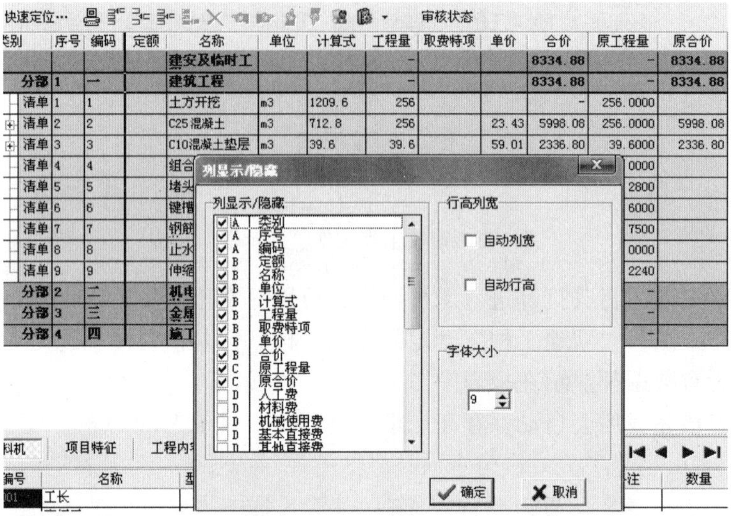

图 6-5 审计审核状态—显示“原工程量”、“原合价”界面

操作方法：在“套定额”窗口，点击右键菜单中“其他”命令项→“修改节点属性”选项按钮，如图 6-6 所示，在弹出的“节点属性”窗口中“取消送审记录（锁定）”并进行“确定”后即可以删除原送审记录，如图 6-7 所示。

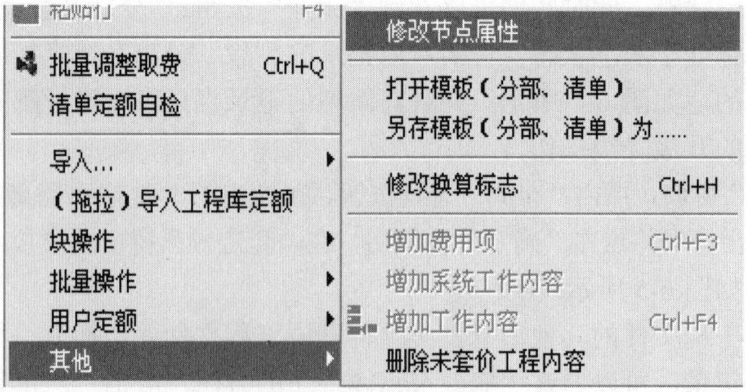

图 6-6 “修改节点属性”选项

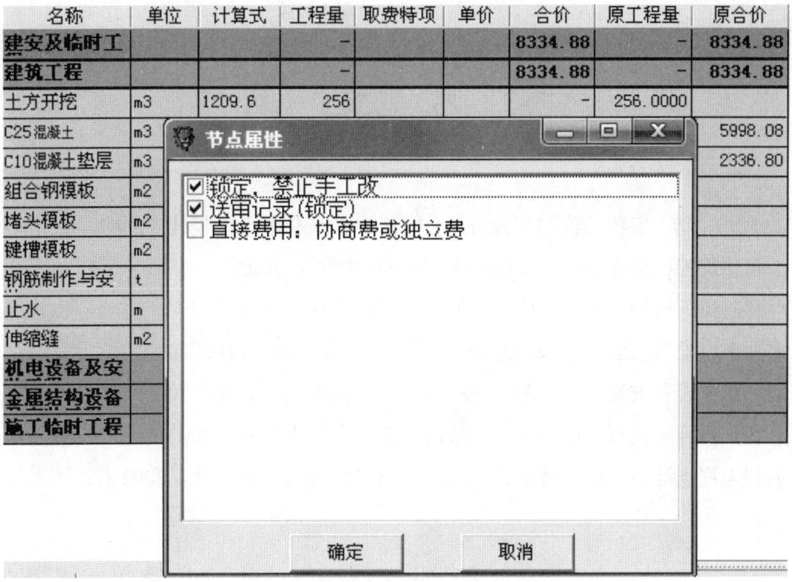

图 6-7 “修改节点属性”窗口

第三节 工 程 报 表

对于审核的工程项目，必须保证原送审工程与审核工程保存在同一目录下，这样审核目录下的报表才能提取对照数据。如果原送审工程与审核工程不在同一目录下时，就不能提取对照数据进行审核。

思 考 与 练 习 题

6-1 练习创建审核工程的步骤。

6-2 审核操作的注意事项有哪些？

参 考 文 献

[1] 周召梅，徐凤永，等. 工程造价与招投标. 北京：中国水利水电出版社，2007.

[2] 水利部. 水利建筑工程概算定额. 郑州：黄河水利出版社，2002.

[3] 水利部. 水利建筑工程预算定额. 郑州：黄河水利出版社，2002.

[4] 水利部. 水利水电设备安装工程概算定额. 郑州：黄河水利出版社，2002.

[5] 水利部. 水利水电设备安装工程预算定额. 郑州：黄河水利出版社，2002.

[6] 水利部. 水利工程施工机械台时费定额. 郑州：黄河水利出版社，2002.

[7] 水利部. 水利工程设计概（估）算编制规定. 郑州：黄河水利出版社，2002.